普通高等教育“十三五”规划教材

数学建模案例

（第2版）

韩　明　张积林　李　林
林　杰　　　　　林江宏　编著

同濟大學 出版社
TONGJI UNIVERSITY PRESS

内 容 提 要

本书精选反映当代科技进步和社会发展的 24 个问题作为案例，以“问题驱动”的形式，详细讲解建立数学模型的思路、方法和步骤，并给出问题的解决方案. 在所选的案例中，有的是“中国大学生数学建模竞赛”“美国大学生数学建模竞赛”的赛题，也有的是根据竞赛题改编的，还有一些其他赛题. 涉及的数学方法主要有微分、积分、代数、统计、概率、最优化、微分方程、分形几何、拟合、插值、灰色理论、图论及现代优化算法等. 另外，还有一些物理方法. 为便于读者学习和训练，本书针对不同案例数学建模所需的数学理论和方法，有侧重地分别介绍相关的数学知识. 除个别计算比较简单的案例外，都在案例解答中给出了计算程序.

本书案例特色鲜明、涉及范围广，内容讲解紧凑、明了，对读者掌握分析实际问题建立数学模型大有帮助，可作为高等院校各专业本、专科“数学建模”课程的教材，也可以作为数学建模竞赛培训以及研究生“数学建模”课程的参考书，还可以供有关教师和科技人员参考.

图书在版编目(CIP)数据

数学建模案例 / 韩明等编著. -- 2 版. -- 上海：同济大学出版社，2020.5

ISBN 978-7-5608-9219-1

Ⅰ. ①数… Ⅱ. ①韩… Ⅲ. ①数学模型—案例 Ⅳ. ①O141.4

中国版本图书馆 CIP 数据核字(2020)第 053349 号

普通高等教育“十三五”规划教材

数学建模案例(第 2 版)

韩 明 张积林 李 林 林 杰 林江宏 编著

责任编辑 陈佳蔚 **责任校对** 徐逢乔 **封面设计** 潘向蓁

出版发行 同济大学出版社 www.tongjipress.com.cn

(地址：上海市四平路 1239 号 邮编：200092 电话：021-65985622)

经 销 全国各地新华书店

印 刷 常熟市大宏印刷有限公司

开 本 710 mm×960 mm 1/16

印 张 19

字 数 380 000

印 数 1—2 100

版 次 2020 年 5 月第 2 版 2020 年 5 月第 1 次印刷

书 号 ISBN 978-7-5608-9219-1

定 价 49.00 元

前　言

本书的第 1 版(2012 年 6 月)出版后,深受广大师生的关心和厚爱,在此作者表示衷心感谢.

1992 年,美国工业与应用数学学会的一篇论文指出:“一切科学与工程技术人员的教育必须包括愈来愈多的数学和计算机科学的内容.数学建模和相关的计算正在成为工程设计中的关键工具.”美国科学、工程和公共事业政策委员会在一份报告中指出:“今天,在科学技术中最为有用的领域就是数值分析与数学建模.”

20 世纪 80 年代初,数学建模开始进入我国大学课堂,成为一门新的数学课程.全国大学生数学建模竞赛创办于 1992 年,每年一届.近二三十年来数学建模教学和数学建模竞赛活动相互促进,健康发展.2019 年,来自中国、美国和马来西亚的1 490 所院校/校区 42 992 队(本科 39 293 队、专科 3 699 队)、近 13 万人报名参赛.

21 世纪对各类专业技术人才的数学素质和能力的要求越来越高,我们培养的人才应具有对专业背景的实际问题建立数学模型的能力,这样才能在实际工作中发挥更大的创造性.著名数学家、中国科学院院士李大潜教授曾经说过:“数学教育本质上就是一种素质教育,数学建模的教学及竞赛是实施素质教育的有效途径.”因此,将数学建模活动和数学教学有机地结合起来,能够在教学实践中更好地体现和完成素质教育.

数学建模究竟是一门什么样的学问?它为什么在 20 世纪后半叶引起人们的普遍关注?数学建模教学和数学建模竞赛为什么能得到教育主管部门的高度重视,受到广大学生、教师的热烈欢迎?数学建模在人才培养和教育教学改革中起到哪些促进作用?姜启源、谢金星在《一项成功的高等教育改革实践——数学建模教学与竞赛活动的探索与实践》(《中国高教研究》,2011 年第 12 期)中回答了这些问题.

国家教育部高等学校大学数学课程教学指导委员会在《本科数学基础课程教学基本要求(2014 年版)》中指出:“各高校应根据自身的实际情况,努力创造条件,开设与理论教学相配套的数学建模与数学实验课程,培养学生的数学建模能力,突出建模、实验方法的创新能力培养.”

本书的第 1 版出版后,我们经过了八年来的教学实践,又积累了一些经验,并收集了广大师生的意见和建议,本次修订就是在这些基础上进行的.本次修订计划由韩明提出,并经过作者们讨论后确定.在本次修订中,修改了第 1 版中的不妥和错误,并改写了少部分内容,增加了三个案例:探险家穿越荒漠(第 6 章,韩明提供),挑战者号航天飞机O形环损坏问题(第7章,韩明提供),海豚集团捕食的运动规律问题(第25章,林杰提供).本次修订由韩明统稿、定稿.

考虑MATLAB在数学建模中应用的广泛性,本书中大部分案例的代码都是用MATLAB写的(只有少数几个案例中的代码是用R软件、LINGO或VC++写的),在本书附录中有"MATLAB的基本操作".

虽然我们努力将本书写成一本既有特色又便于教学(或自学)的教材或参考书,但由于作者水平所限,书中难免还有一些疏漏甚至错误,恳请专家和读者批评指正.

韩　明

2020年4月

目　　录

1 绪　　论

数学的应用向所有的领域渗透，或者说各行各业日益依赖于数学，甚至可以说当今的社会正在日益数学化．随着科学技术的进步，新的分支（交叉）学科不断出现，特别是与数学相结合而产生的新学科，如数学化学、数学地质学、数学心理学、金融数学、数理语言学等．至于高科技与数学的关系就更加密切以至融为一体，一位有远见的科学家 David Jr 就曾深刻地指出："太少的人认识到当今如此受到称颂的高科技，本质上是一种数学技术．"David Jr 还中肯地指出："数学的重要性是不言自明的，何况许多对此看法游移不定的人并没有认真地思考过（数学的重要性问题）．"他还告戒数学界要作出更多的主动努力使人们更加了解数学．我国著名的科学家钱学森教授也多次强调数学的重要性，并论述了他对"数学技术"的理解．

我们看到一种矛盾现象，一方面很容易"论证"数学的重要性，因为从小学一年级到大学一、二年级（甚至是高年级、研究生阶段），每学期都要学习数学而且都是必修课，而任何其他学科都没有持续这么长的学习时间，因而"数学最重要"不是很自然的吗？我们还可以举出很多例子（从日常生活到尖端技术）说明数学是必不可少的．但是另一方面，我们常常会发现有些人不会反对你讲的例子，他们中许多人还是认为数学没有多大用处甚至干脆说数学没有用．这不仅仅是由于数学的语言比较抽象不容易掌握，还有数学教育中的问题以及其他原因等．我们应该对数学教育进行反思，特别是计算机普及的今天，大学数学教育应该如何进行改革呢？

1989 年，著名的科学家钱学森教授在"中国数学会教育与科研座谈会"上提出："电子计算机的出现对数学科学的发展产生了深刻的影响，大学理工科的数学课程是不是需要改革一番？"

1992 年，美国工业与应用数学学会的一篇论文就指出："一切科学与工程技术人员的教育必须包括愈来愈多的数学和计算机科学的内容．数学建模和相伴的计算正在成为工程设计中的关键工具．"美国科学、工程和公共事业政策委员会在一份报告中指出："今天，在科学技术中最为有用的领域就是数值分析与数学建模．"

据《科学时报》2011 年 9 月 23 日报道，全国大学生数学建模竞赛组委会主任、中国科学院院士、复旦大学教授李大潜在"2011 高教社杯全国大学生数学建模竞赛"新闻发布会上说："开设数学建模和数学实验课程，举办数学建模竞赛，为数学与外部世界的联系打开了一个通道，提高了学生学习数学的积极性和主动性，是对数学教学体系和内容改革的一个成功的尝试．"

20 世纪 80 年代初，数学建模开始进入我国大学课堂，成为一门新的数学课程. 1992 年全国大学生数学建模竞赛开始举办，每年一届. 二三十年来数学建模教学和数学建模竞赛活动相互促进，健康发展. 2011 年适逢全国大学生数学建模竞赛举办 20 周年，参赛规模已达 1 251 所院校的 19 490 队. 竞赛虽然发展得如此迅速，但是参加者毕竟还是很少一部分学生，要使数学建模具有强大的生命力，必须与日常的教学活动和教育改革相结合. 20 年来在竞赛的推动下，许多高校相继开设了数学建模课程，目前开设各种类型数学建模课程的学校已超过千所. 在我国乃至世界范围内，尚没有哪一门数学课程、哪一项学科竞赛能取得如此迅猛的发展. 中国高等教育学会会长周远清教授曾用“成功的高等教育教学改革实践”给予评价.

数学模型究竟是一门什么样的学问？它为什么在 20 世纪后半叶引起人们的普遍关注？数学建模教学和数学建模竞赛为什么能得到国家教育主管部门的高度重视，受到广大学生、教师的热烈欢迎？数学建模在人才培养和教育教学改革中起到哪些促进作用？姜启源，谢金星在《一项成功的高等教育改革实践——数学建模教学与竞赛活动的探索与实践》(《中国高教研究》，2011 年第 12 期)中回答了这些问题. 当然，这些问题也是我们所关心的.

1.1　数学模型与数学建模

随着科学技术的迅速发展，数学模型(Mathematical Model)、数学建模(Mathematical Modelling)这两个词出现的频率越来越高，它们正在成为人们日常生活和语言交流中常见的术语. 那么什么是数学模型呢？什么又是数学建模呢？

叶其孝教授在《大学生数学建模竞赛辅导教材》中指出：要用数学去解决实际问题就一定要用数学的语言、方法去刻画该问题，而这种刻画的数学表述就是一个数学模型. 他还指出：所谓数学建模，可以说它是一种数学思考方法，是“对现实的现象通过智力活动构造出能抓住其重要性且有用的特征的数学表示”. 从科学技术、工程、经济、管理等角度看数学建模，就是用数学的语言和方法，通过抽象、简化建立能近似刻画并解决实际问题的一种有力的数学工具.

简单地说，数学模型就是对实际问题的一种数学表述. 具体地说，数学模型是关于部分现实世界为某种目的的一个抽象的、简化的数学结构. 更确切地说，数学模型就是对于一个特定的对象为了一个特定目标，根据特有的内在规律，作出一些必要的简化假设，运用适当的数学工具，得到的一个数学结构. 数学结构可以是数学公式、算法、表格或图示等. 数学建模就是建立数学模型，建立数学模型的过程就是数学建模的过程.

数学建模是沟通现实世界和数学科学之间的桥梁，是数学走向应用的必经之路. 众所周知，具有悠久历史的数学是各门自然科学、工程技术乃至社会科学的基础，是科技进步、经济建设和社会发展的重要工具. 数学的应用十分广泛，数学的重要性得到人们的广泛公认. 但是,作为一门基础的自然科学和一种精确的科学语言,数学又是以极为抽象的形式出现的. 如果人为地割断数学与现实世界的密切联系,这种抽象的形式就会掩盖数学的丰富内涵,并对数学的实际应用形成巨大障碍. 数学建模可以说是解决这个问题的一把钥匙.

用数学方法解决一个实际问题,不论这个问题是来自工程建设、经济管理、生物、医学、地质、气象领域,还是社会、经济乃至人们的日常生活当中,都必须在实际问题与数学之间架设一座桥梁. 首先把这个实际问题转化为一个相应的数学问题,然后对这个数学问题进行分析和计算,最后将所求得的解答回归实际,检验能否有效地回答原先的实际问题. 如果最后得到的结果在定性或者定量方面与实际情况有很大的差距,那就要修正所建立的数学模型,直到取得比较满意的结果为止. 这个全过程,特别是其中的第一步,就称为“数学建模”,即为所考察的实际问题建立数学模型.

谈到数学模型的建立或者数学建模,似乎是一个新东西、新名词,其实它与数学有同样悠久的历史. 公元前 3 世纪,欧几里德在总结前人研究结果的基础上,建立的欧几里德几何,就是针对现实世界的空间形式提出的一个数学模型. 开普勒根据大量的天文观测数据总结出的行星运动的三大定律,后经牛顿利用万有引力定律从力学原理出发给出了严格的证明,更是一个数学建模取得光辉成就的例子. 近代,出现在流体力学、电动力学、量子力学中的一些方程,也都是抓住了该学科本质的数学建模的成功范例,它们已经成为相关学科的核心内容和基本框架.

1.2 数学建模的基本方法和步骤

数学建模面临的问题多种多样,建模的目的不同、分析的方法不同、采用的数学工具不同,所得到的模型的类型也不同. 下面所谓的基本方法不是针对具体问题而是从方法论意义上讲的.

1.2.1 数学建模的基本方法

数学建模的基本方法可以分为两大类:一是机理分析法;二是测试分析法. **机理分析**是根据客观事物的特性,找出反映内部机理的数量关系,建立的模型常有明确的物理意义. **测试分析**是将研究对象看作一个“黑箱”系统(意思是它的内部机理看不清楚),通过对系统输入、输出数据的测量和统计分析,按照一定的准则找出与数据拟合得最好的模型.

面对一个实际问题用哪一种建模方法,主要取决于人们对研究对象的了解程度和建模目的. 如果掌握了一些内部机理的知识,模型也要求具有反映内在特征的物理意义,建模就应以机理分析法为主. 而如果对象的内部规律基本上不清楚,模型也不需要反映内部特性(例如仅用于对输出作出预报),那么就可以用测试分析法.

对于许多实际问题还经常将这两种方法结合起来使用，即用机理分析法建立模型的结构，用测试分析法确定模型的参数.

1.2.2 数学建模的一般步骤

数学建模要经过哪些步骤并没有一定的模式，通常与问题的性质、建模目的等有关[姜启源，谢金星，叶俊(2018)]. 以下介绍三种具有代表性的数学建模步骤.

1. 第一种数学建模步骤

(1) **模型准备**. 要了解问题的实际背景，明确建模目的，搜集必要的各种信息，如现象、数据等. 尽量弄清楚研究对象的主要特征，做好建模的准备.

(2) **模型假设**. 根据对象的特征和建模目的，抓住问题的本质，忽略次要因素，作出必要的、合理的简化假设. 假设做得不合理或太简单，会导致错误的或无用的模型；假设做得过分详细，试图把复杂对象的众多因素都考虑进去，会使你很难或无法继续下一步的工作. 常需要在合理与简化之间作出恰当的折衷. 通常，做假设的依据，一是出于对问题内在规律的认识，二是来自对对象、数据的分析以及二者的综合. 想象力、洞察力、判断力以及经验，在模型假设中起着重要作用.

(3) **模型构成**. 根据所作的假设分析对象的因果关系，利用对象的内在规律和适当的数学工具，构造各个量(常量和变量)之间的等式(不等式)关系或其他数学结构. 这里除了需要一些相关学科的专门知识外，还常常需要较为丰富的应用数学方面的知识. 要善于发挥想象力，注意使用类比法，分析对象与熟悉的其他对象的共性，借用已有模型. 建模时还应该遵循的一个原则：尽量采用简单的数学工具，因为你的模型总是希望更多的人了解和使用，而不是只供少数专家欣赏.

(4) **模型求解**. 可以采用解方程、画图形、优化方法、数值计算、统计分析等各种数学方法，特别是数学软件和计算机技术.

(5) **模型分析**. 对求解结果进行数学上的分析，如结果的误差分析、统计分析、模型对数据的灵敏性(sensitivity)分析、对假设的强健性(robust)分析等.

(6) **模型检验**. 把求解和分析结果翻译回到实际问题，与实际的现象、数据比较，检验模型的合理性和适用性. 如果结果与实际不符，问题常常出现在模型假设上，应该修改、补充假设，重建模型. 这一步对于模型是否真的有用非常关键，要以严肃认真的态度对待. 有些模型要经过几次反复修改，不断完善，直到检验结果获得某种程度上的满意.

(7) **模型应用**. 应用的方式一般取决于实际问题的性质和建模的目的.

2. 第二种数学建模步骤

Meerschaert(1999)把数学建模的过程归结为五个步骤，称为“五步方法”，并且贯穿全书各类问题的分析和讨论. 它们是：

(1) 提出问题；

(2) 选择建模方法；

(3) 推导模型的数学表达式;

(4) 求解模型;

(5) 回答问题.

以上五个步骤的具体内容,详见 Meerschaert(1999)的书.

3. 第三种数学建模步骤

Giordano 等人(2003)把数学建模的过程归结为六个步骤,它们是:

(1) 识别问题;

(2) 做出假设;

(3) 求解或解释模型;

(4) 验证模型;

(5) 实施模型;

(6) 维修模型.

以上六个步骤的具体内容,详见 Giordano 等人(2003)的书. ①

从以上介绍的三种不同的数学建模步骤看,并不是所有问题的建模都要经过以上这些步骤,有时各步骤之间的界限也不那么分明,建模时不要拘泥于形式上的按部就班. 本书在后面的数学建模案例中就采用了灵活的表述形式.

1.3 数学建模竞赛

20 世纪 80 年代初,为适应科技发展及高等教育教学改革的需要,数学建模开始进入我国部分大学的课堂教学. 1990 年,上海市率先举办了大学生数学建模竞赛,揭开了全国数学建模竞赛的序幕. 在教育部和各级行政部门的支持下,众多高校踊跃参与. 参赛院校数和组队参赛数每年分别以 16%和 24%的速度增长. 目前,全国大学生数学建模竞赛已成为我国高校规模最大的基础性学科竞赛. 数学建模引入大学课堂是在先进的教育理念指导下的我国高等教育教学改革的一次成功的实践,它为高等学校培养什么人、怎样培养人,做出了重要的探索;为全面提高大学生的综合素质搭建了平台;创新了理论知识学习与实践相结合的人才培养新模式,为高等教育教学改革提供了一个成功的范例. 中国高等教育学会会长周远清教授曾用"成功的高等教育教学改革实践"给予高度评价.

在数学建模进入我国大学课堂 30 年、中国大学生数学建模竞赛成功举办 20 届之际,《中国高教研究》杂志在 2011 年第 12 期特开辟专栏,回顾、总结数学建模竞赛的成功经验,探索高等教育教学改革、提升高等教育质量的有效途径. 其中,姜启源,

---

① Frank R. Giordano 教授曾任美国西点军校数学系主任,多年来一直担任美国大学生数学建模竞赛的组织者,他是美国大学生数学建模竞赛组委会主任. 在他们的书[Giordano 等(2003)]中,还介绍了数学建模以及美国大学生数学建模竞赛的相关内容等,可作为参加美国大学生数学建模竞赛的参考书.

谢金星的《一项成功的高等教育改革实践——数学建模教学与竞赛活动的探索与实践》,全面介绍了数学建模进入我国大学课堂30年、中国大学生数学建模竞赛成功举办20年以来,所取得的显著成绩.并在论述数学建模在经济建设、科技进步、社会发展中的重要意义的基础上,着重分析了数学建模教学与竞赛活动在培养学生的创新精神、实践能力和综合素质以及教育教学改革中所起的推动作用.

周远清,姜启源发表在2006年1月11日《光明日报》上的文章《数学建模竞赛实现了什么?》中指出,十几年来在我国开展的"全国大学生数学建模竞赛"的实践已经证实了"数学建模竞赛"至少实现了以下两点:①提高了学生的综合素质;②推动了高校教育改革.

我国高校自1989年首次参加美国大学生数学建模竞赛以来,积极性越来越高.近几年在全国大学生数学建模竞赛日益普及的基础上,我国学生参加美国大学生数学建模竞赛的队数竟然占到该项竞赛总队数的80%以上.

以下简要介绍"中国大学生数学建模竞赛"和"美国大学生数学建模竞赛".

1.3.1 中国大学生数学建模竞赛

中文名称:中国大学生数学建模竞赛(通称:全国大学生数学建模竞赛,网站 http://www.mcm.edu.cn/).

英文名称:China Undergraduate Mathematical Contest in Modeling(简称 CUMCM).

主办机构:教育部高等教育司、中国工业与应用数学学会(简称CSIAM).

竞赛宗旨:创新意识,团队精神,重在参与,公平竞争.

指导原则:扩大受益面,保证公平性,推动教学改革,提高竞赛质量,扩大国际交流,促进科学研究.

全国大学生数学建模竞赛是全国高校规模最大的课外科技活动之一.该竞赛每年9月(一般在中旬某个周末的星期五至下周星期一,共三天)举行,竞赛面向全国大专院校的学生,不分专业.但竞赛分本科、专科两组,本科组竞赛所有大学生均可参加,专科组竞赛只有专科生(包括高职、高专生)可以参加.

全国大学生数学建模竞赛创办于1992年,每年一届,目前已成为全国高校规模最大的基础性学科竞赛,也是世界上规模最大的数学建模竞赛.学生以三人组成一队的形式参赛,在所给定的题目中任选一题(1998年及以前一直是A,B两个题目,从1999年开始,针对专科学生增加了C,D两个题目),用三天(72小时)的时间,完成数学建模的全过程.参赛者应根据题目要求,完成一篇包括模型的假设、模型建立和求解、计算方法的设计和计算机实现、结果的分析和检验、模型的改进等方面的论文(即答卷).

既然是竞赛,就要给参赛队分出等级.根据"全国大学生数学建模竞赛章程"(见本书附录B),竞赛论文的评奖以"**假设的合理性、建模的创造性、结果的正确性和文字表述的清晰程度**"为主要标准.各赛区(原则上一个省/直辖市/自治区为一个赛区)组委会首先组织专家对答卷进行评阅(赛区评阅工作规范,见本书附录 C),然后各赛区组委会按照规定的比例将本赛区的优秀答卷推荐到全国组委会,由全国组委会聘请专家评选出全国一、二等奖.

全国大学生数学建模竞赛是面向全国大学生的群众性科技活动,目的在于激励学生学习数学的积极性,提高学生建立数学建模和运用计算机技术解决实际问题的综合能力,鼓励广大学生踊跃参加课外科技活动,开拓知识面,培养创新精神及合作意识,推动大学数学教学体系、教学内容和方法的改革.

可以说,数学建模竞赛从内容到形式,都与学生毕业以后工作时的条件非常接近,是一次近似真刀真枪的锻炼,有利于培养学生的创新精神、实践能力和综合素质. 20 多年来已有数十万学生参加了全国大学生数学建模竞赛,而参加赛前培训、选拔赛、校内赛的当有数百万. 许多学生都表示,不管最后竞赛的成绩如何,只要认真参加了培训、自学、讨论、竞赛的全过程,都会有丰硕的收获,他们用**"一次参赛,终身受益"**来总结亲身体会. 参加过数学建模竞赛的学生主动学习和科研能力明显提高,不少人考取了研究生,在专业课学习、毕业设计、研究生阶段学习以及进入社会后的发展中表现出明显的优势. 不少本科毕业设计指导教师和研究生导师认为,经过数学建模竞赛锻炼的学生在完成科研任务、撰写科技论文等方面的能力明显好于其他学生,有些用人单位特别把参加数学建模竞赛作为招聘的优先条件.

2019 年,来自全国及美国和马来西亚的 1 490 所院校/校区、42 992 队(本科 39 293 队、专科 3 699 队)、近 13 万人报名参赛. 1992 年—2019 年参加全国大学生数学建模竞赛情况见表 1-1,图 1-1 和图 1-2.

表 1-1　　1992 年—2019 年参加全国大学生数学建模竞赛情况

年份	参赛院校数	参赛队数	年份	参赛院校数	参赛队数
1992	74	314	2006	864	9 985
1993	101	420	2007	969	11 742
1994	196	867	2008	1 022	12 834
1995	259	1 234	2009	1 135	15 042
1996	337	1 683	2010	1 197	17 317
1997	373	1 874	2011	1 251	19 490
1998	400	2 103	2012	1 284	21 219
1999	460	2 657	2013	1 326	23 339
2000	517	3 210	2014	1 338	25 347
2001	529	3 861	2015	1 326	28 665
2002	572	4 448	2016	1 367	31 199
2003	638	5 406	2017	1 418	36 375
2004	724	6 881	2018	1 449	42 128
2005	795	8 492	2019	1 490	42 992

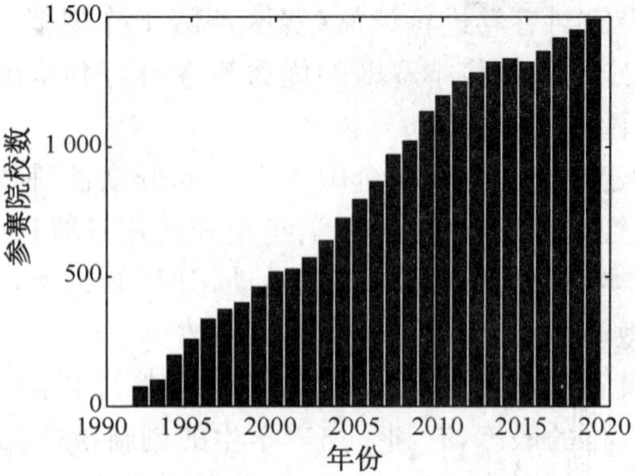

图 1-1　1992 年—2019 年参赛院校数

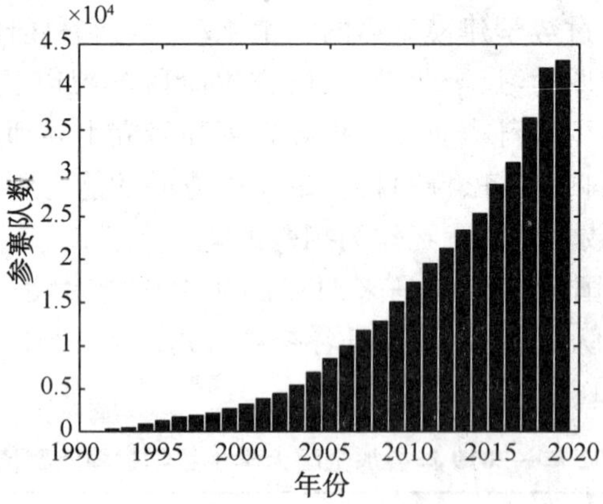

图 1-2　1992 年—2019 年参赛队数

关于"全国大学生数学建模竞赛"的其他情况,感兴趣者可以查看其网站.

1.3.2　美国大学生数学建模竞赛

美国大学生数学建模竞赛(MCM/ICM),是一项国际级的竞赛项目,每年 2 月份举行. MCM 和 ICM 分别是 Mathematical Contest in Modeling 和 Interdisciplinary Contest in Modeling 的缩写,即"数学建模竞赛"和"交叉学科建模竞赛".

MCM 始于 1985 年, ICM 始于 2000 年. 美国大学生数学建模竞赛(MCM/ICM)由美国数学及其应用联合会(Consortium for Mathematics and its Applications,简称 COMAP)主办,得到了美国国家安全局(National Security Agency, 简称 NSA)、美国工业与应用数学学会(Society for Industrial and Applied Mathematics,简称 SIAM)、美国运筹和管理科学学会(Institute for Operations Research and Management Sciences, 简称 IORMS)、美国数学协会(Mathematical Association of America, 简称

MAA)等多个组织的赞助.

MCM/ICM 着重强调“**研究问题、解决方案的原创性、团队合作、交流以及结果的合理性**”. 竞赛以三人(本科生)为一组，在四天时间内，就选定的问题(MCM 分 A，B 题；ICM 是 C 题)完成从建立模型、求解、验证到论文撰写的全部工作. 竞赛每年都吸引来自世界各国大量著名高校参赛.

评分标准(来源：谭永基教授 2011 年 12 月在厦门数学建模会议的材料)如下：

摘要：包含问题概述和全文概述，模型、方法和基本结果及模型的优点的概述，对它们有机联系的叙述将得高分.

建模：叙述建模所需假设，模型对提供定量解答的重要性，好的论文讨论了关键假设及其对建模的重要影响，模型应是数学和文字均衡的表达而非仅仅有几个未经解释的方程和参数.

科学性：问题牵涉许多科技领域，注意这些科技及其进步对建模是重要的.

数据/验证/敏感性：建模后选择输入数据，验证解的精度和鲁棒性有助于模型和解法的可信度，用敏感性分析决定相对变化率，有时比具体结果还重要.

优缺点：优缺点分析可体现学生对其建立模型的理解深度，简单的理解透彻的模型远优于从文献中搬来的复杂方程.

表达/可视性/图表：单纯数学不易被外界理解，图、表等多种模式可清楚地描述所得结果，结果不能被很好理解的不可能进入最后一轮.

我国高校自 1989 年首次参加这一竞赛，历届均取得优异成绩. 经过数年参加美国赛表明，中国大学生在数学建模方面是有竞争力和创新联想能力的.

以下以 2011 年美国大学生数学建模竞赛为例，简要介绍美国大学生数学建模竞赛的部分情况，主要包括：MCM-2011，A 题；MCM-2011，B 题；ICM-2011，C 题；奖项等级和中国参赛队等情况(更详细的情况，感兴趣者可查阅其网站). 2011 年美国大学生数学建模竞赛结果见表 1-2—表 1-4(分别对应 A，B，C 题).

表 1-2　　2011 年美国大学生数学建模竞赛结果(A 题)

MCM-2011，A 题	获奖队数	中国队数
特等奖	5	2(40%)
特等奖入围奖	9	6(67%)
一等奖	156	141(90%)
二等奖	300	271(90%)
三等奖	822	657(80%)
未获奖	1(美国)	0
小计	1 293	1 077(83%)

表 1-3　　2011 年美国大学生数学建模竞赛结果(B 题)

MCM-2011，B 题	获奖队数	中国队数
特等奖	5	2(40%)
特等奖入围奖	14	12(86%)
一等奖	197	149(76%)
二等奖	542	447(82%)
三等奖	725	686(95%)
未获奖	1(美国)	0
小计	1 484	1 296(87%)

表 1-4　　2011 年美国大学生数学建模竞赛结果(C 题)

ICM-2011，C 题	获奖队数	中国队数
特等奖	6	4(67%)
特等奖入围奖	5	3(60%)
一等奖	146	134(92%)
二等奖	292	278(95%)
三等奖	286	268(94%)
未获奖	0	0
小计	735	687(93%)

关于"美国大学生数学建模竞赛"以及我国大学生参加"美国大学生数学建模竞赛"的一些情况，见叶其孝(1989，1991)、美国大学生数学建模竞赛网站 http://www.comap.com/等.

关于 2020 年美国大学生数学建模竞赛原文信息如下(https://www.comap.com/undergraduate/contests/)：

MCM/ICM Contest

Weekend I will be February 13-17,2020 solutions will be due on February 17th

Weekend 2 will be March 5-9,2020 solutions will be due on March 9th

Each team may choose any one of the six problem choices and should submit a solution to only one problem.

MCM Problem A(continuous)

MCM Problem B(discrete)

MCM Problem C(data insights)

ICM Problem D(operations research/network science)

ICM Problem E(environmental science)

ICM Problem F(policy)

1.4 关于本书的内容安排

本书的目的在于帮助读者尽快掌握数学建模的技巧，希望对数学建模课程、数学建模竞赛培训、组队参加“中国大学生数学建模竞赛”和“美国大学生数学建模竞赛”会有所帮助.

根据数学建模是以“问题驱动”的特点，本书主要是通过“案例”的形式来介绍数学建模. 在所选择的案例中，有的就是“中国大学生数学建模竞赛”“美国大学生数学建模竞赛”的赛题，也有根据赛题改编的问题，还有一些其他问题；涉及的数学方法主要有：微分、积分、代数、统计（回归分析，判别分析，聚类分析，主成分分析，生存分析等）、概率、最优化、微分方程、分形几何、拟合、插值、灰色理论、图论、现代优化算法（退火算法，遗传算法，神经网络，粒子群算法）等，还有物理方法等. 本书从第 2 章开始，每章一个案例，共 24 个案例.

考虑 MATLAB 在数学建模中应用的广泛性，本书中大部分案例的程序是用 MATLAB 写的（只有少数几个案例中的部分程序是用 R 软件、LINGO 和 VC＋＋写的），在本书附录中有“MATLAB 的基本操作”.

本书与大部分数学建模方面的教材和参考书有所不同，在案例中都附有计算程序（除个别案例计算比较简单的外），这是本书的一个特色. 考虑数学建模既然是“问题驱动”，本书与大部分数学建模方面的教材和参考书的另一个不同之处是，没有按照数学建模所要用到的数学知识体系来介绍数学理论，而是在案例中需要什么数学知识就用什么（只对读者可能不熟悉的一些内容简要介绍），这是本书的另一个特色.

2 航空公司的机票预订策略

2.1 问题的提出

在激烈的市场竞争中，航空公司为了争取更多的客源而开展的一个优质服务项目是订票业务. 航空公司承诺，预先订购机票的乘客如果未能按时前来登机，可以乘坐下个航班或退票，无需附加任何费用. 当然也可以订票时订座，登机时付款，这两种办法对于下面的讨论是等价的.

开展预订机票业务时，对于一次航班，若航空公司限制预订机票的数量恰好等于飞机的容量，那么由于总会有一些订了票的乘客不按时前来登机，致使飞机因不满员飞行而降低利润，甚至亏本. 而如果不限制预订机票数量，那么当持票按时前来登机的乘客人数超过飞机容量时，必然会遭到那些无法登机的乘客的抱怨，无论航空公司以什么方式补救，都会导致声誉受损和一定的经济损失，如客源减少、挤掉后续航班的乘客、无偿供应食宿、支付一定的赔偿金等. 所以，航空公司需要综合考虑经济利益和社会声誉，确定预订机票数量的最佳限额.

2.2 问题的分析

航空公司的经济利益可以用机票收入扣除飞行费用和赔偿金后的利润来衡量，社会声誉可以用持票按时前来登机，但因满员无法登机的乘客（以下称被挤掉者）限制在一定数量为标准. 注意到这个问题的关键因素——预订机票的乘客是否按时前来登机是随机的，所以经济利益和社会声誉两个指标都应该在平均意义下衡量，这是两个目标的优化问题，决策变量是预订机票数量的限额.

2.3 模型假设

(1) 飞机的容量为常数 n，机票价格为常数 g，飞行费用为常数 r，r 与乘客数量无关（实际上关系很小），机票价格按照 $g=\frac{r}{\lambda n}$ 来制定，其中 $\lambda(<1)$ 是利润调节因子，如 $\lambda=0.6$ 表示飞机 60%的满员率就不亏本.

(2) 预订机票数量的限额为常数 $m(>n)$，乘客不按时前来登机的概率为 p，乘客是否按时前来登机是相互独立的，这适合于单独行动的商人、游客等.

(3) 每个被挤掉者获得的赔偿金为常数 b.

2.4 模型的建立

(1) 公司的经济利益可以用平均利润 S 来衡量，每次航班的利润 s 为从机票收入中减去飞行费用和发生的赔偿金. 当 m 个乘客中有 k 个不按时前来登机时，有

$$s=\begin{cases}(m-k)g-r, & m-k\leqslant n,\\ ng-r-(m-k-n)b, & m-k>n.\end{cases}$$

根据假设(2)，不按时前来登机的乘客数 X 服从二项分布，于是有

$$p_k=P(X=k)=\mathrm{C}_m^k p^k q^{m-k},\quad q=1-p.$$

因此，平均利润 S(即 s 的数学期望)为

$$S(m)=\sum_{k=0}^{m-n-1}[ng-r-(m-k-n)b]p_k+\sum_{k=m-n}^{m}[(m-k)g-r]p_k.$$

化简上式[注意到由于 X 服从二项分布 $B(m,\ p)$，所以 $\sum_{k=0}^{m}kp_k=mp$]，可得

$$S(m)=qmg-r-(g+b)\sum_{k=0}^{m-n-1}(m-k-n)\ p_k.$$

当 $n,\ g,\ r,\ p$ 给定后可以求 m 使 $S(m)$ 最大.

(2) 公司从社会声誉和经济利益两个方面考虑，应该要求被挤掉的乘客不要太多，而由于被挤掉者的数量是随机的，可以用被挤掉的乘客数量超过若干人的概率作为度量指标. 记被挤掉的乘客数量超过 j 人的概率为 $P_j(m)$，因为被挤掉的乘客数量超过 j 人，等价于 m 个订购机票的乘客中不按时前来登机的不超过 $m-n-j-1$ 人，所以

$$P_j(m)=\sum_{k=0}^{m-n-j-1}p_k.$$

对于给定的 $n,\ j$，显然当 $m=n+j$ 时被挤掉的乘客不会超过 j 人，即 $P_j(m)=0$. 而当 m 变大时，$P_j(m)$ 单调增加.

综上，$S(m)$ 和 $P_j(m)$ 虽然是这个优化问题的两个目标，但是可以将 $P_j(m)$ 不超过某个给定值作为约束条件，以 $S(m)$ 为单目标函数来求解.

2.5 模型求解

为了减少 $S(m)$ 中的参数，取 $S(m)$ 除以飞行费用 r 为新的目标函数 $J(m)$，其

含义是单位费用获得的平均利润. 根据假设(1)，有 $g=\frac{r}{\lambda n}$，则

$$J(m)=\frac{S(m)}{r}=\frac{1}{\lambda n}\left[qm-\left(1+\frac{b}{g}\right)\sum_{k=0}^{m-n-1}(m-k-n)\ p_k\right]-1. \quad (2.5.1)$$

其中，$\frac{b}{g}$ 是赔偿金占机票价格的比例.

问题化为给定 λ, n, p, $\frac{b}{g}$，求 m 使 $J(m)$ 最大，而约束条件为

$$P_j(m)=\sum_{k=0}^{m-n-j-1}p_k\leqslant\alpha. \quad (2.5.2)$$

其中，$0<\alpha<1$.

式(2.5.1)与式(2.5.2)无法求解析解，我们设定几组数据，给出数值解.

(1) 当 $n=300$，$\lambda=0.6$，$p=0.03$，$b/g=0.1$，0.2 和 0.4，$\alpha=0.05$ 时，计算 $J(m)$ 和 $P_5(m)$，其 MATLAB 程序如下：

```
for m = 305:320
sm = 0;
p = 0;
  for k = 0:m - 305
    pp = (prod(m - k + 1:m)/ prod(1:k)) * 0.03^k * 0.97^(m - k);
      p = p + pp;
    sm = sm + (m - k - 300) * pp;
  end
J = (1/180) * [0.97 * m - 1.1 * sm] - 1;
m
J
p
end
```

结果见表 2-1(以上程序是 $b/g=0.1$ 情形，与 $b/g=0.2$ 和 $b/g=0.4$ 情形类似).

表 2-1　$J(m)$ 和 $P_5(m)$ 的计算结果(n=300)

m	$J(m)(b/g=0.1)$	$J(m)(b/g=0.2)$	$J(m)(b/g=0.4)$	$P_5(m)$
305	0.643 6	0.643 6	0.643 6	9.233 8e−005
306	0.649 0	0.649 0	0.649 0	9.372 3e−004
307	0.654 2	0.654 2	0.654 2	0.004 8
308	0.659 2	0.659 2	0.659 1	0.016 7
309	**0.663 7**	**0.663 5**	**0.663 3**	**0.044 2**

续 表

m	$J(m)(b/g=0.1)$	$J(m)(b/g=0.2)$	$J(m)(b/g=0.4)$	$P_5(m)$
310	0.667 0	0.666 9	0.666 3	0.095 2
311	0.669 7	0.669 1	0.667 9	0.174 2
312	0.670 8	0.669 8	0.667 9	0.279 6
313	0.670 8	0.669 3	0.666 4	0.402 8
314	0.669 8	0.667 8	0.663 8	0.531 4
315	0.668 4	0.665 7	0.660 4	0.652 5
316	0.666 7	0.663 4	0.656 8	0.756 6
317	0.665 1	0.661 2	0.653 3	0.838 8
318	0.663 7	0.659 1	0.650 1	0.899 0
319	0.662 5	0.657 4	0.647 1	0.939 9
320	0.661 5	0.655 8	0.644 3	0.966 1

说明 9.233 8e−005 = 9.2338×10^{-5}，9.372 3e−004 = 9.3723×10^{-4}.

从表 2-1 可以看出，当 $m=309$ 时，社会声誉指标 $P_5(309)=0.0442<0.05$；当 $m=310$ 时，社会声誉指标 $P_5(310)=0.0952>0.05$，所以为了使 $J(m)$ 尽量大，且要满足社会声誉指标 $P_5(m)<0.05$，则最佳订票数可取 $m=309$.

画出表 2-1 中 m 和 $P_5(m)$ 的关系图，其 MATLAB 程序如下：

```
x = 305:320;
y = [9.2338e-005, 9.3723e-004, 0.0048, 0.0167, 0.0442, 0.0952, 0.1742,
0.2796, 0.4028, 0.5314, 0.6525, 0.7566, 0.8388, 0.8990, 0.9399, 0.9661];
plot(x, y, 'r*')
```

结果如图 2-1 所示.

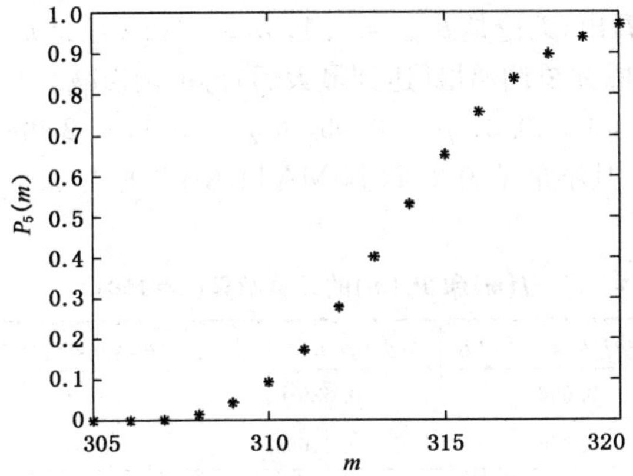

图 2-1 m 和 $P_5(m)$ 的关系图

从图 2-1 可以看出，当 m 增加时，不但 $P_5(m)$ 单调递增，而且变化很快.

画出表 2-1 中 m 和 $J(m)$ 的关系图，其 MATLAB 程序如下：

```
x = 305:320;
y1 = [0.6436, 0.6490, 0.6542, 0.6592, 0.6637, 0.6670, 0.6697, 0.6708, 0.6708, 0.6698, 0.6684, 0.6667, 0.6651, 0.6637, 0.6625, 0.6615];
y2 = [0.6436, 0.6490, 0.6542, 0.6592, 0.6635, 0.6669, 0.6691, 0.6698, 0.6693, 0.6678, 0.6657, 0.6634, 0.6612, 0.6591, 0.6574, 0.6558];
y3 = [0.6436, 0.6490, 0.6542, 0.6591, 0.6633, 0.6663, 0.6679, 0.6679, 0.6664, 0.6638, 0.6604, 0.6568, 0.6533, 0.6501, 0.6471, 0.6443];
plot(x, y1, 'r*',x, y2, 'b+', x, y3, 'go')
```

结果如图 2-2 所示.

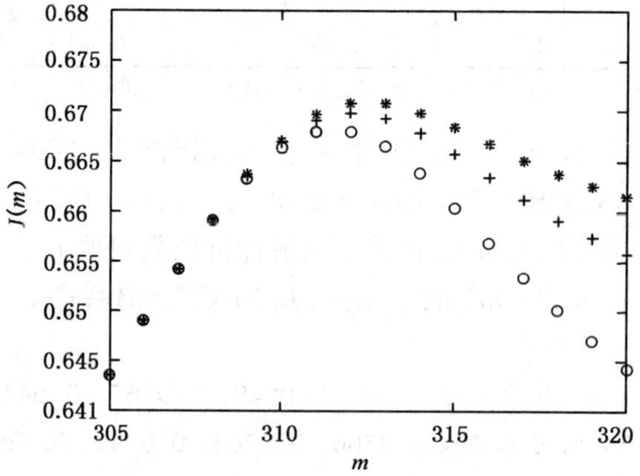

图 2-2　m 和 $J(m)$ 的关系图

说明　*，+和○分别表示 $b/g=0.1$，$b/g=0.2$ 和 $b/g=0.4$ 情形下 $J(m)$ 的值.

从图 2-2 可以看出，无论是 $b/g=0.1$，$b/g=0.2$ 还是 $b/g=0.4$ 情形，都是 $J(m)$ 随着 m 的增加，先单调递增(达到最大后)再单调递减.

(2) 当 $n=150$，$\lambda=0.6$，$p=0.05$，$b/g=0.1$，0.2 和 0.4，$\alpha=0.02$ 时，计算 $J(m)$ 和 $P_5(m)$，其结果见表 2-2(其 MATLAB 程序与 $n=300$ 时类似，在此从略).

表 2-2　$J(m)$ 和 $P_5(m)$ 的计算结果($n=150$)

m	$J(m)(b/g=0.1)$	$J(m)(b/g=0.2)$	$J(m)(b/g=0.4)$	$P_5(m)$
155	0.636 1	0.636 1	0.636 1	3.525 0e−004
156	0.646 5	0.646 5	0.646 4	0.003 1
157	**0.656 3**	**0.656 3**	**0.656 1**	**0.013 7**
158	0.665 0	0.664 8	0.664 3	0.041 6
159	0.671 7	0.671 1	0.669 9	0.096 7

续 表

m	$J(m)(b/g=0.1)$	$J(m)(b/g=0.2)$	$J(m)(b/g=0.4)$	$P_5(m)$
160	0.675 8	0.674 6	0.672 3	0.184 2
161	0.677 1	0.675 1	0.671 0	0.301 0
162	0.676 0	0.672 9	0.666 7	0.435 2
163	0.673 2	0.668 9	0.660 2	0.571 1
164	0.669 6	0.664 0	0.652 8	0.694 2
165	0.665 9	0.659 0	0.645 2	0.795 1

说明　3.525 0e－004 ＝ $3.525\,0\times10^{-4}$.

从表 2-2 可以看出，当 $m=157$ 时，社会声誉指标 $P_5(157)=0.013\,7<0.02$；当 $m=158$ 时，社会声誉指标 $P_5(158)=0.041\,6>0.02$，所以为了使 $J(m)$ 尽量大，且要满足社会声誉指标 $P_5(m)<0.02$，则最佳订票数可取 $m=157$.

表 2-2 中 m 和 $P_5(m)$ 的关系如图 2-3 所示，m 和 $J(m)$ 的关系如图 2-4 所示.

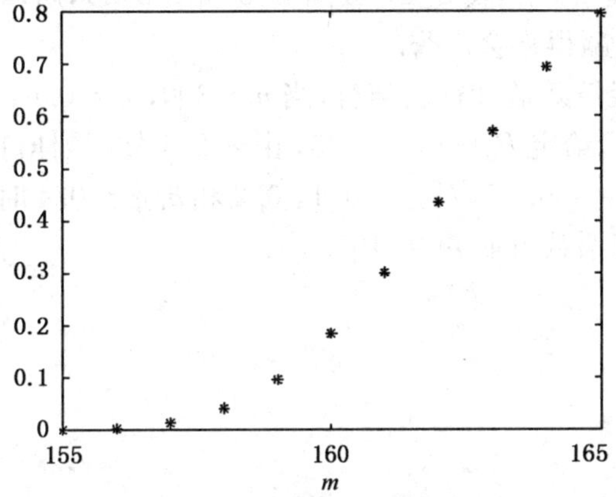

图 2-3　m 和 $P_5(m)$ 的关系图

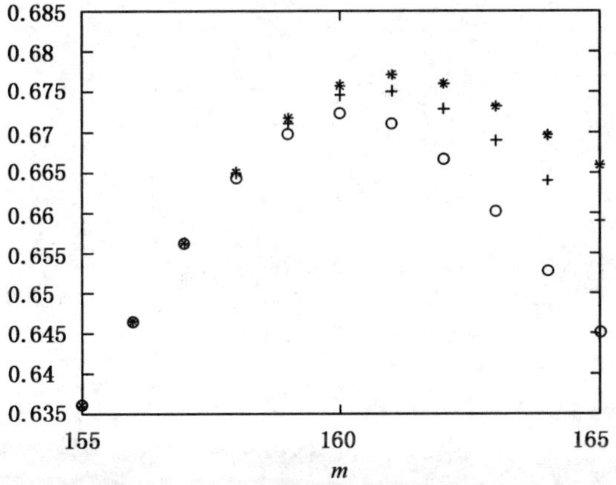

图 2-4　m 和 $J(m)$ 的关系图

说明　*，＋和○分别表示 $b/g=0.1$，$b/g=0.2$ 和 $b/g=0.4$ 情形下 $J(m)$ 的值.

从图 2-3 可以看出，当 m 增加时，不但 $P_5(m)$ 单调递增，而且变化很快. 从图 2-4 可以看出，无论是 $b/g=0.1$，$b/g=0.2$ 还是 $b/g=0.4$ 的情形，都是 $J(m)$ 随着 m 的增加，先单调递增（达到最大后）再单调递减.

2.6 结果分析

(1) 对于所取的 n，p，$\frac{b}{g}$，平均利润 $J(m)$ 随着 m 的增加，先单调递增（达到最大后）再单调递减，但在最大值附近变化不大（图 2-2，图 2-4），而被挤掉的乘客数超过 5 的概率 $P_5(m)$ 增加得相当快（图 2-1，图 2-3），所以应该参考 $J(m)$ 的值尽量大，并结合给定约束条件式(2.5.2)中可接受的 α，确定适合的 m.

(2) 对于一定的 n，p，当 $\frac{b}{g}$ 有些变化时（如从 0.1，0.2 到 0.4），$J(m)$ 变化微小（不超过 2.1%，表 2-1 和表 2-2，或图 2-2 和图 2-4），所以，不妨付给被挤掉的乘客以较多的赔偿金，赢得社会声誉.

(3) 综合考虑经济效益和社会声誉，当 $n=300$，$\lambda=0.6$，$p=0.03$，$b/g=0.1$，0.2 和 $b/g=0.4$ 时，给定 $P_5(m)<0.05$，由表 2-1 知，最佳订票数可取 $m=309$；当 $n=150$，$\lambda=0.6$，$p=0.05$，$b/g=0.1$，0.2 和 $b/g=0.4$ 时，给定 $P_5(m)<0.02$，由表 2-2 知，最佳订票数可取 $m=157$.

3 原子弹爆炸的能量估计

3.1 问题的提出

1945 年 7 月 16 日，美国科学家在新墨西哥州阿拉莫戈多沙漠进行了“三位一体实验”（Trinity Test），试爆了全球第一颗原子弹. 这一事件令世界为之震惊，并从某种程度上改变了第二次世界大战以及战后世界的历史. 但在当时，有关原子弹爆炸的任何资料都是保密的，一般人无法得到任何有关的数据或影像资料，因此人们无法比较准确地了解这次爆炸的威力究竟有多大. 两年以后，美国政府首次公开了这次爆炸的录影带，但没有发布任何有关的数据. 英国物理学家 G. I. Taylor（1886—1975）通过研究这次爆炸的录影带，建立数学模型对这次爆炸所释放的能量进行了估计，得到的估计值为 19.2 千 t（千 t 即相当于 1 千 t TNT 的核子能量）. 后来正式公布的信息显示，这次爆炸所释放的实际能量为 21 千 t，可见二者是相当接近的.

那么，Taylor 是如何对原子弹爆炸的能量进行估计的呢？ Taylor 知道，爆炸产生的冲击波以爆炸点为中心呈球面向四周传播，爆炸的能量越大，在一定时刻冲击波传播得越远，而冲击波又可以通过爆炸形成的“蘑菇云”反映出来. Taylor 研究这次爆炸的录影带，测量出了从爆炸开始，不同时刻爆炸所产生的“蘑菇云”的半径大小. 表 3-1 是他测量出的时刻 t 所对应的“蘑菇云”的半径 $r(t)$. 现在的任务就是利用表 3-1 和其他知识，估计这次爆炸所释放的能量.

表 3-1　　时刻 t 所对应的“蘑菇云”的半径 r

t /ms	$r(t)$ /m	t /ms	$r(t)$ /m	t /ms	$r(t)$ /m	t /ms	$r(t)$ /m	t /ms	$r(t)$ /m
0.10	11.1	0.80	34.2	1.50	44.4	3.53	61.1	15.0	106.5
0.24	19.9	0.94	36.3	1.65	46.0	3.80	62.9	25.0	130.0
0.38	25.4	1.08	38.9	1.79	46.9	4.07	64.3	34.0	145.0
0.52	28.8	1.22	41.0	1.93	48.7	4.34	65.6	53.0	175.0
0.66	31.9	1.36	42.8	3.26	59.0	4.61	67.3	62.0	185.0

3.2 建立数学模型

表 3-1 给出了爆炸后不同时刻“蘑菇云”的半径，由此还无法计算出爆炸能量，必

须建立模型将不同时刻“蘑菇云”的半径与爆炸能量联系起来.

Taylor 建立计算爆炸能量的数学模型所采用的是量纲分析法. 量纲分析(Dimensional Analysis)是 20 世纪初提出的物理领域中建立数学模型的一种方法,它在经验和实验的基础上利用物理定律的量纲齐次性原则,确定各物理量之间的关系. 用数学公式表示一些物理量之间的关系时,公式等号两端必须有相同的量纲,称为量纲齐次性(Dimensional Homogeneity). 量纲分析法就是利用量纲齐次性原则来建立物理量之间的数学模型.

记爆炸能量为 E, 将“蘑菇云”的形状近似看成一个球形. 除时刻 t 和能量 E 外, 与“蘑菇云”的半径 r 有关的物理量还有“蘑菇云”周围的空气密度(记为 ρ) 和大气压强(记为 p), 将要寻找的关系

$$r = \phi(t,\ E,\ \rho,\ p) \tag{3.2.1}$$

记作更一般的形式

$$f(r,\ t,\ E,\ \rho,\ p) = 0, \tag{3.2.2}$$

其中有 5 个物理量,接下来的任务是用量纲分析法确定这个函数关系.

取三个基本量纲:长度 L, 质量 M 和时间 T, 式(3.2.2)中各个物埋量的量纲分别为

$$[r] = L,\quad [t] = T,\quad [E] = L^2MT^{-2},\quad [\rho] = L^{-3}M,\quad [p] = L^{-1}MT^{-2}, \tag{3.2.3}$$

由此得到量纲矩阵

$$\boldsymbol{A}_{3\times 5} = \begin{pmatrix} 1 & 0 & 2 & -3 & -1 \\ 0 & 0 & 1 & 1 & 1 \\ 0 & 1 & -2 & 0 & -2 \end{pmatrix} \begin{matrix} (L) \\ (M) \\ (T) \end{matrix}. \tag{3.2.4}$$

$$\begin{matrix} (r) & (t) & (E) & (\rho) & (p) \end{matrix}$$

因为矩阵 $\boldsymbol{A}$ 的秩是 3,所以齐次线性方程组

$$\boldsymbol{Ay} = \boldsymbol{0},\quad \boldsymbol{y} = (y_1,\ y_2,\ y_3,\ y_4,\ y_5)^{\mathrm{T}} \tag{3.2.5}$$

有 5−3=2 个基本解.

令 $y_1 = 1$, $y_5 = 0$, 得到一个基本解 $\boldsymbol{y} = \left(1,\ -\frac{2}{5},\ -\frac{1}{5},\ \frac{1}{5},\ 0\right)^{\mathrm{T}}$; 令 $y_1 = 0$, $y_5 = 1$, 得到一个基本解 $\boldsymbol{y} = \left(0,\ \frac{6}{5},\ -\frac{2}{5},\ -\frac{3}{5},\ 1\right)^{\mathrm{T}}$. 根据量纲分析的 Buckingham Pi 定理,由这两个基本解可以得到 2 个量纲为 1 的量:

$$\pi_1 = rt^{-\frac{2}{5}}E^{-\frac{1}{5}}\rho^{\frac{1}{5}} = r\left(\frac{\rho}{t^2E}\right)^{\frac{1}{5}}, \tag{3.2.6}$$

$$\pi_2 = t^{\frac{6}{5}} E^{-\frac{2}{5}} \rho^{-\frac{3}{5}} p = \left(\frac{t^6 p^5}{E^2 \rho^3}\right)^{\frac{1}{5}}, \tag{3.2.7}$$

且存在某个函数 F 使得

$$F(\pi_1, \pi_2) = 0 \tag{3.2.8}$$

与式(3.2.2)等价.

为了得到形如式(3.2.1)的关系，取式(3.2.8)的特殊形式 $\pi_1 = \psi(\pi_2)$，其中 ψ 是某个函数，由式(3.2.6)和式(3.2.7)有

$$r\left(\frac{\rho}{t^2 E}\right)^{\frac{1}{5}} = \psi\left(\frac{t^6 p^5}{E^2 \rho^3}\right)^{\frac{1}{5}}, \tag{3.2.9}$$

于是

$$r = \left(\frac{t^2 E}{\rho}\right)^{\frac{1}{5}} \psi\left(\frac{t^6 p^5}{E^2 \rho^3}\right)^{\frac{1}{5}}. \tag{3.2.10}$$

函数 ψ 的具体形式需要采用其他方式确定. 式(3.2.10)就是量纲分析法确定的、如式(3.2.1)所要求的函数关系.

3.3 模型求解

为了利用表 3-1 中的 t 和 r 的数据由式(3.2.10)确定原子弹爆炸的能量 E，必须先来估计量纲为 1 量 $\psi(\pi_2)$ 的大小.

Taylor 认为，原子弹爆炸所经历的时间非常短，而所释放的能量是非常大的. 仔细分析式(3.2.7)可知，$\pi_2 = \left(\frac{t^6 P^5}{E^2 \rho^3}\right)^{\frac{1}{5}} \approx 0$. 他又根据一些小型爆炸试验的数据，最终建议取 $\psi(0) \approx 1$，这就是说，式(3.2.10)可以近似地为

$$r = \left(\frac{t^2 E}{\rho}\right)^{\frac{1}{5}}. \tag{3.3.1}$$

式(3.3.1)表明，半径 r 与大气压强 p 无关，而当 E，ρ 一定时，r 与 $t^{\frac{2}{5}}$ 成正比. 我们可以先用表 3-1 中的数据检验一下这个关系. 设

$$r = at^b, \tag{3.3.2}$$

其中，a，b 是待定系数.

对式(3.3.2)取对数后可以用最小二乘法拟合，根据表 3-1 中的数据，经计算得到 $b = 0.405\,8$ (其 MATLAB 程序见 3.4 节)，与量纲分析得到的结果 $\left(\frac{2}{5}\right)$ 非常接近. 式(3.3.2)与实际数据的拟合情况如图 3-1 所示(其 MATLAB 程序见 3.4 节).

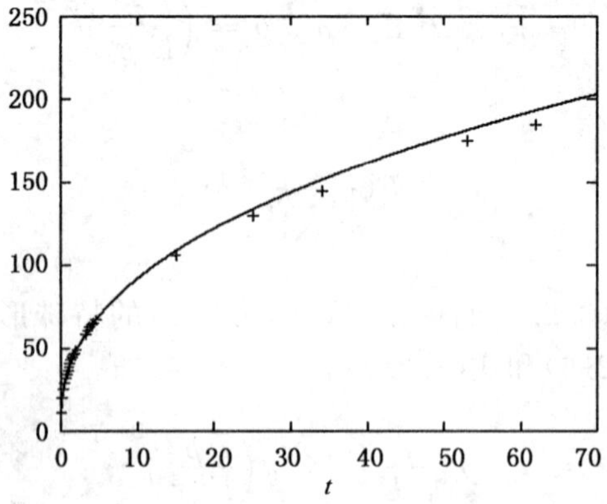

图 3-1 式(3.3.2)(曲线)与实际数据(+)的拟合情况

为了由式(3.3.1)和表 3-1 的数据估计 E，对式(3.3.1)两边求对数(常用对数)作线性最小二乘拟合，并取空气密度为 $\rho = 1.25(\mathrm{kg/m^3})$，得到

$$\frac{5}{2}\log_{10} r = \log_{10} t + \frac{1}{2}\log_{10}\left(\frac{E}{\rho}\right). \tag{3.3.3}$$

式(3.3.3)可化为

$$y = c,\quad y = \frac{5}{2}\log_{10} r - x,\quad x = \log_{10} t,\quad c = \frac{1}{2}\log_{10}\left(\frac{E}{\rho}\right). \tag{3.3.4}$$

根据表 3-1 中的数据算出 y，就可以拟合出系数 c，从而得到能量 E 的值. 实际上式(3.3.4)的形式很简单，对它作最小二乘拟合，就是 c 取 y 的平均值，得到 $c = 6.9038$ (其 MATLAB 程序见 3.4 节).

根据 c 和 ρ 容易算出 $E = 8.0276\mathrm{e}+013 = 8.0276\times 10^{13}$ (其 MATLAB 程序见 3.4 节)，单位是能量的国际标准单位焦耳(J)，查表可知 1 千 t $= 4.184\times 10^{12}$ J，由此得到原子弹爆炸的能量是 19.186 3 千 t(其 MATLAB 程序见 3.4 节)，与实际值 21 千 t 相差不大.

在 3.4 节中给出了 y 与 x 的关系图的 MATLAB 程序，y 与 x 的关系如图 3-2 所示.

从图 3-2 可见，除个别点外，多数数据点的坐标都位于 $y = 6.9038$ 附近，这也说明拟合是比较准确的. 如果剔除掉离平均值较远的第一个数据点 ($t = 0.10$ 的观测值)，则可以得到能量约为 20.3 千 t，与实际值 21 千 t 更接近.

还可以直接用式(3.3.1)作拟合，根据式(3.3.1)有

$$E = \frac{\rho r^5}{t^2}. \tag{3.3.5}$$

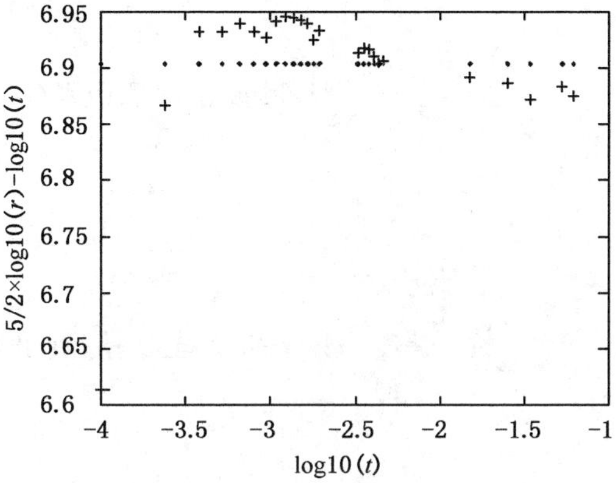

图3-2　式(3.3.4)与实际数据(＋)的拟合(·为 $y=6.9038$)

对式(3.3.5)作最小二乘拟合，相当于取式(3.3.5)右边的平均值，得到 $E=8.2825\times10^{13}$ (其 MATLAB 程序见 3.4 节)，因此原子弹爆炸的能量是19.795 7千 t (其 MATLAB 程序见 3.4 节).

从这个案例可以看出，采用量纲分析法在这里取得了巨大的成功.

3.4　有关 MATLAB 程序

```
clear
data=[
0.10   11.1   0.80   34.2   1.50   44.4   3.53   61.1   15.0   106.5
0.24   19.9   0.94   36.3   1.65   46.0   3.80   62.9   25.0   130.0
0.38   25.4   1.08   38.9   1.79   46.9   4.07   64.3   34.0   145.0
0.52   28.8   1.22   41.0   1.93   48.7   4.34   65.6   53.0   175.0
0.66   31.9   1.36   42.8   3.26   59.0   4.61   67.3   62.0   185.0
];
t=[];r=[];
for i=1:5
   t=[t;data(:, 2*i-1)];          % 得到 t 的列向量
   r=[r; data(:, 2*i)];           % 得到 r 的列向量
end
r1=log(r);
t1=log(t);
s=polyfit(t1,r1, 1);              % 式(3.3.2)取对数后的线性最小二乘拟合
b=s(1),                           % 式(3.3.2)的系数 b
```

```
a = s(2)
tt = 0:0.1:70;
rr = exp(a) * tt.^b;                    % 用拟合结果由式(3.3.2)进行计算
plot(tt,rr,t,r, '+')
xlabel('t');
ylabel('r')
pause
x = log10(t * 1e - 3);                  % t 的单位由 ms 化为 s
y = 5/2 * log10(r) - x;
plot(x, y, '+')
xlabel('log10(t)');
ylabel('5/2 * log10(r) - log10(t)');
c = mean(y)                             % y 的平均值
hold on;
plot(x,c, '. -')
hold off;
rou0 = 1.25;
E =  rou0 * 10^(2 * c)
kiloton = E/4.184e12
E1 =  rou0 *  mean(r.^5./t.^2) * 1e6   % 用式(3.3.5)作拟合
kiloton1 = E1/4.184e12
```

结果为

```
b =
    0.4058
c =
    6.9038
E =
    8.0276e + 013
kiloton =
    19.1863
E1 =
    8.2825e + 013
kiloton1 =
    19.7957
```

4　分形中的 Koch 雪花问题

4.1　问题的提出

在单位边长的等边三角形中，将每一条边三等分，再以每一条边的中间一段为边，向外作等边三角形，然后再对每一条边重复这样的操作，如此下去产生的图形称为 Koch 雪花.

请讨论边数不断增多且趋于无穷大时，所产生的图形(Koch 雪花)的周长和面积的极限.

4.2　问题的分析

在作图变化过程中，将每一条边三等分，再以每一条边的中间一段为边，向外作等边三角形的一次操作称为一次分形(fractal)，如此下去继续作分形，由此产生的图形称为 Koch 雪花.

根据上面作法，分形中的 Koch 雪花如图 4-1 所示(画这些分形图的 MATLAB 程序将在 4.5 节给出).

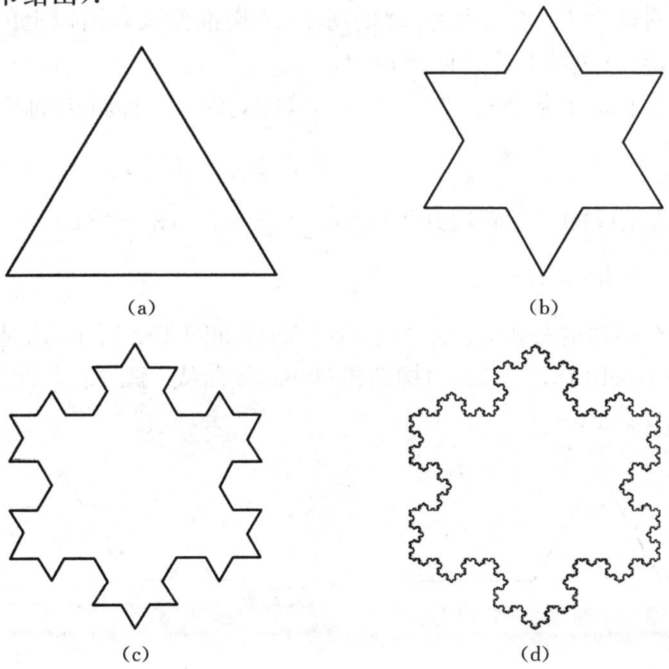

图 4-1　Koch 雪花

假设对单位边长的等边三角形作 n 次分形后形成的图形的周长为 P_n，面积为 A_n.

开始时[图 4-1(a)]，$P_0=3$，$A_0=\frac{\sqrt{3}}{4}$. 在作一次分形后[图 4-1(b)]，三角形的每条边生成了 4 条新边，新边的长度为原边长度的 $\frac{1}{3}$，同时每条边生成的每个新小三角形的面积都是原三角形面积的 $\frac{1}{9}$，即 $\frac{1}{9}A_0$，于是有 $P_1=\frac{4}{3}P_0$，$A_1=A_0+3\times\frac{1}{9}A_0$. 同理，在作二次分形后，新图形的每条边生成了 4 条新边[图 4-2(b)]，新边的长度为原边长度的 $\frac{1}{3}$；同时生成的每个小新三角形的面积都是原三角形面积的 $\frac{1}{9}$，即为 $\frac{1}{9}\times\left(\frac{1}{9}A_0\right)$，第一次分形后[图 4-1(b)]共有 3×4 条边，所以二次分形后[图 4-1(c)]的小三角形也有 3×4 个. 于是有 $P_2=\frac{4}{3}P_1=\left(\frac{4}{3}\right)^2P_0$，$A_2=A_1+3\times4\times\frac{1}{9}\times\left(\frac{1}{9}A_0\right)$.

4.3 模型的建立

为了找出周长为 P_n 和面积为 A_n 的通项(或递推公式)，由以上的分析和分形的过程我们发现，每条边的变化有两个规律：

(1) 每条边生成 4 条新边[图 4-2(a)，(b)，(c)]，且新边的长度为原边长度的 $\frac{1}{3}$；

(2) 每条边生成的 4 条新边共生成 4 个小三角形[图 4-2(b)，(c)]，每个小三角形的面积为原三角形面积的 $\frac{1}{9}$.

根据上面对问题的分析，分形中的 Koch 曲线如图 4-2 所示. 这是 1904 年，瑞典数学家 H. von Koch(1870—1924)构造出的 Koch 曲线. 画 Koch 曲线的 MATLAB 程序将在 4.5 节给出.

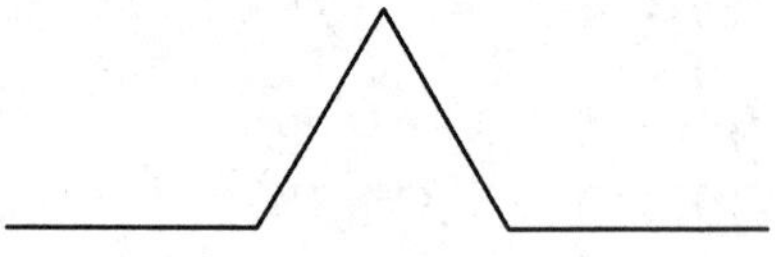

(a)

(b)

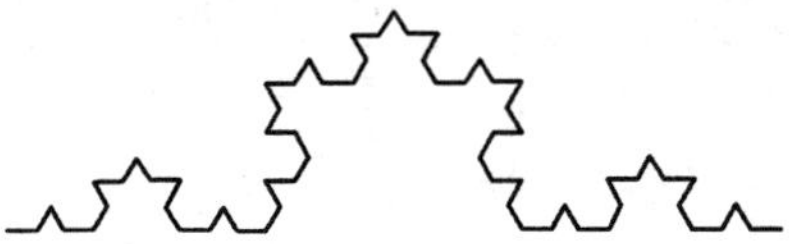

(c)

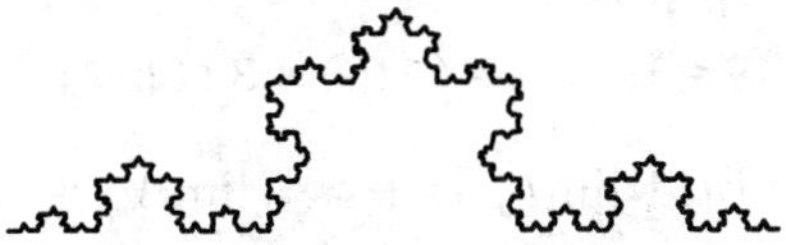

(d)

图 4-2　Koch 曲线

根据以上分析，得到递推公式：

$$P_n = \frac{4}{3}P_{n-1} = \cdots = \left(\frac{4}{3}\right)^n P_0, \quad n = 1, 2, \cdots;$$

$$A_n = A_{n-1} + 3 \times 4^{n-1}\left(\frac{1}{9}\right)^n A_0, \quad n = 1, 2, \cdots.$$

于是

$$A_n = A_0 + 3 \times \frac{1}{9}A_0 + 3 \times 4\left(\frac{1}{9}\right)^2 A_0 + 3 \times 4^2\left(\frac{1}{9}\right)^3 A_0 + \cdots + 3 \times 4^{n-1}\left(\frac{1}{9}\right)^n A_0.$$

由于 $P_0 = 3$，所以当 n 趋于无穷大时，周长变为 $\lim\limits_{n\to\infty} P_n = 3\lim\limits_{n\to\infty}\left(\frac{4}{3}\right)^n$.

由于 $A_0 = \frac{\sqrt{3}}{4}$，所以当 n 趋于无穷大时，面积变为一个无穷级数，即

$$\begin{aligned}\lim_{n\to\infty} A_n &= A_0 + 3\left(\frac{1}{9}\right)A_0 + 3 \times 4\left(\frac{1}{9}\right)^2 A_0 + 3 \times 4^2\left(\frac{1}{9}\right)^3 A_0 + \cdots \\ &\quad + 3 \times 4^{n-1}\left(\frac{1}{9}\right)^n A_0 + \cdots \\ &= \frac{\sqrt{3}}{4}\left[1 + \frac{1}{3} \times \sum_{n=1}^{+\infty}\left(\frac{4}{9}\right)^{n-1}\right].\end{aligned}$$

因此，问题归结为计算

$$\lim_{n\to\infty} P_n = 3\lim_{n\to\infty}\left(\frac{4}{3}\right)^n \quad 和 \quad \lim_{n\to\infty} A_n = \frac{\sqrt{3}}{4}\left[1 + \frac{1}{3} \times \sum_{n=1}^{+\infty}\left(\frac{4}{9}\right)^{n-1}\right].$$

4.4　模 型 求 解

计算以上问题的 MATLAB 程序如下：

```
syms n;
P = 3 * limit((4/3)^n, n, inf)
A = (sqrt(3)/4) * (1 + (1/3) * symsum((4/9)^(n - 1), n, 1,inf))
```

结果为

P = Inf, A = (2/5) * 3 ^(1/2).

所以 $\lim\limits_{n\to\infty}P_n=+\infty$, $\lim\limits_{n\to\infty}A_n=\frac{2}{5}\sqrt{3}$.

由以上计算结果可知,当分形次数不断增加且趋于无穷大时,所产生图形(Koch 雪花)的周长趋于无穷大,而面积却是一个有限数 $\frac{2}{5}\sqrt{3}$.

以上结果说明,Koch 雪花的周长为无穷大,而面积是有限的(根据上面 Koch 雪花产生的过程可知,每一步的图形都是在单位圆内,因此 Koch 雪花的面积是有限的).

这种面积有限、周长为无穷大的图形——Koch 雪花,在欧氏空间中是一种不可思议的"奇怪"现象.

从上面的作法可以看出,Koch 曲线是极其复杂的,它的维数已不是欧氏空间中的维数——1 维,它的维数是大于 1 的. 但 Koch 曲线也不能填满任何一个小的面积,所以它的维数小于 2. 事实上,在分形几何中 Koch 曲线的维数为 1.261 8.

4.5 有关 MATLAB 程序

4.5.1 分形中的 Koch 曲线

首先建立 m 文件:

```
function koch(ax, ay, bx, by, limit)     % 输入量为初始点的坐标和终止长度
u = [ax, ay; bx, by];
l = sqrt((bx - ax)^2 + (by - ay)^2);     % 求长度
if(l <= limit)
    axis equal
    plot(u(:, 1), u(:, 2))               % 画连线
    axis off
    hold on
else
    cx = ax + (bx - ax)/3;               % 计算 c 点的坐标
    cy = ay + (by - ay)/3;
    ex = bx - (bx - ax)/3;               % 计算 e 点的坐标
    ey = by - (by - ay)/3;
    l = sqrt((ex - cx)^2 + (ey - cy)^2);
    alpha = atan((ey - cy)/ (ex - cx));
```

```
    if(ex-cx)<0
    alpha= alpha+pi;
    end
    dx=cx+cos(alpha+pi/3)*l;        % 计算d点的坐标
    dy=cy+sin(alpha+pi/3)*l;
    koch(ax, ay, cx, cy, limit);     % 递归调用
    koch(ex, ey, bx, by, limit);
    koch(cx, cy, dx, dy, limit);
    koch(dx, dy, ex, ey, limit);
end
```

然后(在命令窗口)输入命令:

koch(0, 0, 1, 0, 1/2)

结果如图 4-2(a)所示.

类似地分别输入命令:

koch(0, 0, 1, 0, 1/4),

koch(0, 0, 1, 0, 1/10),

koch(0, 0, 1, 0, 1/100)

可以分别得到图 4-2(b), (c), (d).

4.5.2 分形中的 Koch 雪花

根据 Koch 曲线与 Koch 雪花的关系,调用三次 Koch 曲线程序就可以绘制出 Koch 雪花图形.

在建立 m 文件(koch.m)后,(在命令窗口)输入命令:

koch(1, 0, 0, 0, limit),

koch(0, 0, 1/2, sqrt(3)/2, limit),

koch(1/2, sqrt(3)/2, 1, 0, limit),

其中, limit 依次取 1, 0.34, 1/4, 0.01, 分别得到图 4-1(a), (b), (c), (d).

5 蠓虫分类

5.1 问题的提出

两类蠓虫 Af 和 Apf 已由生物学家 W. L. Grogon 和 W. W. Wirth(1981)根据它们的触角长度、翅膀长度加以区分. 已经测得 9 只 Af 和 6 只 Apf 的数据(触角长度用 x 表示，翅膀长度用 y 表示)，见表 5-1.

表 5-1　Af 和 Apf 的数据

Apf (x, y)	(1.14, 1.78)	(1.18, 1.96)	(1.20, 1.86)	(1.26, 2.00)	(1.28, 2.00)	(1.30, 1.96)
Af (x, y)	(1.24, 1.27*)	(1.36, 1.74)	(1.38, 1.64)	(1.38, 1.82)	(1.38, 1.90)	(1.40, 1.70)
	(1.48, 1.82)	(1.54, 1.82)	(1.56, 2.08)			

(1) 如何依据以上数据,制定一种方法正确区分两类蠓虫?

(2) 将你的方法用于触角长度、翅膀长度分别为(1.24, 1.80)，(1.28, 1.84)，(1.40, 2.04)的三个样本进行识别.

说明　(1) 本问题是由“美国大学生数学建模竞赛”的 1989 年的 A 题改编的. (2) 表 5-1 中的(1.24, 1.27*)，有一些材料中的数据是(1.24, 1.72). 虽然以上两个数据是不同的,但处理数据的方法是相同的(用后面的方法还可以说明两个不同数据的结果是一致的).

5.2 问题的分析与模型的建立

这是一个判别问题,建模的目标是寻找一种方法对问题提供的三个样本数据进行判别. 首先根据表 5-1 的 15 对数据画出散点图,其 MATLAB 程序如下：

```
clear
x1 = [1.24, 1.36, 1.38, 1.38, 1.38, 1.40, 1.48, 1.54, 1.56];
x2 = [1.14, 1.18, 1.20, 1.26, 1.28, 1.30];
y1 = [1.27, 1.74, 1.64, 1.82, 1.90, 1.70, 1.82, 1.82, 2.08];
y2 = [1.78, 1.96, 1.86, 2.00, 2.00, 1.96];
plot(x1, y1, '*', x2, y2, 'r+')
```

结果如图 5-1 所示.

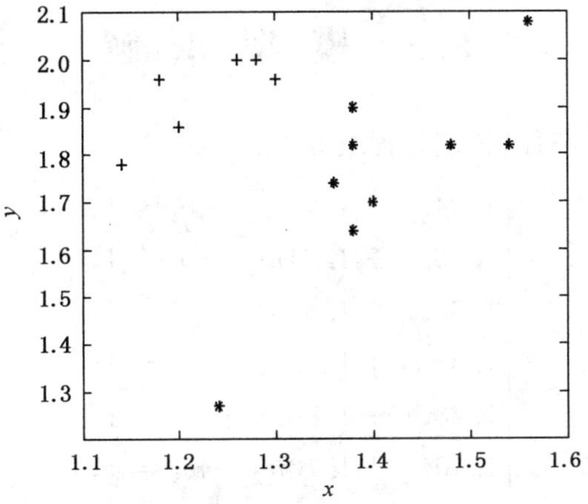

图 5-1　样本数据的散点图

说明　* 表示 Af，+表示 Apf.

从图 5-1 中可以明显看出，9 个 Af 的点集中在图中的右上方，而 6 个 Apf 的点集中在图中的左上方. 客观上存在一条直线 L 将两类点分开，如果确定了这条直线 L 并将它作为 Af 和 Apf 的分界线，就有了判别方法. 确定直线 L 应该依据问题所给的数据(表 5-1). 设直线 L 的方程为

$$w_1 x + w_2 y + w_3 = 0.$$

对于平面上的任意一点 $P(x, y)$，如果该点在直线 L 上，则点 $P(x, y)$ 的坐标 x 和 y 满足上述方程；如果该点不在直线 L 上，将其坐标 x 和 y 代入上述方程，则方程的左边不为零. 由于 Af 和 Apf 的散点都不在直线上，所以把表 5-1 中的数据代入上述直线方程的左边应使得到表达式的值出现大于零或小于零两种不同的结果.

为了建立判别系统，建立判别函数 $g(P) = w_1 x + w_2 y + w_3$.

判别准则：

$$\begin{cases} g(P) > 0, & P(x, y) \in \text{Af}, \\ g(P) < 0, & P(x, y) \in \text{Apf}. \end{cases}$$

当 $P(x, y)$ 属于 Af 时，$g(P) = 1$；当 $P(x, y)$ 属于 Apf 时，$g(P) = -1$.

于是由所给数据形成的约束条件知，这是关于判别函数中的三个待定系数 w_1，w_2，w_3 的线性方程组：

$$\begin{cases} w_1 x_i + w_2 y_i + w_3 = 1, & i = 1, 2, \cdots, 9, \\ w_1 x_i + w_2 y_i + w_3 = -1, & i = 10, 11, \cdots, 15. \end{cases}$$

这是包含三个未知数 w_1，w_2，w_3 共 15 个方程组成的超定方程组. 可以求出方程组的一种广义解，即最小二乘解.

5.3 模型求解

根据上面的分析，写出超定方程组如下：

$$\begin{cases}1.24w_1+1.27w_2+w_3=1,\\1.36w_1+1.74w_2+w_3=1,\\1.38w_1+1.64w_2+w_3=1,\\1.38w_1+1.82w_2+w_3=1,\\1.38w_1+1.90w_2+w_3=1,\\1.40w_1+1.70w_2+w_3=1,\\1.48w_1+1.82w_2+w_3=1,\\1.54w_1+1.82w_2+w_3=1,\\1.56w_1+2.08w_2+w_3=1,\\1.14w_1+1.78w_2+w_3=-1,\\1.18w_1+1.96w_2+w_3=-1,\\1.20w_1+1.86w_2+w_3=-1,\\1.26w_1+2.00w_2+w_3=-1,\\1.28w_1+2.00w_2+w_3=-1,\\1.30w_1+1.96w_2+w_3=-1.\end{cases}$$

求解上述方程组的最小二乘解并在散点图中画出分类直线的 MATLAB 程序如下：

```
clear
x=[1.24, 1.36, 1.38, 1.38, 1.38, 1.40, 1.48, 1.54, 1.56, 1.14, 1.18, 1.20,
1.26, 1.28, 1.30];
y=[1.27, 1.74, 1.64, 1.82, 1.90, 1.70, 1.82, 1.82, 2.08, 1.78, 1.96, 1.86,
2.00, 2.00, 1.96];
x1=[1.24, 1.36, 1.38, 1.38, 1.38, 1.40, 1.48, 1.54, 1.56];
x2=[1.14, 1.18, 1.20, 1.26, 1.28, 1.30];
y1=[1.27, 1.74, 1.64, 1.82, 1.90, 1.70, 1.82, 1.82, 2.08];
y2=[1.78, 1.96, 1.86, 2.00, 2.00, 1.96];
z=[1; 1; 1; 1; 1; 1; 1; 1; 1; -1; -1; -1; -1; -1; -1];
A=[1.24 1.27 1;1.36 1.74 1;1.38 1.64 1;1.38 1.82 1;1.38 1.90 1; 1.40 1.70 1;
1.48 1.82 1;1.54 1.82 1;1.56 2.08 1;1.14 1.78 1;1.18 1.96 1;1.20 1.86 1;1.26 2.00 1;
1.28 2.00 1;1.30 1.96 1];
W=A\z                    % 求方程组的最小二乘解
```

```
x = 1.10:0.02:1.60;
y = ( - w(1). * x - w(3)). /w(2);          % 确定分类直线
plot(x1, y1,'*',x2, y2,'r+', x, y)     % 在散点图中画分类直线
```

执行程序后，从图形窗口得到散点图，画出分类直线图，如图 5-2 所示．从命令窗口得到方程组的最小二乘解为 $w=(6.6455, -2.9128, -3.3851)$.

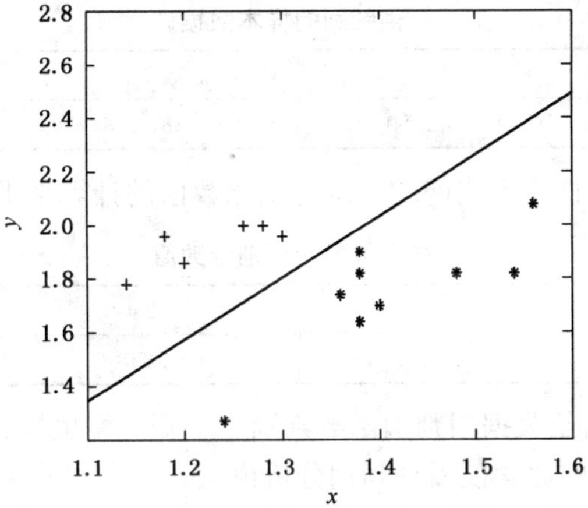

图 5-2　样本数据的散点图和判别直线

因此，直线方程

$$w_1 x + w_2 y + w_3 = 0$$

中的三个待定系数 w_1, w_2, w_3 分别为

$$w_1 = 6.6455, \quad w_2 = -2.9128, \quad w_3 = -3.3851,$$

所以，判别直线方程为

$$6.6455x - 2.9128y - 3.3851 = 0,$$

判别函数为

$$g(P) = 6.6455x - 2.9128y - 3.3851. \tag{5.3.1}$$

将 15 个样本数据分别代入式(5.3.1)，$g(P)$ 的计算结果见表 5-2.

表 5-2　　**样本数据判别函数值的计算结果**

(x, y)	(1.14, 1.78)	(1.18, 1.96)	(1.20, 1.86)	(1.26, 2.00)	(1.28, 2.00)	(1.30, 1.96)
$g(P)$	−0.9940	−1.2525	−0.8283	−0.8374	−0.7045	−0.4550
(x, y)	(1.24, 1.72)	(1.36, 1.74)	(1.38, 1.64)	(1.38, 1.82)	(1.38, 1.90)	(1.40, 1.70)
$g(P)$	1.1561	0.5845	1.0087	0.4844	0.2514	0.9668
(x, y)	(1.48, 1.82)	(1.54, 1.82)	(1.56, 2.08)			
$g(P)$	1.1489	1.5477	0.9233			

在表 5-2 中，前 6 个 $g(P)$ 的值为负，后 9 个 $g(P)$ 的值为正. 根据判别函数 $g(P)$ 定义，可知前 6 个样本属于 Apf 类，后 9 个样本属于 Af 类. 这与样本的本身是一致的. 说明已知的两类蠓虫仍然属于各自的类别，这表明我们的方法能够正确区分两类蠓虫，即回代误判率为零.

在前面的问题中提供了三个样本供判别，它们的数据见表 5-3.

表 5-3　　供判别的样本数据

编号	1	2	3
(x, y)	(1.24, 1.80)	(1.28, 1.84)	(1.40, 2.04)

把表 5-3 中的数据代入式(5.3.1)，判别函数值的计算结果见表 5-4.

表 5-4　　样本数据的判别函数值

编号	1	2	3
$g(P)$	−0.387 7	−0.238 4	−0.023 5

根据表 5-4，由所给数据用判别函数判别三个新的蠓虫均属于 Apf 类.

注　本问题建立的数学模型是判别分析模型，当然，即使是判别分析模型还有多种判别分析方法，可参见有关文献[林道荣等(2011)，韩明，王家宝，李林(2018)，方道元等(2011)]. 另外，本问题还可以建立其他数学模型，如逻辑回归模型，决策树模型，神经网络模型，支持向量积模型等，可参见有关文献[方道元等(2011)].

6 探险家穿越荒漠

6.1 问题的提出

一探险家计划独自徒步穿越荒漠,探险家每天可步行 40 km,除行装,最多可携带总量为 20 kg 的食物和水,探险家每天消耗 1.5 kg 水和 1 kg 食物.

(1) 根据已有资料,穿越荒漠的行程为 480 km,问探险家如何在中途建立食物和水的储藏点以确保探险家尽快安全穿越荒漠,给出探险家的日程计划.

(2) 根据最新资料,在距离终点 200 km 处有可饮用泉水,如何修改原计划,给出新的日程计划.

6.2 模型假设

(1) 假设天气状况、道路状况以及探险家的身体状况都无意外,每天恰好能走 40 km;

(2) 假定探险家每天所走的路程以及食物和水的消耗都是均匀分布在 24 h,随着时间流逝,食物和水逐渐减少.

在这样的假设下,我们可以把探险过程连续处理.

6.3 问题(1)分析与建模

设探险路线从 A 到 B,简单分析可知,中途仅设一个储藏点是不行的(请读者考虑为什么?),至少要设两个储藏点. 现假定中途设两个储藏点 C, D, $AC = x_1$, $CD = x_2$, $DB = x_3$(图 6-1).

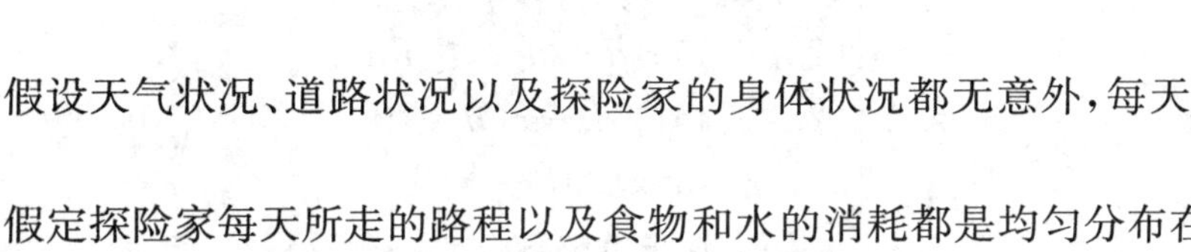

图 6-1 穿越荒漠问题示意图

设在 AC 间往返 n_1 次[这里指由点 A 到点 C 走 n_1 次，由点 C 到点 A 走 (n_1-1) 次]运送水和食物，在 CD 间往返 n_2 次运送水和食物，最后一次由点 D 直接到点 B. 记每次能携带的实物重量为 $a = 20$ kg，每千米消耗实物为 $d = 2.5/40 = 1/16$ kg.

目标函数是总的行走路程最短：

$$\min f = (2n_1 - 1)x_1 + (2n_2 - 1)x_2 + x_3.$$

等式约束条件是三段路总长等于 480 km.

不等式约束之一是 AC 间运送的实物必须满足：

第一段路上消耗量 + 第二段将要运送量 $\leqslant$ 第一段实际运送量；

不等式约束之二是 CD 间运送的实物必须满足：

第二段路上消耗量 + 第三段将要消耗量 $\leqslant$ 第二段实际运送量；

不等式约束之三是非负约束：x_1，x_2，$x_3 \geqslant 0$.

还要求 n_1，n_2 取非负整数.

该模型可以表示为

$$\min f = (2n_1 - 1)x_1 + (2n_2 - 1)x_2 + x_3.$$

$$\text{s.t.}\begin{cases} x_1 + x_2 + x_3 = 480, \\ (2n_1 - 1)x_1 d + n_2 a \leqslant n_1 a, \\ (2n_2 - 1)x_2 d + x_3 d \leqslant n_2 a, \\ x_1,\ x_2,\ x_3 \geqslant 0, \\ n_1,\ n_2 \text{ 取非负整数.} \end{cases}$$

6.4 问题(1)求解

为符合 MATLAB 规定，改记 $x_1 = x(1)$，$x_2 = x(2)$，$x_3 = x(3)$，$n_1 = x(4)$，$n_2 = x(5)$.

建立约束条件的函数文件 mycon1.m：

```
function [c, ceq] = mycon1(x)
l = 480; a = 20; d = 2.5/40;
c = [(2 * x(4) - 1) * x(1) * d + x(5) * a - x(4) * a; (2 * x(5) - 1) * x(2) * d +
x(3) * d - x(5) * a];
ceq = [ ];
```

在命令窗口输入：

```
x0 = [100, 100, 280, 10, 5]';
A = []; b = []; Aeq = [1 1 1 0 0];
```

```
beq = [480]; lb = [0 0 160 2 2]';
ub = [160 160 320 20 10]';
[x, fval] = fmincon('(2 * x(4) - 1) * x(1) + (2 * x(5) - 1) * x(2) + x(3)', x0,
A, b, Aeq, beq, lb, ub, @mycon1)
```

结果为

x = 53.3333　106.6667　320.0000　2.7500　2.0000　fval = 880.

即 $AC = x_1 = 53.3333$, $CD = x_2 = 106.6667$, $DB = x_3 = 320$, $n_1 = 2.75$, $n_2 = 2$.

$n_1 = 2.75$ 不是正整数,不符合要求. MATLAB 不能求解混合规划,遇到整数变量的非整数解时可以取整后再重新求解.

显然,最优解中 $n_1 = x(4) > 2.75$,取 $n_1 = 3$, $n_2 = 2$(只需增加两个等式约束 $x(4) = 3$, $x(5) = 2$),在命令窗口再执行:

```
x0 = [100, 100, 280, 10, 5]';
A = []; b = []; Aeq = [1  1  1  0  0;  0  0  0  1  0;  0  0  0  0  1];
beq = [480; 3; 2]; lb = [0  0  160  2  2]';
ub = [160  160  320  10  10];
[x, fval] = fmincon('(2 * x(4) - 1) * x(1) + (2 * x(5) - 1) * x(2) + x(3)', x0,
A, b, Aeq, Beq, lb, ub, @mycon1)
```

结果为

x = 53.3333　106.6667　320.0000　3.0000　2.0000　fval = 906.6667

这是符合要求的一个最优解.

若设 3 个储存点,可作类似计算,并未得到更好的解,因此,以上结果即最优解. 最佳方案应取 $x_1 = 53.3333$, $x_2 = 106.6667$, $x_3 = 320.0000$, $n_1 = 3$, $n_2 = 2$. 即先在 AC 间往返 3 次,每次背 20 kg 水和食物(水和食物按 1.5 : 1 搭配),历时 6.6667 天,消耗水和食物 16.6667 kg,剩余 43.3333 kg. 然后在 CD 间往返 2 次,每次背 20 kg 水和食物,历时 8 天,消耗水和食物 20 kg. 最后背上剩余的 20 kg 储备,历时 8 天,正好走出沙漠,总行程 906.6667 km,总共耗时 22.6667 天.

6.5　问题(2)分析与建模

此时情况要复杂一些,每次带多少水和多少食物必须分开考虑.

仍设 $AC = x_1$, $CD = x_2$, $DB = 200$ 为已知. 记 w_1 为第一阶段每次背水量, w_2 为第二阶段每次背水量, f_1 为第一阶段每次背食物的量, f_2 为第二阶段每次背食物的量. $w = 1.5/40 = 3/80$ 为平均每千米耗水量, $f = 1/40$ 为平均每千米消耗食物量. DB 间需要消耗食物 5 kg,水 7.5 kg,可以一次背走.

该模型可以表示为

$$\min f=(2n_1-1)x_1+(2n_2-1)x_2+200.$$

$$\text{s. t.}\begin{cases}x_1+x_2=280,\\(2n_1-1)x_1w+n_2w_2\leqslant n_1w_1,\\(2n_2-1)x_2w\leqslant n_2w_2,\\(2n_1-1)x_1f+n_2f_2\leqslant n_1f_1,\\(2n_2-1)x_2f+5\leqslant n_2f_2,\\w_1+f_1\leqslant 20,\\w_2+f_2\leqslant 20,\\x_1,x_2,w_1,w_2,f_1,f_2\geqslant 0,\\n_1,n_2\text{ 取非负整数.}\end{cases}$$

6.6 问题(2)求解

记 $x_1=x(1)$，$x_2=x(2)$，$n_1=x(3)$，$n_2=x(4)$，$w_1=x(5)$，$w_2=x(6)$，$f_1=x(7)$，$f_2x(8)$.

建立非线性约束条件函数文件 mycon2.m：

```
function[c, ceq] = mycon2(x)
w = 1.5/40; f = 1/40;
c = [(2 * x(3) - 1) * x(1) * w + x(4) * x(6) - x(3) * x(5); (2 * x(4) - 1) * x(2) * w - x(4) * x(6);
(2 * x(3) - 1) * x(1) * f + x(4) * x(8) - x(3) * x(7); (2 * x(4) - 1) * x(2) * f + 5 - x(4) * x(8);
x(5) + x(7) - 20;x(6) + x(8) - 20];
ceq = [];
```

在命令窗口输入：

```
x0 = [100, 180, 4, 2, 12, 12, 8, 8]';
A = [ ]; B = [ ]; Aeq = [1  1  0  0  0  0  0  0]; beq = [280];
lb = [0  0  1  1  0  0  0  0]';
ub = [160  160  10  10  20  20  20  20]';
[x, fval] = fmincon('(2 * x(3) - 1) * x(1) + (2 * x(4) - 1) * x(2) + 200', x0, A, B, Aeq, Beq, lb, ub, @mycon2)
```

结果为

```
x = 120.0000  160.0000  1.5000  1.0000  10.0000  6.0000  10.0000  9.0000  fval = 600.0000
```

即 $AC=x_1=120$，$CD=x_2=160$，$n_1=1.5$，$n_2=1$.

n_1 必须取正整数，取定 $n_1 = 2$, $n_2 = 1$［只需增加两个等式约束 $x(3) = 2$, $x(4) = 1$］，在命令窗口再输入：

```
x0 = [100, 180, 4, 2, 12, 12, 8, 8]';
A = [ ]; b = [ ];
Aeq = [1  1  0  0  0  0  0  0;  0  0  1  0  0  0  0  0;  0  0  0  1  0  0  0  0];
beq = [280; 2; 1];
lb = [0  0  1  1  0  0  0  0]'; ub = [160  160  10  10  20  20  20  20]';
[x, fval] = fmincon('(2 * x(3) - 1) * x(1) + (2 * x(4) - 1) * x(2) + 200', x0, A, b, Aeq, beq, lb, ub, @mycon2)
```

结果为

```
x = 120.0000  160.0000  2.0000  1.0000  11.0000  8.5000  9.0000  9.0000  fval = 720.000
```

可见最佳方案应取 $x_1 = 120$, $x_2 = 160$, $n_1 = 2$, $n_2 = 1$, $w_1 = 11$, $w_2 = 8.5$, $f_1 = 9$, $f_2 = 9$. 即先在 AC 间往返 2 次，每次背 11 kg 水，9 kg 食物，历时 9 天，消耗 13.5 kg 水，9 kg 食物，在 C 点存 8.5 kg 水，9 kg 食物. 然后背上 6 kg 水（不必把 8.5 kg 水全带上），9 kg 食物走到泉水边（D），历时 4 天，水喝完，剩 5 kg 食物. 最后在泉水处补充 7.5 kg 水，带上剩余的 5 kg 食物，再走 5 天，正好走出沙漠，总行程 720 km，总共耗时 18 天.

7 挑战者号航天飞机O形环损坏问题

挑战者号航天飞机于美国东部时间1986年1月28日上午11时39分(格林尼治标准时间16时39分)发射在美国佛罗里达州的上空.挑战者号航天飞机升空后,因其右侧固体火箭助推器(SRB)的O形环密封圈失效,毗邻的外部燃料舱在泄漏出的火焰的高温烧灼下结构失效,使高速飞行中的航天飞机在空气阻力的作用下于发射后的第73秒解体,机上7名宇航员全部罹难.

7.1 问题的提出

在1986年挑战者号航天飞机升空前的各次发射期间,收集到的导致O形环灾难性失效的热应力数据,见表7-1(Kelly & Smith, 2011).每架航天飞机有3个主要的和3个次要的辅助O形环,其中任何一个失效(或故障)都将造成像“挑战者号”一样的灾难.

表7-1　“挑战者号”航天飞机发射温度和O形环损坏数据

x	66	70	69	68	67	72	73	70	57	63	70	78
y	0	1	0	0	0	0	0	0	1	1	1	0
x	67	53	67	75	70	81	76	79	75	76	58	
y	0	2	0	0	0	0	0	0	2	0	1	

说明　x为华氏温度(℉),y为O形环损坏数量.华氏温度与摄氏温度的关系:摄氏温度=(华氏温度−32)/1.8.

请根据表7-1提供的数据建立预测模型;在温度为31℉和53℉时,预测O形环损坏的概率;在温度为31℉和53℉时,预测O形环损坏的数量;要保证O形环损坏的概率小于0.05,需要温度满足什么条件?要使O形环损坏的数量小于1,需要温度满足什么条件?

7.2 Logistic回归模型

由于表7-1提供的数据只有在一定温度条件下O形环损坏的数量(它的取值是0,1和2),因此可以考虑建立广义线性模型——Logistic回归模型.

7.2.1 建立 Logistic 回归模型

在每个发射过程中 O 形环损坏的数量服从参数为 p 和 $n=6$ 的二项分布 binomial(p, 6). 其中,参数 p(O 形环损坏的概率)是温度(x)的函数, 则有

$$\text{logit}(p)=\ln\left(\frac{p}{1-p}\right). \tag{7.2.1}$$

因此,Logistic 回归方程如下：

$$\text{logit}(p)=a+bx. \tag{7.2.2}$$

以下用 R 软件对式(7.2.2)进行参数估计和检验, 其代码如下：

```
> norell<-data.frame(
+ temp = c(66, 70, 69, 68, 67, 72, 73,70, 57, 63, 70,78, 67, 53, 67, 75,
70, 81, 76, 79, 75, 76, 58),
+ n=rep(6, 23), distress=c(0, 1,0, 0, 0, 0, 0, 0, 1, 1, 1, 0, 0, 2, 0,
0, 0, 0, 0, 0, 2, 0, 1)
+ )
> norell$Y<-cbind(norell$distress, norell$n-norell$distress)
> glm.sol<-glm(Y~ temp, family=binomial, data=norell)
> summary(glm.sol)
```

运行后结果为

```
Call:
glm(formula = Y ~ temp, family = binomial, data = norell)
Deviance Residuals:
     Min        1Q      Median        3Q       Max
-0.95227  -0.78299  -0.54117  -0.04379   2.65152
Coefficients:
              Estimate  Std.Error  z value  Pr(>|z|)
(Intercept)    5.08498    3.05247    1.666   0.0957 .
temp          -0.11560    0.04702   -2.458   0.0140 *
Signif. codes: 0 '***' 0.001 '**' 0.01 '*' 0.05 '.' 0.1 ' ' 1
(Dispersion parameter for binomial family taken to be 1)
    Null deviance: 24.230 on 22 degrees of freedom
Residual deviance: 18.086 on 21 degrees of freedom
AIC: 35.647
Number of Fisher Scoring iterations: 5
```

根据以上结果,可以看出模型可以通过检验, 得到的 Logistic 回归方程为

$$\text{logit}(p) = 5.08498 - 0.11560x. \tag{7.2.3}$$

根据式(7.2.1)和式(7.2.3)，有

$$p = \frac{\exp(5.08498 - 0.11560x)}{1 + \exp(5.08498 - 0.11560x)}. \tag{7.2.4}$$

7.2.2 在温度为31°F和53°F时，预测O形环损坏的概率

当温度为31°F和53°F时，根据式(7.2.4)，则O形环损坏的概率分别为

$$p_{31} = \frac{\exp(5.08498 - 0.11560 \times 31)}{1 + \exp(5.08498 - 0.11560 \times 31)} = 0.817780,$$

$$p_{53} = \frac{\exp(5.08498 - 0.11560 \times 53)}{1 + \exp(5.08498 - 0.11560 \times 53)} = 0.260799.$$

从以上计算结果可以看到，温度对O形环损坏概率的影响很大.

7.2.3 要保证O形环损坏的概率小于0.05，温度需要满足的条件

设 x 为华氏温度，根据式(7.2.4)，要保证O形环损坏的概率小于0.05，即

$$\frac{\exp(5.08498 - 0.11560x)}{1 + \exp(5.08498 - 0.11560x)} < 0.05,$$

解此不等式，得 $x > 69.45864$°F.

所以要保证O形环损坏的概率小于0.05，需要温度大于69.45864°F.

7.3 对数线性模型

由于表7-1提供的数据只有在温度条件下O形环损坏的数量(它的取值是0，1和2)，因此可以考虑建立广义线性模型——对数线性模型.

7.3.1 建立对数线性模型

在每个发射过程中O形环损坏的数量服从泊松分布 $P(y)$，其中 y(O形环损坏的数量)是温度(x)的函数，则对数线性回归方程为

$$\ln y = a + bx. \tag{7.3.1}$$

以下用R软件对式(7.3.1)进行参数估计和检验，其代码如下：

```
> y=c(66, 70, 69, 68, 67, 72, 73,70, 57, 63, 70,78, 67, 53, 67, 75, 70,
81, 76, 79, 75, 76, 58)
> x=c(0, 1,0, 0, 0, 0, 0, 0, 1, 1, 1, 0, 0, 2, 0, 0, 0, 0, 0, 0, 2, 0, 1)
> log.glm <- glm(y~x,family=poisson(link=log))
```

```
> summary(log.glm)
```

运行后结果为

```
Call:
glm(formula = y ~ x, family = poisson(link = log))
Deviance Residuals:
     Min        1Q     Median       3Q      Max
 -1.1453   -0.5655   -0.2058   0.4875   1.7447
Coefficients:
             Estimate  Std.Error  z value  Pr(>|z|)
(Intercept)   4.27299   0.02890   147.835  <2e-16 ***
x            -0.08198   0.04043    -2.027  0.0426 *
Signif. codes: 0 '***' 0.001 '**' 0.01 '*' 0.05 '.' 0.1 ' ' 1
(Dispersion parameter for poisson family taken to be 1)
  Null deviance: 16.153 on 22 degrees of freedom
Residual deviance: 11.936 on 21 degrees of freedom
AIC: 155.72
Number of Fisher Scoring iterations: 4
```

根据以上结果,可以看出模型可以通过检验，得到的对数线性回归方程为

$$\ln y = 4.27299 - 0.08198x. \tag{7.3.2}$$

所以有

$$y = \exp(4.27299 - 0.08198x). \tag{7.3.3}$$

7.3.2 在温度为 31℉和 53℉时,预测 O 形环损坏的数量

当温度为 31℉和 53℉时,根据式(7.3.3),则 O 形环损坏的数量分别为

$$y_{31} = \exp(4.27299 - 0.08198 \times 31) = 5.649743 \approx 6,$$

$$y_{53} = \exp(4.27299 - 0.08198 \times 53) = 0.9305774 \approx 1.$$

从以上计算结果可以看到，温度对 O 形环损坏的数量的影响很大.

7.3.3 要使 O 形环损坏的数量小于 1,温度需要满足的条件

要使 O 形环损坏的数量小于 1，根据模型(7.3.3),有

$$y = \exp(4.27299 - 0.08198x) < 1,$$

它等价于 $\ln[\exp(4.27299 - 0.08198x)] < 0$，因此 $4.27299 - 0.08198x < 0$，由此得到 $x > 52.12235$℉.

所以要使O形环损坏的数量小于1,需要温度大于52.122 35℉.

7.4 延伸阅读

挑战者号发射前发生了什么?

挑战者号最初计划于美国东部时间1986年1月22日下午2时43分在佛罗里达州的肯尼迪航天中心发射,但是,由于上一次任务STS-61-C的延迟导致发射日推后到23日,然后是24日.接着又因为塞内加尔达喀尔的越洋中辍降落(TAL)场地的恶劣天气,发射又推迟到25日.NASA决定使用达尔贝达作为TAL场地,但由于该场地的配备无法应对夜间降落,发射又不得不改到佛罗里达时间的清晨.而又根据预报,肯尼迪航天中心(KSC)当时的天气情况不宜发射,发射再次推后到美国东部时间27日上午9时37分.由于外部舱门通道的问题,发射再推迟了一天.首先,一个用于校验舱门密封安全性的微动开关指示器出现了故障.然后,一个坏掉的门闩使工作人员无法从航天飞机的舱门上取下闭合装置器.当工作人员最终把装置器锯下之后,航天飞机着陆跑道上的侧风超过了进行返回着陆场地(RTLS)中断的极限.直到发射时限用尽,并开始采用备用计划时,侧风才停了下来.

天气预报称28日的清晨将会非常寒冷,气温接近31℉(−0.5℃),这是允许发射的最低温度.过低的温度让莫顿·塞奥科公司的工程师感到担心,该公司是制造与维护航天飞机SRB部件的承包商.在27日晚间的一次远程会议上,塞奥科公司的工程师和管理层同来自肯尼迪航天中心和马歇尔航天飞行中心的NASA管理层讨论了天气问题.部分工程师,如比较著名的罗杰·博伊斯乔利,再次表达了他们对密封SRB部件接缝处的O形环的担心:低温会导致O形环的橡胶材料失去弹性.他们认为,如果O形环的温度低于53℉(约11.7℃),将无法保证它能有效密封住接缝.他们也提出,发射前一天夜间的低温,几乎肯定把SRB的温度降到40℉的警戒温度以下.但是,莫顿·塞奥科公司的管理层否决了他们的异议,他们认为发射进程能按日程进行.

由于低温,航天飞机旁矗立的定点通信建筑被大量冰雪覆盖.肯尼迪冰雪小组在红外摄像机中发现,右侧SRB部件尾部接缝处的温度仅有8℉(−13℃):从液氧舱通风口吹来的极冷空气降低了接缝处的温度,让该处的温度远低于气温,并远低于O形环的设计承限温度.但这个信息从未传达给决策层.冰雪小组用了一整夜的时间来移除冰雪;同时,航天飞机的最初承包商罗克韦尔国际公司的工程师,也在表达着他们的担心.他们警告说,发射时被震落的冰雪可能会撞上航天飞机,或者会由于SRB的排气喷射口引发吸入效应.罗克韦尔公司的管理层告诉航天飞机计划的管理人员阿诺德·奥尔德里奇,他们不能完全保证航天飞机能安全地发射;但他们也没能提出一个能强有力地反对发射的建议.讨论的最终结果是,奥尔德里奇决定将发射时间再推迟一个小时，以让冰雪小组进行另一项检查. 在最后一项检查完成，冰雪开始融化时，最终确定挑战者号将在美国东部时间当日上午 11 时 38 分发射.

研 究 案 例

挑战者号的事故常是专题研究的案例，例如工程安全、揭弊者的道德规范、沟通与集体决策等. 在加拿大和其他一些国家，更是工程师在取得专业执照前必知内容的一部分. 对 O 形环在低温下将会失效提出警告的工程师罗杰 · 博伊斯乔利，辞去了他在莫顿 · 塞奥科公司的工作，并且成为了工作场所道德规范的一名发言人. 他认为，由莫顿 · 塞奥科公司管理层召开的核心会议，及其最后产生关于发射的建议，“是起因于强烈的顾客威逼，而造成了不道德的决策制定”. 麻省理工学院、德州农工大学、德克萨斯大学奥斯汀分校、德雷克塞尔大学和马里兰大学等，都将此事故作为一个教学案例.

8　街头骗局揭秘

8.1　问题的提出

街头常见一类“摸球游戏”，游戏规则是这样的：一袋中装有 16 个大小、形状相同的玻璃球，其中 8 个红色、8 个白色. 游戏者从中一次摸出 8 个，8 个球中，当两种颜色出现以下比数时，摸球者可得到相应的“奖励”或“惩罚”，见表 8-1.

表 8-1　　摸球游戏的 5 种可能结果及奖金(罚金)

可能的结果	A	B	C	D	E
	8∶0	7∶1	6∶2	5∶3	4∶4
奖金(罚金)/元	10	1	0.5	0.2	−3

说明　−3 表示受罚 3 元.

此游戏从表面上看非常有吸引力，5 种可能出现的结果有 4 种可得到奖金，且最高奖金达 10 元，而只有一种情况受罚，罚金只有 3 元. 试分析此游戏中谁是真正的赢家？

8.2　理 论 求 解

设摸球者在一次游戏中得到的奖金(罚金)为 X，则有

$$P(X=10)=P(A)=\frac{2}{C_{16}^{8}}=0.000\,155\,4,$$

$$P(X=1)=P(B)=\frac{2C_8^7C_8^1}{C_{16}^{8}}=0.009\,946,$$

$$P(X=0.5)=P(C)=\frac{2C_8^6C_8^2}{C_{16}^{8}}=0.121\,8,$$

$$P(X=0.2)=P(D)=\frac{2C_8^5C_8^3}{C_{16}^{8}}=0.487\,3,$$

$$P(X=-3)=P(E)=\frac{C_8^4C_8^4}{C_{16}^{8}}=0.380\,7.$$

如此可得 X 的分布列见表 8-2.

表 8-2　　X 的分布列

X	10	1	0.5	0.2	−3
P	0.000 155 4	0.009 946	0.121 8	0.487 3	0.380 7

所以可得 X 的数学期望(均值)为

$$E(X)=10\times P(X=10)+1\times P(X=1)+0.5\times P(X=0.5)+0.2\times P(X=0.2)-3\times P(X=-3)=-0.9723\,(\text{元}).$$

以上结果说明,从平均意义上来说摸球者在一次游戏中要赔掉 0.972 3 元,故此游戏中庄家(游戏经营者)才是真正的赢家.

8.3　蒙特卡洛方法求解

给 16 个球分别从 1—16 进行编号,假设 8 个红球的编号为 1～8,而 8 个白球的编号为 9～16. 在 MATLAB 中进行 n 次随机模拟,每次模拟用 randsample 函数生成 8 个随机整数(取值范围 1～16)作为一次抽取的 8 个球. 统计 n 次模拟中各种可能的结果(表 8-1)出现的频数 n_A, n_B, n_C, n_D, n_E,从而可得摸球者在一次游戏中得到的奖金(罚金)的数学期望的模拟值为

$$E_m=\frac{10n_A+n_B+0.5n_C+0.2n_D-3n_E}{n}.$$

8.4　MATLAB 程序

根据以上原理编写 MATLAB 函数 GameMont1,其代码如下,代码的注释部分给出了该函数的调用格式.

```
function [Em, E0] = GameMont1(n)
                        %摸球游戏揭秘
                        %[Em, E0]=GameMont1(n),求摸球者在一次摸球
                          游戏中得到的奖金(罚金)的数学期望
                        %(均值)的理论值 E0 和蒙特卡洛模拟值 Em. 输入参
                          数 n 为游戏的次数,它是一个正整数
a = nchoosek(16, 8);    %组合数(16 选 8)
p = 0;
                        %通过循环计算每种可能结果的理论概率
for  i = 4 : 8
   p(i-3) = 2^(i~=4) * nchoosek(8, i) * nchoosek(8, 8-i)/a;
```

```
end
E0 = p * [-3, 0.2, 0.5, 1, 10]';          %数学期望的理论值
Freq0 = zeros(1, 5);
                          %做 n 次摸球游戏,计算各种可能的结果出现的频数
for  i = 1 : n
    x = randsample(16, 8,'false');        %不放回随机抽样
    x(x<=8) = 1;          %将 x 中取值为 1 至 8 的元素改为 1,用来标记红球
    x(x>8) = 2;           %将 x 中取值为 9 至 16 的元素改为 2,用来标记白球
    %统计 x 中 1 和 2 出现的次数,整理成[4 4],[3 5],[2 6],[1 7],[0 8]的
     形式
    x = sort(x);                          %将 x 从小到大排序
    x1 = diff(x);                         %求差分
    x1(end+1) = 1;                        %在 x1 的最后补上一个 1
    x1 = find(x1);                        %查找 x1 中非零元素的下标
    x1 = [0; x1];                         %在 x1 的前面补上一个 0
    Freq = sort(diff(x1));                %对 x1 求差分,然后排序
                      %统计[4 4],[3 5],[2 6],[1 7],[0,8]各自出现的频数
    if Freq = =8
        Freq = [0; 8];
    end
    if isequal(Freq, [4;4])
        Freq0 = Freq0 + [1 0 0 0 0];      %计算 4 : 4 出现的频数
    elseif isequal(Freq, [3;5])
        Freq0 = Freq0 + [0 1 0 0 0];      %计算 3 : 5 出现的频数
     elseif isequal(Freq, [2;6])
        Freq0 = Freq0 + [0 0 1 0 0];      %计算 2 : 6 出现的频数
     elseif isequal(Freq, [1;7])
        Freq0 = Freq0 + [0 0 0 1 0];      %计算 1 : 7 出现的频数
    else
        Freq0 = Freq0 + [0 0 0 0 1];      %计算 0 : 8 出现的频数
    end
end
Em = Freq0 * [-3, 0.2, 0.5, 1, 10]'/n; %计算数学期望的模拟值
```

针对不同的模拟次数 n,调用上面的 GameMont1 函数求摸球者在一次游戏中得到的奖金(罚金)的数学期望的模拟值,相应的 MATLAB 命令及结果如下:

```
>> [Em, E0] = GameMont1(100 000)          %模拟 100 000 次
```

```
Em =                    %模拟值
    -0.9745
E0 =                    %理论值
    -0.9723
                        %针对不同的模拟次数,调用 arrayfun 函数计算模拟值
>> arrayfun(@GameMont1, [10 100 1000 10000 100000])
ans =
   -1.3700   -0.8210   -0.9539   -1.0008   -0.9815
```

在计算出摸球者在一次游戏中得到的奖金(罚金) X 的分布列(表 8-2)之后,可以根据这个分布列,用 randsample 函数进行随机抽样,进而还可将 GameMont1 函数改写为如下的 GameMont2 函数.

```
function [E0, Em] = GameMont2(n)
                        %摸球游戏揭秘
                        %[E_0, E_m]=GameMont2(n),求摸球者在一次摸球游
                          戏中得到的奖金(罚金)的数学期望(均值)
                        %的理论值 E_0 和蒙特卡洛模拟值 E_m 输入参数 n 为游
                          戏的次数,它是一个正整数标量或向量
a = nchoosek(16, 8);    %组合数(16 选 8)
p = 0;
                        %通过循环计算每种可能结果的理论概率
for  i = 4:8
    p(i-3) = 2^(i~=4) * nchoosek(8, i) * nchoosek(8, 8-i)/a;
end
Award = [-3, 0.2, 0.5, 1, 10];        %定义奖金(罚金)
E0 = p * Award';                      %数学期望的理论值
x = 0;
pm = 0;
Em = 0;
                                      %通过循环计算期望的模拟值
for i = 1:length(n)
    x = randsample(Award, n(i),'true', p);
                                      %根据表 2 中分布列进行有放回随机抽样
    pm = tabulate(x);                 %计算 x 对应的频数频率表
    Em(i) = pm(:, 1)' * pm(:,end)/100; %计算模拟值
end
```

针对不同的模拟次数 n,也可调用 GameMont2 函数求摸球者在一次游戏中得到

的奖金(罚金)的数学期望的模拟值,相应的 MATLAB 命令及结果如下.

```
>> [E0, Em] = GameMont2([10, 100, 1000, 10000, 100000])
                          %针对不同的模拟次数,调用 GameMont2 函数计算模拟值
E0 =                      %理论值
    -0.9723
Em =                      %模拟值
    -1.3700    -1.0240    -0.9246    -0.9982    -0.9639
```

9 血管的三维重建

9.1 问题的提出

断面可用于了解生物组织、器官等的形态. 例如,将样本染色后切成厚约 1 μm 的切片,在显微镜下观察该横断面的组织形态结构. 如果用切片机连续不断地将样本切成数十、成百的平行切片,可依次逐片观察. 根据拍照并采样得到的平行切片数字图像,运用计算机可重建组织、器官等准确的三维形态.

现有某管道的相继 100 张平行切片图像,记录了管道与切片的交. 图像文件名依次为 0. bmp, 1. bmp, …, 99. bmp,格式均为 bmp,宽、高均为 512 像素(pixel). 为简化起见,假设:管道中轴线与每张切片有且只有一个交点;球半径固定;切片间距以及图像像素的尺寸均为 1.

取坐标系的 Z 轴垂直于切片,第 1 张切片为平面 $Z=0$,第 100 张切片为平面 $Z=99$. $Z=z$ 切片图像中像素的坐标依它们在文件中出现的前后次序为

$$(-256, -256, z), (-256, -255, z), \cdots, (-256, 255, z), \cdots$$
$$(-255, -256, z), (-255, -255, z), \cdots, (-255, 255, z), \cdots$$

图 9-1 是 100 张平行切片图像中的 3 张,全部图像请从网上(http://mcm.edu.cn)下载.

试计算管道的中轴线与半径,给出具体的算法.

说明 本题是由"全国大学生数学建模竞赛"2001 年 A 题改编得到的.

(a) $z=0$ (b) $z=50$ (c) $z=99$

图 9-1 三张切片图像

9.2 问题的分析

假定血管为等径管道,将管道看成是小球沿着一定曲线运动包络形成的,球心的轨迹就是中心轴线,则管道的切片便是滚动的小球在平面 Z 上的切痕. 于是可以得到下面两个结论:

(1) 每一个切痕中存在一个最大内切圆且最大内切圆的圆心在管道的中轴线上.

(2) 每个切痕的最大内切圆的半径均相等,且等于管道的半径.

解决问题的关键在于如何由切痕图像求出最大内切圆的圆心和半径. 最大内切圆法的普遍问题是搜索时间长,效率低,因此我们可采用效率较高的搜索算法. 100 张切片图像的圆心坐标就是中心轴线的位置,通过逼近方法求光滑 B 样条曲线作为血管中心轴线,于是可模拟出血管的三维图形.

9.3 模型求解

9.3.1 边界的三维重构

(1) 对所给出的 100 幅 bmp 格式的图,通过数学软件 MATLAB 的 imread 命令,转化成 MATLAB 能处理的图阵. 该图阵是一个元素值只有 0 和 1 的矩阵,每幅图转换后的大小为 512×512. 矩阵中为 0 的点对应图上的灰色度高的点(即切面上的点),元素为 1 的点对应灰色度低的点(即切面外的点).

(2) 用 edge 命令求出每个图阵的边缘. 把 100 张图像边界绘制成立体图形,有助于理解三维血管的空间形状. 为了更清晰地观察立体图,每 5 张绘制边界曲线,如图 9-2 所示. 其 MATLAB 程序如下:

```
for num_graph = 0:5:99          %每隔 5 张图片画一个边界图,这样看得更清楚
    graphN = imread([int2str(num_graph),'.bmp']);          %读入位图
    edgeN = edge(graphN,'log');                            %求出边界点
    for i = 1:512
        for j = 1:512
            if(edgeN(i, j) = = 1)
                plot3(j, 512 - i, num_graph, '.');
                hold on;
            end
        end
    end
```

```
end
axis equal;box on;
```

结果如图 9-2 所示.

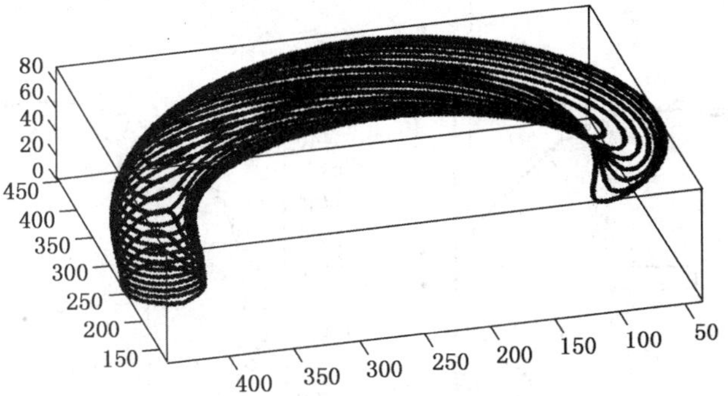

图 9-2　切片图像边界三维图

9.3.2　搜索最大内切圆优化算法

根据图像边界数据求最大内切圆位置,需要确定两个量:一个是圆的半径 R,另一个是圆心的坐标 (x_i, y_i). 由 0. bmp 图像边界数据计算出数据的外接长方形的长为 70 像素,高为 60 像素,这比较接近正方形,如图 9-3 所示. 这时图像边界接近于圆,故可以估计最大内切圆的半径为 30 像素. 可设置半径 R 的搜索范围为 28～32 像素,避开搜索更大范围,提高了搜索效率.

另一方面,内切圆圆心的搜索范围也要尽量小. 如图 9-3 所示,每张图像边界都有一个外接长方形,易知圆心不可能在长方形的外面. 根据每张图像的边界数据容易求出长方形的坐标值. 以 0. bmp 图像为例,外接长方形区域为[224, 294]×[386, 446],如图 9-3 的虚线所围长方形. 为了进一步缩小圆心搜索范围,对外接长方形向内缩进 28 个像素(28 是内切圆的半径 R 的范围最小值),即这时的搜索范围为[252, 266]×[414, 418],如图 9-3 中间实线所围的长方形区域. 优化后的圆心搜索范围大大缩小,提高了圆心的搜索效率.

最大内切圆心坐标和半径是按下面步骤搜索得到,具体见 9. 5 节.

(1) 由最小半径 $r=28$ 开始.

(2) 圆心坐标从长方形上逐行进行搜索,如果边界点到圆心距离都大于 r,则记下此时的圆心坐标 (x, y) 和半径值 R. 如果遇到边界点到圆心距离小于 r,则剩下的边界点到圆心距离就不计算,判断下一个点是否为圆心.

(3) 半径 r 的值加 1,再转到步骤(2). 如果检查长方形上的每个点都不是圆心,则退出循环,终止程序.

以 0. bmp 图像为例,求得的最大内切圆和圆心,如图 9-4 所示. 根据最大内切圆及中心点的确立，分别计算 100 张切片图像的最大内切圆的半径，计算结果见表 9-1. 可以看出，半径的值大部分都是 30 像素，小部分是 29 像素. 因此，血管的半径 $R=\sum_{i=1}^{100}R_i=29.96\approx 30$ 像素.

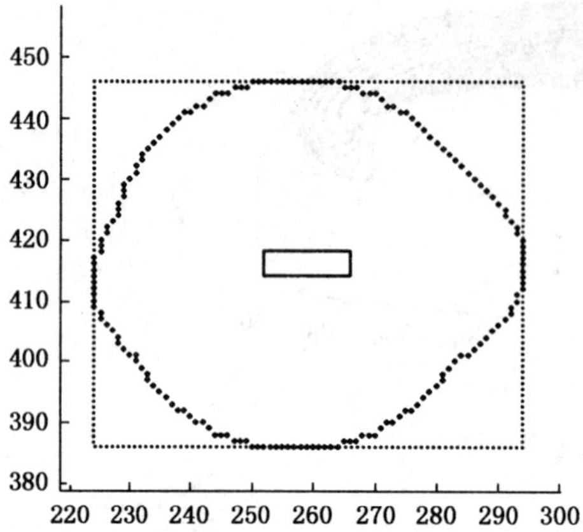

图 9-3　0. bmp 图像边界

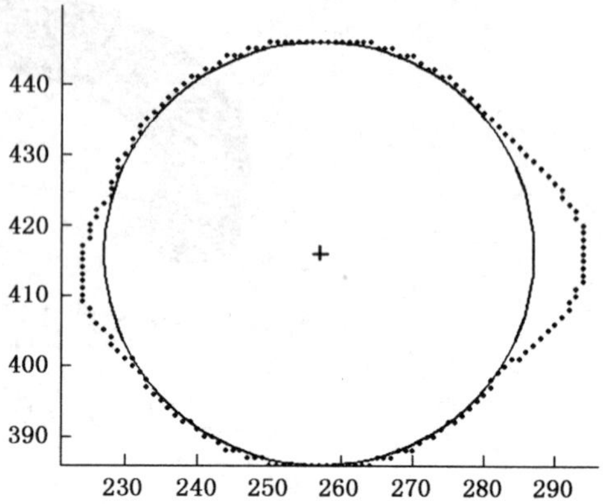

图 9-4　0. bmp 图像的内切圆和圆心

表 9-1　　最大内切圆圆心和半径

x	y	z	r	x	y	z	r
257	96	0	30	265	96	17	30
257	96	1	30	268	96	18	30
257	96	2	30	269	96	19	30
257	96	3	29	270	96	20	30
257	96	4	29	271	96	21	30
258	96	5	29	272	96	22	30
258	96	6	29	273	96	23	30
258	96	7	30	275	96	24	30
258	96	8	30	277	96	25	30
258	96	9	30	279	96	26	30
259	96	10	30	280	96	27	30
259	96	11	30	282	97	28	30
260	96	12	30	284	97	29	30
260	96	13	30	286	97	30	30
261	96	14	30	288	97	31	30
262	96	15	30	294	99	32	30
263	96	16	30	296	99	33	30

续　表

x	y	z	r	x	y	z	r
301	100	34	30	422	263	67	30
306	102	35	30	422	267	68	30
310	103	36	30	422	270	69	30
311	103	37	30	422	274	70	30
313	104	38	30	421	278	71	30
318	105	39	30	421	282	72	30
320	106	40	30	420	286	73	30
345	119	41	30	419	291	74	30
344	119	42	30	414	317	75	30
345	119	43	30	411	329	76	30
347	121	44	30	400	353	77	30
349	122	45	30	395	362	78	30
352	124	46	30	391	368	79	30
363	133	47	30	386	372	80	30
366	135	48	30	382	375	81	30
368	137	49	30	383	380	82	30
372	141	50	30	378	385	83	30
375	144	51	30	367	396	84	30
379	150	52	30	360	403	85	30
381	152	53	30	354	409	86	30
387	159	54	30	351	411	87	30
391	164	55	30	347	414	88	30
393	167	56	30	344	416	89	30
396	172	57	30	341	418	90	30
403	185	58	30	326	426	91	30
410	201	59	30	306	435	92	30
413	209	60	30	301	437	93	30
417	228	61	30	300	438	94	30
420	247	62	30	287	441	95	30
420	247	63	30	280	442	96	30
421	251	64	30	268	444	97	30
421	255	65	30	264	445	98	30
422	260	66	30	254	445	99	30

9.3.3 B样条曲线逼近

根据表 9-1 的 100 个圆心坐标绘制出三维离散点列，表示血管中轴线在三维空间中的位置，如图 9-5 所示. 这时的三维点列带有误差，用 B 样条曲线对数据点进行逼近，从而得到光滑曲线.

B 样条曲线是广泛应用的形状数学方法，在三维医学图像学、人体解剖学、机械设计等学科均有应用.

p 次 B 样条曲线的方程为

$$C(u)=\sum_{i=0}^{n}N_{i,p}(u)P_i,\quad 0\leqslant u\leqslant 1,$$

其中，P_i 为控制顶点；$N_{i,p}(u)$ 为 p 次 B 样条基函数，由节点矢量 $\boldsymbol{U}=\{u_0=\cdots=u_p,u_{p+1},\cdots,u_n,u_{n+1}=\cdots=u_{n+p+1}\}$ 确定. 先计算数据点的参数值 $\bar{u}_i$ 和节点矢量 $\boldsymbol{U}$，就可建立并求解未知控制顶点的线性方程组. 采用 11 个控制顶点逼近数据点，生成光滑的三次 B 样条曲线，如图 9-5 所示. 如果需要提高逼近精度，可增加控制顶点的数目. 确定了血管中心轴线和半径就可以模拟出血管的三维模型，如图 9-6 所示.

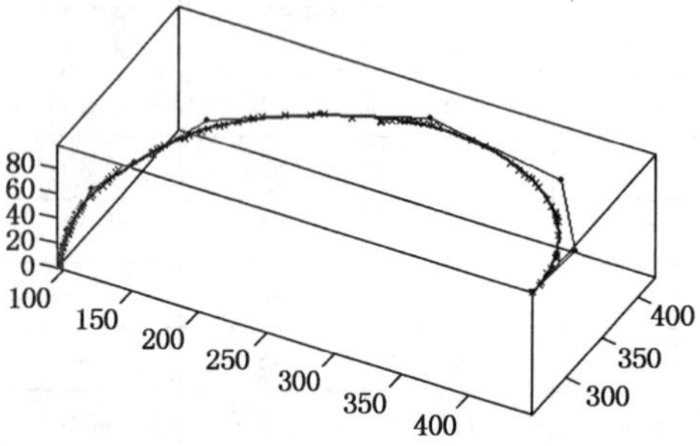

图 9-5　B样条曲线逼近数据点

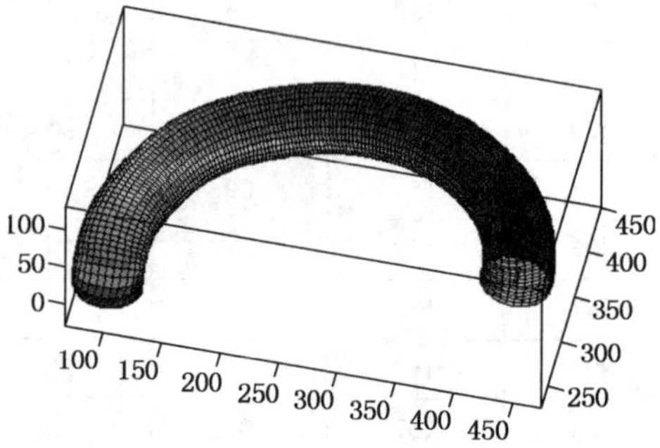

图 9-6　血管三维重建效果图

9.4　模型的评价

本章建立了血管的三维重建的数学模型，该模型采用搜索最大内切圆的优化方法，搜索范围限制在每张图像的外接长方形内更小的一块长方形区域，大大提高了求解效率. 利用 MATLAB 编程实现，在 43.8 s 内就可以求出 100 张图像最大内切圆的圆心坐标和半径(CPU 在不同状态下运行测出的时间可能有差异). 接着利用计算出来的血管中心轴线三维数据，用三次 B 样条曲线来逼近，克服了用高次多项式曲线逼近时几何形状不易控制等缺点. B 样条曲线逼近效果良好，适用于形状更复杂的三维血管模型重建.

9.5 MATLAB 程序

搜索最大内切圆的圆心和半径的 MATLAB 程序：

```
clear
mat_maxR = [];mat_meanCO = [];
for s = 0:99
    graphN = []; edgeN = []; x = []; y = []; co = [];
    graphN = imread([int2str(s),'.bmp']);
    edgeN = edge(graphN,'log');
    [x, y] = find(edgeN = = 1);
    leftLine = min(y) + 28;
    topLine = min(x) + 28;
    rightLine = max(y) - 28;
    bottomLine = max(x) - 28;
    maxR = 0;meanCO = [0;0];

    for r = 28:32
        r2 = r^2;
        co = [];                        %删除数据
        isfind02 = 0;                   %isfind02 是否为最大内切圆
        for i = topLine:bottomLine      %从上到下
            for j = leftLine:rightLine  %从左到右搜索圆心坐标
                isfind0 = 1;             %isfind0 为(i, j)是否加 1,设为初值 1
                if graphN(i, j) = = 0
                    for k = 1:length(x)
                        dist = (x(k) - i)^2 + (y(k) - j)^2;
                        if dist<r2      %当边界点在圆内,则跳出循环
                            isfind0 = 0;
                                        %isfind0 为 0 表示(i, j)不是圆心
                            break
                        end
                    end
                    if isfind0 = = 1    %isfind0 为 1 时表示(i, j)是圆心
                        isfind02 = 1;   %设置标识,找到内切圆
```

```
                co=[co, [i; j]];%存下数据
            end
        end
    end
end

if isfind02 = =1                   %如果找到内切圆,则记下圆心和半径值
    meanCO=round([mean(co(1,:));mean(co(2,:))]);
    maxR=r;
else                               %如果不是最大内切圆,则停止搜索
    break
end
end
mat_meanCO=[mat_meanCO, meanCO]; %存储全部的圆心坐标
mat_maxR=[mat_maxR, maxR];        %存储全部的 100 个半径值
end
```

10 公路客运货运量的预测

10.1 问 题 的 提 出

公路运量主要包括公路客运量和公路货运量两个方面.据研究,某地区的公路运量主要与该地区的人数、机动车数量和公路面积有关,表10-1给出了某地区20年的公路运量相关数据.

根据相关部门数据,该地区2010年和2011年的人数分别为73.39万人和75.55万人,机动车数量分别为3.963 5万辆和4.097 5万辆,公路面积分别为0.988 0万 km^2 和1.026 8万 km^2.请分别对该地区2010年和2011年的公路客运量和公路货运量进行预测.

表10-1　　某地区20年公路运量数据

年份	人口数量/万人	机动车数量/万辆	公路面积/万 km^2	公路客运量/万人	公路货运量/万 t
1990	20.55	0.60	0.09	5 126	1 237
1991	22.44	0.75	0.11	6 217	1 379
1992	25.37	0.85	0.11	7 730	1 385
1993	27.13	0.90	0.14	9 145	1 399
1994	29.45	1.05	0.20	10 460	1 663
1995	30.10	1.35	0.23	11 387	1 714
1996	30.96	1.45	0.23	12 353	1 834
1997	34.06	1.60	0.32	15 750	4 322
1998	36.42	1.70	0.32	18 304	8 132
1999	38.09	1.85	0.34	19 836	8 936
2000	39.13	2.15	0.36	21 024	11 099
2001	39.99	2.20	0.36	19 490	11 203
2002	41.93	2.25	0.38	20 433	10 524
2003	44.59	2.35	0.49	22 598	11 115
2004	47.30	2.50	0.56	25 107	13 320
2005	52.89	2.60	0.59	33 442	16 762

续　表

年份	人口数量/万人	机动车数量/万辆	公路面积/万 km^2	公路客运量/万人	公路货运量/万 t
2006	55.73	2.70	0.59	36 836	18 637
2007	56.76	2.85	0.67	40 548	20 724
2008	59.17	2.95	0.69	42 927	20 803
2009	60.63	3.10	0.79	43 462	21 804

10.2　BP 神经网络概述

可以采用 BP 神经网络实现对 2010 年和 2011 年的公路客运量和公路货运量的预测，以下简要介绍 BP 神经网络.

BP 神经网络是一种多层前馈神经网络，该网络的主要特点是信号前向传递，误差反向传播. 在前向传递中，输入信号从输入层经隐含层(可以是一层或多层)逐层处理，直至输出层. 每一层的神经元状态只影响下一层神经元状态. 如果输出层得不到期望输出，则转入反向传播，根据预测误差调整网络权值和阈值，从而使 BP 神经网络预测输出不断逼近期望输出. BP 神经网络(以只含一个隐含层为例)的拓扑结构如图 10-1 所示.

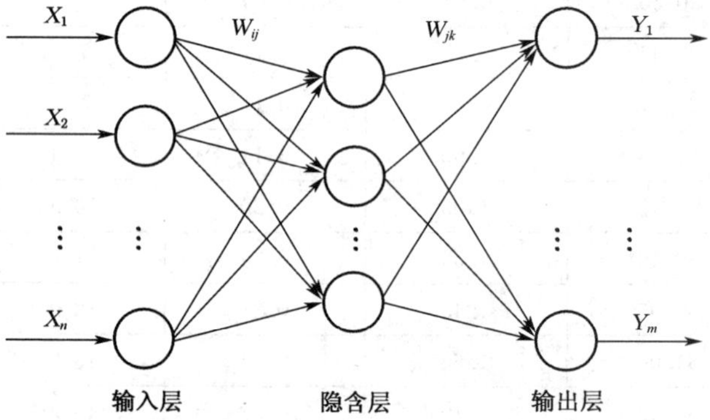

图 10-1　BP 神经网络拓扑结构图

图 10-1 中，X_1，X_2，…，X_n 是 BP 神经网络的输入值，Y_1，Y_2，…，Y_m 是 BP 神经网络的预测值，W_{ij} 和 W_{jk} 为 BP 神经网络权值. 从图中可以看到，BP 神经网络可以看成一个非线性函数，网络输入值和预测值分别为该函数的自变量和因变量. 当输入节点数为 n，输出节点数为 m 时，BP 神经网络就表达了从 n 个变量到 m 个变量的函数映射关系.

BP 神经网络预测前首先要训练网络，通过训练使网络具有联想记忆和预测能力. BP 神经网络的训练过程包括以下七个步骤：

(1) 网络初始化. 根据系统输入序列(X, Y)确定网络输入层节点数 n、隐含层节点数 l，输出层节点数 m，初始化输入层、隐含层和输出层神经元之间的连接权值 W_{ij} 和 W_{jk}，初始化隐含层阈值 a，输出层阈值 b，给定学习速率和神经元激励函数.

(2) 隐含层输出计算. 根据输入向量 X，输入层和隐含层间连接权值 W_{ij} 以及隐含层阈值 a，计算隐含层输出 H.

$$H_j = f\left(\sum_{i=1}^{n} W_{ij} X_i - a_j\right), \quad j = 1, 2, \cdots, l.$$

式中，l 为隐含层节点数；f 为隐含层激励函数，该函数有多种表达形式，本案例所选函数为 sigmoid 函数：

$$f(x) = \frac{1}{1+\mathrm{e}^{-x}}.$$

(3) 输出层输出计算. 根据隐含层输出 H，连接权值 W_{jk} 和阈值 b，计算 BP 神经网络预测输出 Y.

$$Y_k = \sum_{j=1}^{l} H_j W_{jk} - b_k, \quad k = 1, 2, \cdots, m.$$

(4) 误差计算. 根据网络预测输出 Y 和期望输出 O，计算网络预测误差 e.

$$e_k = O_k - Y_k, \quad k = 1, 2, \cdots, m.$$

(5) 权值更新. 根据网络预测误差 e 更新网络连接权值 W_{ij} 和 W_{jk}.

$$W_{ij} = W_{ij} + \eta H_j (1 - H_j) X_i \sum_{k=1}^{m} W_{jk} e_k, \quad i = 1, 2, \cdots, n;\ j = 1, 2, \cdots, l.$$

$$W_{jk} = W_{jk} + \eta H_j e_k, \quad j = 1, 2, \cdots, n;\ k = 1, 2, \cdots, m.$$

式中，η 为学习速率.

(6) 阈值更新. 根据网络预测误差 e 更新网络节点阈值 a，b.

$$a_j = a_j + \eta H_j (1 - H_j) \sum_{k=1}^{m} W_{jk} e_k, \quad j = 1, 2, \cdots, l,$$

$$b_k = b_k + e_k, \quad k = 1, 2, \cdots, m.$$

(7) 判断算法迭代是否结束，若没有结束，返回步骤(2).

在工程应用中经常会遇到一些复杂的非线性系统，这些系统状态方程复杂，难以用数学方法准确建模. 在这种情况下，可以建立 BP 神经网络表达这些非线性系统. 该方法把未知系统看成是一个黑箱，首先用系统输入输出数据训练 BP 神经网络，使网络能够表达该未知函数，然后就可以用训练好的 BP 神经网络预测系统输出.

10.3 MATLAB 神经网络工具箱函数

MATLAB 软件中包含神经网络工具箱. 它是以人工神经网络理论为基础，用 MATLAB 语言构造出了该理论所涉及的公式运算、矩阵操作和方程求解等大部分子程序以用于神经网络训练的设计和训练. 用户只需根据自己的需要调用相关的子程序，即可以完成包括网格结构设计、权值初始化、网络训练及结果输出等在内的一系列工作，免除编写复杂庞大程序的困扰. 目前，MATLAB 神经网络工具箱包括的网络有感知器、线性网络、BP 神经网络、径向基网络、自组织网络和回归网络等. BP 神经网络主要用到 newff, sim 和 train 三个神经网络函数.

10.3.1 newff：BP 神经网络参数设置函数

函数功能：构建一个 BP 神经网络；

函数形式：net = newff(P, T, S, TF, BTF, BLF, PF, IPF, OPF, DDF)；

参数：

P——输入数据矩阵；

T——输出数据矩阵；

S——隐含层节点数；

TF——节点传递函数(激励函数)，包括硬限幅传递函数 hardlim，对称硬限幅传递函数 hardlims，线性传递函数 purelin，正切 S 形传递函数 tansig，对数 S 形传递函数 logsig；

BTF——训练函数，包括梯度下降 BP 算法训练函数 traingd，动量反传的梯度下降 BP 算法训练函数 traingdm，动态自适应学习率的梯度下降 BP 算法训练函数 traingda，动量反传和动态自适应学习率的梯度下降 BP 算法训练函数 traingdx，Levenberg_Marquardt 的 BP 算法训练函数 trainlm；

BLF——网络学习函数，包括 BP 学习规则 learngd，带动量项的 BP 学习规则 learngdm；

PF——性能分析函数，包括均值绝对误差性能分析函数 mae，均方差性能分析函数 mse；

IPF——输入处理函数；

OPF——输出处理函数；

DDF——验证数据划分函数.

一般在使用过程中设置前面六个参数，后面四个参数采用系统默认参数.

10.3.2 train：BP 神经网络训练函数

函数功能：用训练数据训练 BP 神经网络；

函数形式：[net, tr]=train(NET, X, T, Pi, Ai)；
参数：
NET——待训练网络；
X——输入数据矩阵；
T——输出数据矩阵；
Pi——初始化输入层条件；
Ai——初始化输出层条件；
net——训练好的网络；
tr——训练过程记录.
一般在使用过程中设置前面三个参数，后面两个参数采用系统默认参数.

10.3.3 sim：BP 神经网络预测函数

函数功能：用训练好的 BP 神经网络预测函数输出；
函数形式：y=sim(net, X)；
参数：
net——训练好的网络；
X——输入数据；
y——网络预测数据.

10.4 求解思路

基于 BP 神经网络的拟合上述样本的算法流程可分为：BP 神经网络构建、BP 神经网络训练和 BP 神经网络预测三步，如图 10-2 所示.

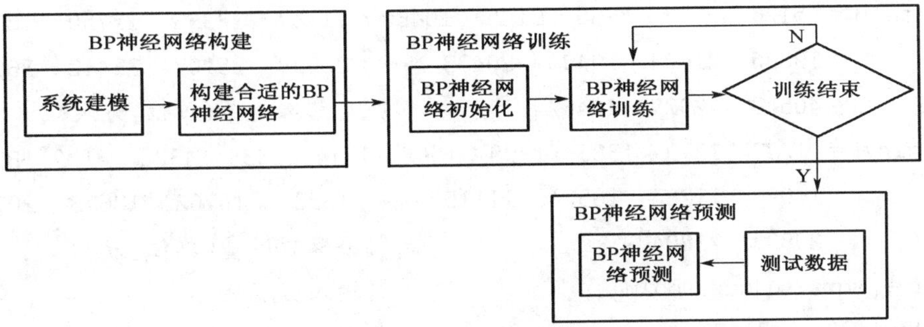

图 10-2　算法流程

由于该样本集中的样本有三个输入参数（人口数量、机动车数量和公路面积），两个输出参数（公路客运量和公路货运量），所以 BP 神经网络结构为 3-7-2，即输入层有 3 个节点，隐含层可取 7 个节点，输出层有 2 个节点.

10.5 MATLAB 程序

为了了解利用BP网络求解问题的过程，将实现过程分成六个部分进行说明：①原始数据的输入；②数据归一化；③网络训练；④对原始数据进行仿真；⑤将原始数据仿真的结果与已知样本进行对比；⑥对新数据进行仿真.

在下面的程序中，进行数据归一化和把仿真得到的数据还原为原始数据的数量级时，都是利用系统函数进行的，大家在自己处理数据时可以利用这些函数，也可以自己编制程序进行. 另外，步骤④和⑤是对训练过的神经网络进行测试，不经过测试或测试不合格的网络是不能使用的.

下面是每个模块的具体程序，并在程序中添加了大量的注释以理解相关语句的作用.

(1) 原始数据的输入，程序代码如下：

```
sqrs = [20.55  22.44  25.37  27.13  29.45  30.10  30.96  34.06
        36.42  38.09  39.13  39.99  …  41.93  44.59  47.30  52.89
        55.73  56.76  59.17  60.63];   %人数(单位:万人)
sqjdcs = [0.6  0.75  0.85  0.9  1.05  1.35  1.45  1.6  1.7  1.85
          2.15  2.2  2.25  2.35  2.5  2.6  …  2.7  2.85  2.95  3.1];
                                   %机动车数(单位:万辆)
sqglmj = [0.09  0.11  0.11  0.14  0.20  0.23  0.23  0.32  0.32  0.34
          0.36  0.36  0.38  0.49  …  0.56  0.59  0.59  0.67  0.69
          0.79];                   %公路面积(单位:万 km^2)
glkyl = [5126  6217  7730  9145  10460  11387  12353  15750  18304
         19836  21024  19490  20433  …  22598  25107  33442  36836
         40548  42927  43462];     %公路客运量(单位:万人)
glhyl = [1237  1379  1385  1399  1663  1714  1834  4322  8132  8936
         11099  11203  10524  11115  …  13320  16762  18673  20724
         20803  21804];            %公路货运量(单位:万 t)
p = [sqrs;sqjdcs;sqglmj];          %输入数据矩阵
t = [glkyl;glhyl];                 %目标数据矩阵
```

(2) 对输入数据矩阵和目标矩阵的数据进行归一化，程序代码如下：

```
                    %利用 premnmx 函数对数据进行归一化
[pn, minp, maxp, tn, mint, maxt] = premnmx(p, t);
                    % 对于输入矩阵 P 和输出矩阵 t 进行归一化处理
```

```
dx = [-1, 1; -1, 1; -1, 1];             %归一化处理后最小值为-1,最大值为1
```

(3) 利用处理好的数据对网络进行训练,程序代码如下:

```
net = newff(dx, [3, 7, 2], {'tansig','tansig','purelin'},'traingdx');
                                        %建立模型,并用梯度下降法训练
net.trainParam.show = 1000;             %1 000 轮回显示一次结果
net.trainParam.Lr = 0.05;               %学习速度为 0.05
net.trainParam.epochs = 50000;          %最大训练轮回为 50 000 次
net.trainParam.goal = 0.65 * 10^(-3);   %均方误差
net = train(net, pn, tn);               %开始训练,其中 pn, tn 分别为输入、输
                                         出样本
```

(4) 利用训练好的 BP 网络对原始数据进行仿真,程序代码如下:

```
an = sim(net, pn);                      %用训练好的模型进行仿真
a = postmnmx(an, mint, maxt);           % 把仿真得到的数据还原为原始的数量级
```

(5) 用原始数据仿真的结果与已知数据进行对比测试,程序代码如下:

```
%本例因样本容量有限使用训练数据进行测试,通常必须用新数据进行测试
x = 1990:2009;
newk = a(1,:);
newh = a(2,:);
figure (2);
subplot(2, 1, 1);plot(x, newk,'r-o', x,glkyl,'b--+')
                                        %绘值公路客运量对比图
legend('网络输出客运量','实际客运量');
xlabel('年份'); ylabel('客运量/万人');
subplot(2, 1, 2);plot(x, newh,'r-o', x,glhyl,'b--+')
                                        %绘制公路货运量对比图
legend('网络输出货运量','实际货运量');
xlabel('年份'); ylabel('货运量/万 t');
```

(6) 利用训练好的 BP 网络对新数据进行仿真,程序代码如下:

```
% 当用训练好的网络对新数据 pnew 进行预测时,也应作相应的处理
pnew = [73.39, 75.55;3.9635, 4.0975;0.9880, 1.0268];
                                        %2010 年和 2011 年的相关数据
pnewn = tramnmx(pnew, minp, maxp);
                        %利用原始输入数据的归一化参数对新数据进行归一化
anewn = sim(net, pnewn);                %利用归一化后的数据进行仿真
```

```
anew = postmnmx(anewn, mint, maxt)
                                    %把仿真得到的数据还原为原始的数量级
```

运行这个程序，可以得到 anew 的值为[43 790, 43 785; 21 704, 21 705]. 也就是说，2010 年和 2011 年的公路客运量分别为 43 790 万人和 43 785 万人，公路货运量分别为 21 704 万 t 和 21 705 万 t. 在使用程序时，只要把上面六个程序块顺序输入 MATLAB 的 M 文件中运行即可. 网络的学习曲线如图 10-3 所示，可以看到网络训练所得的误差很小，达到目标值.

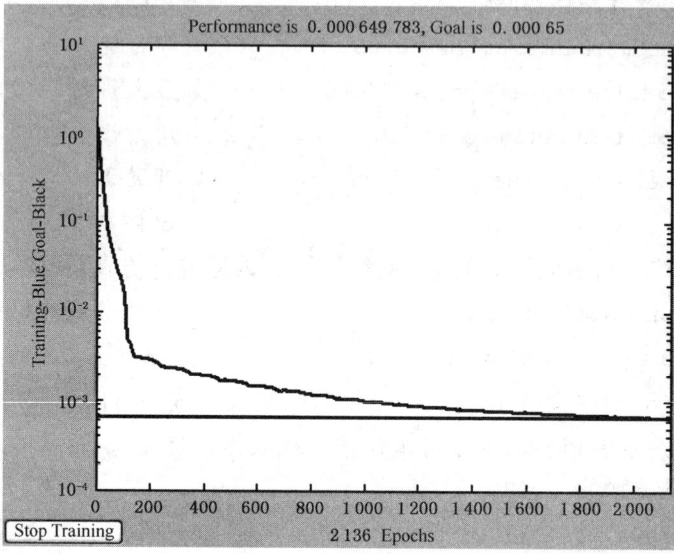

图 10-3　网络训练结果

图 10-4 是实际样本与网络输出值之间训练和测试的对比图，显然二者之间非常接近，误差极小，因此能够放心进行预测. 需要说明的是，本案例因为样本数量比较少，测试阶段使用了训练样本. 通常情况下，为了测试网络的推理能力，是不宜用训练样本去测试神经网络性能的，应该选用“新鲜”没有使用过的数据进行测试.

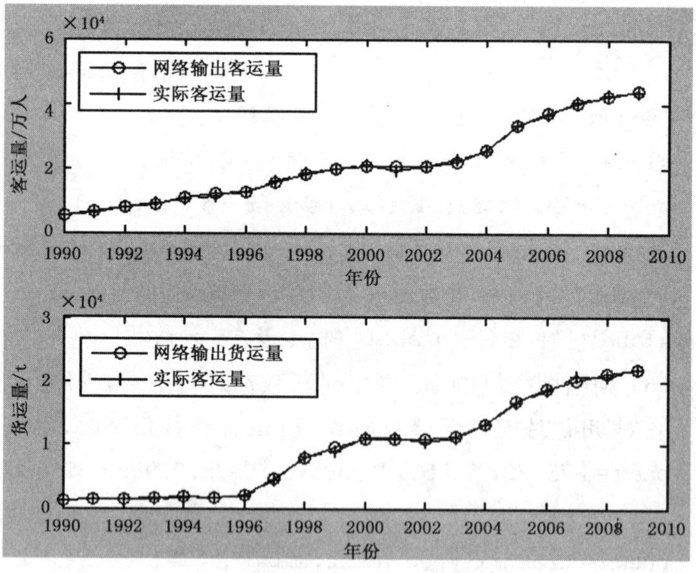

图 10-4　原始数据与仿真数据的对比图

11 旅行商问题

11.1 问题的提出

旅行商问题(Traveling saleman problem,简称 TSP)又译为旅行推销员问题,是指一名推销员要拜访 N 个城市时,如何找到在拜访每个城市一次后再回到起点的最短路径(TSP 在物流中的描述是对应一个物流配送公司,欲将 N 个客户的订货沿最短路线全部送到,如何确定最短路线?). 规则虽然简单,但在地点数目增多后求解却极为复杂. 若不考虑方向性和周期性,在给定 N 的条件下,可能存在的闭合路径数目为 $(N-1)!/2$. 当 N 较大时,枚举法的计算量之大难以想象. 已证明旅行商问题是 NP(Non-deterministic Polynomial)的问题,也即是多项式复杂程度的非确定性问题. 30 个城市的坐标数据分别见表 11-1 和图 11-2.

表 11-1　　30 个城市的坐标数据

城市序号	X	Y	城市序号	X	Y
1	37	52	16	52	41
2	49	49	17	27	23
3	52	64	18	17	33
4	20	26	19	13	13
5	40	30	20	57	58
6	21	47	21	62	42
7	17	63	22	42	57
8	31	62	23	16	57
9	52	33	24	8	52
10	51	21	25	7	38
11	42	41	26	27	68
12	31	32	27	30	48
13	5	25	28	43	67
14	12	42	29	58	48
15	36	16	30	58	27

11.2 混合粒子群算法概述

本案例采用混合粒子群算法可以快速地找到最优(或近似最优)的一条路线. 以下简要介绍粒子群算法及对其进行改进的混合粒子群算法.

粒子群优化算法(Particle Swarm Optimization,简称 PSO)是计算智能领域,除了蚁群算法、鱼群算法之外的一种群体智能的优化算法,该算法最早是由 Kennedy 和 Eberhart 在 1995 年提出的. PSO 算法源于对鸟类捕食行为的研究,鸟类捕食时,每只鸟找到食物最简单有效的方法就是搜寻当前它周围距离最近的食物. PSO 算法是从这种生物种群行为特征中得到启发并用于求解优化问题的,算法中每个粒子都代表问题的一个潜在解,每个粒子对应于一个由适应度函数决定的适应度值. 粒子的速度决定了粒子移动的方向和距离,速度随自身及其他粒子的移动经验进行动态调整,从而实现个体在可解空间中的寻优.

PSO 算法首先在可解空间中初始化一群粒子,每个粒子都代表极值优化问题的一个潜在最优解,用位置、速度和适应度值三项指标表示该粒子特征,适应度值由适应度函数计算得到,其值的好坏表示粒子的优劣. 粒子在解空间中运动,通过跟踪个体极值 Pbest 和群体极值 Gbest 更新个体位置,个体极值 Pbest 是指个体所搜索位置中计算得到的适应度值最优位置,群体极值 Gbest 是指种群中的所有粒子搜索到的适应度最优位置. 粒子每更新一次位置,就计算一次适应值,并且通过比较新粒子的适应度值和个体极值、群体极值的适应度值更新个体极值 Pbest 和群体极值 Gbest 位置.

假设在一个 D 维的搜索空间中,由 n 个粒子组成的种群 $X=(X_1, X_2, \cdots, X_n)$,其中第 i 个粒子表示为一个 D 维的向量 $\boldsymbol{X}_i=(X_{i1}, X_{i2}, \cdots, X_{iD})^{\mathrm{T}}$,代表第 i 个粒子在 D 维搜索空间中的位置,亦代表问题的一个潜在解. 根据目标函数即可计算出每个粒子位置 X_i 对应的适应度值. 第 i 个粒子的速度为 $\boldsymbol{V}_i=(V_{i1}, V_{i2}, \cdots, V_{iD})^{\mathrm{T}}$,其个体极值为 $\boldsymbol{P}_i=(P_{i1}, P_{i2}, \cdots, P_{iD})^{\mathrm{T}}$,种群的全局极值为 $\boldsymbol{P}_g=(P_{g1}, P_{g2}, \cdots, P_{gD})^{\mathrm{T}}$.

在每一个迭代过程中,粒子通过个体极值和全局极值更新自身的速度和位置,更新公式如下:

$$V_{id}^{k+1}=\omega V_{id}^{k}+c_1 r_1(P_{id}^{k}-X_{id}^{k})+c_2 r_2(P_{gd}^{k}-X_{id}^{k}), \quad X_{id}^{k+1}=X_{id}^{k}+V_{id}^{k+1},$$

其中,ω 为惯性权重;$d=1, 2, \cdots, D$;$i=1, 2, \cdots, n$;k 为当前迭代次数;V_{id} 为粒子的速度;c_1 和 c_2 为非负的常数,称为加速度因子;r_1 和 r_2 为分布于 $[0, 1]$ 之间的随机数. 为防止粒子的盲目搜索,建议将其位置和速度限制在一定的区间 $[-X_{\max}, X_{\max}]$, $[-V_{\max}, V_{\max}]$.

标准粒子群算法通过追随个体极值和群体极值完成极值寻优，虽然操作简单，且能够快速收敛，但是随着迭代次数的不断增加，在种群收敛集中的同时，各粒子也越来越相似，可能在局部最优解周边无法跳出. 混合粒子群算法摒弃了传统粒子群算法中的通过跟踪极值来更新粒子位置的方法，而是引入了遗传算法中的交叉和变异操作，通过粒子同个体极值和群体极值的交叉以及粒子自身变异的方式来搜索最优解.

11.3 求解思路

基于混合粒子群算法求解 TSP 的流程如图 11-1 所示.

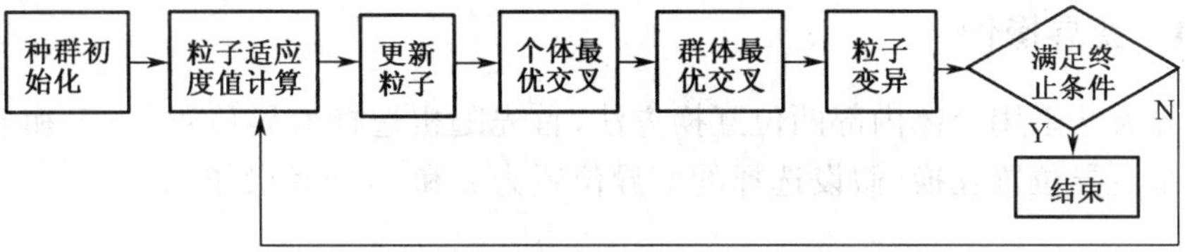

图 11-1 算法流程

其中，更新粒子模块根据粒子适应度值更新个体最优粒子和群体最优粒子；个体最优交叉把个体和个体最优粒子进行交叉得到新粒子；群体最优交叉把个体和群体最优粒子进行交叉得到新粒子；粒子变异是指粒子自身变异得到新粒子.

11.3.1 个体编码

粒子个体编码采用整数编码的方式，每个粒子表示历经的所有城市，比如当历经的城市数为 10，个体编码为[9 4 2 1 3 7 6 10 8 5]，表示城市遍历从 9 开始，经过 4，2，1，3…最终返回城市 9，从而完成 TSP 遍历.

11.3.2 适应度值

粒子适应度值表示为遍历路径的长度，计算公式为

$$fitness(i) = \sum_{i,\, j=1}^{n} path_{i,\, j},$$

其中，n 为城市数量；$path_{i,j}$ 为城市 i，j 间路径长度.

11.3.3 交叉操作

个体通过与个体极值和群体极值交叉来更新，交叉方法采用整数交叉法. 首先选择两个交叉位置，然后把个体和个体极值或个体与群体极值进行交叉，假定随机选取

的交叉位置为 3 和 5，操作方法如下：

$$\begin{matrix}新个体一[9\ 4\ 2\ 1\ 3\ 7\ 6\ 1\ 0\ 8\ 5] \\ 极值一[9\ 2\ 1\ 6\ 3\ 7\ 4\ 1\ 0\ 8\ 5]\end{matrix} \xrightarrow{交叉} 新个体一[9\ 4\ 1\ 6\ 3\ 7\ 6\ 1\ 0\ 8\ 5]$$

产生的新个体如果存在重复位置则进行调整，调整方法为用个体中未包括的城市代替重复包括的城市，操作方法如下：

$$[9\ 4\ 1\ 6\ 3\ 7\ 6\ 1\ 0\ 8\ 5] \xrightarrow{调整} [9\ 4\ 2\ 1\ 3\ 7\ 6\ 1\ 0\ 8\ 5]$$

对得到的新个体采用了保留优秀个体策略，只有当新粒子适应度值好于旧粒子时才更新粒子.

11.3.4 变异操作

变异方法采用个体内部两位互换方法，首先随机选择变异位置 pos1 和 pos2，然后把两个变异位置互换，假设选择的变异位置为 2 和 4，变异操作如下：

$$[9\ 4\ 2\ 1\ 3\ 7\ 6\ 1\ 0\ 8\ 5] \xrightarrow{变异} [9\ 1\ 2\ 4\ 3\ 7\ 6\ 1\ 0\ 8\ 5]$$

对得到的新个体采用了保留优秀个体策略，只有当新粒子适应度值好于旧粒子时才更新粒子.

11.4 MATLAB 程序

根据混合粒子群算法原理，在 MATLAB 中编程实现基于混合粒子群的 TSP 搜索算法.

11.4.1 粒子初始化

粒子初始化步骤初始化粒子，计算城市间的距离并绘制图 11-2，程序代码如下：

```
clc; clear;
data = load('data.txt');                    %将表 11-1 的数据存入 data.txt 文件中
cityCoor = [data(:, 2) data(:, 3)];  %城市坐标矩阵
figure
plot ( cityCoor (:,  1 ),  cityCoor (:,  2 ), 'ms', 'LineWidth',  2,
'MarkerEdgeColor','k','MarkerFaceColor','g')
legend(' 城市位置 ')
ylim([4 78])
title(' 城市分布图 ','fontsize', 12)
```

```
xlabel('km','fontsize', 12)
ylabel('km','fontsize', 12)
grid on
                                          %计算城市间距离
n = size(cityCoor, 1);                    %城市数目
cityDist = zeros(n, n);                   %城市距离矩阵
for i = 1:n
    for j = 1:n
        if i~=j
            cityDist(i, j) = ((cityCoor(i, 1) - cityCoor(j, 1))^2 + ...
                (cityCoor(i, 2) - cityCoor(j, 2))^2)^0.5;
        end
        cityDist(j, i) = cityDist(i, j);
    end
end
nMax = 200;                               %进化次数
indiNumber = 1000;                        %个体数目
individual = zeros(indiNumber, n);
for i = 1:indiNumber
    individual(i,:) = randperm(n);        %初始化粒子位置
end
```

11.4.2 计算个体适应度

计算个体适应度值,个体适应度值为路径总长度,并根据适应度值确定个体最优粒子和群体最优粒子.程序代码如下:

```
                                          %计算种群适应度
indiFit = fitness(individual, cityCoor, cityDist);
[value, index] = min(indiFit);
tourPbest = individual;                   %当前个体最优
tourGbest = individual(index, :) ;        %当前全局最优
recordPbest = inf * ones(1, indiNumber);  %个体最优记录
recordGbest = indiFit(index);             %群体最优记录
xnew1 = individual;
```

其中,我们将适应度函数 fitness 的定义存储在 fitness.m 文件中,程序代码如下:

```
                                        %适应度函数
function indiFit = fitness(x, cityCoor, cityDist)
                                        %该函数用于计算个体适应度值
m = size(x, 1);                         %x:个体
n = size(cityCoor, 1);                  %cityCoor:城市坐标
indiFit = zeros(m, 1);
for i = 1:m
    for j = 1:n - 1
    indiFit(i) = indiFit(i) + cityDist(x(i, j), x(i, j + 1));
                                        %cityDist:城市距离
end
    indiFit(i) = indiFit(i) + cityDist(x(i, 1), x(i, n));
                                                %indiFit:个体适应度值
end
```

11.4.3 寻找最优路径

交叉操作把粒子两个体极值和群体极值进行交叉,从而得到较好的个体;变异操作对自身进行变异,从而得到更好的个体.

```
                                                %循环寻找最优路径
L_best = zeros(1, nMax);
for N = 1:nMax
    N
    indiFit = fitness(individual, cityCoor, cityDist);%计算适应度值
                                                %更新当前最优和历史最优
    for i = 1:indiNumber
        if indiFit(i)<recordPbest(i)
            recordPbest(i) = indiFit(i);
            tourPbest(i,:) = individual(i,:);
        end
        if indiFit(i)<recordGbest
            recordGbest = indiFit(i);
            tourGbest = individual(i,:);
        end
    end
    [value, index] = min(recordPbest);
    recordGbest(N) = recordPbest(index);
```

```
                                        %交叉操作
for i = 1:indiNumber
                                        %与个体最优进行交叉
    c1 = unidrnd(n - 1);                %产生交叉位
    c2 = unidrnd(n - 1);                %产生交叉位
    while c1 = = c2
        c1 = round(rand * (n - 2)) + 1;
        c2 = round(rand * (n - 2)) + 1;
    end
    chb1 = min(c1, c2);
    chb2 = max(c1, c2);
    cros = tourPbest(i, chb1:chb2);
    ncros = size(cros, 2);
                                    %删除与交叉区域相同元素
    for j = 1:ncros
        for k = 1:n
            if xnew1(i,k) = = cros(j)
                xnew1(i,k) = 0;
                for t = 1:n - k
                    temp = xnew1(i,k + t - 1);
                    xnew1(i,k + t - 1) = xnew1(i,k + t);
                    xnew1(i,k + t) = temp;
                end
            end
        end
    end
                                    %插入交叉区域
    xnew1(i, n - ncros + 1:n) = cros;
                                    %新路径长度变短则接受
    dist = 0;
    for j = 1:n - 1
        dist = dist + cityDist(xnew1(i, j), xnew1(i, j + 1));
    end
    dist = dist + cityDist(xnew1(i, 1), xnew1(i, n));
    if indiFit(i)>dist
        individual(i,:) = xnew1(i,:);
```

```
end
                                        %与全体最优进行交叉
c1 = round(rand * (n - 2)) + 1;         %产生交叉位
c2 = round(rand * (n - 2)) + 1;         %产生交叉位
while c1 = = c2
    c1 = round(rand * (n - 2)) + 1;
    c2 = round(rand * (n - 2)) + 1;
end
chb1 = min(c1, c2);
chb2 = max(c1, c2);
cros = tourGbest(chb1:chb2);
ncros = size(cros, 2);
                                        %删除与交叉区域相同元素
for j = 1:ncros
    for k = 1:n
        if xnew1(i,k) = = cros(j)
            xnew1(i,k) = 0;
            for t = 1:n - k
                temp = xnew1(i,k + t - 1);
                xnew1(i,k + t - 1) = xnew1(i,k + t);
                xnew1(i,k + t) = temp;
            end
        end
    end
end
                                        %插入交叉区域
xnew1(i, n - ncros + 1:n) = cros;
                                        %新路径长度变短则接受
dist = 0;
for j = 1:n - 1
    dist = dist + cityDist(xnew1(i, j), xnew1(i, j + 1));
end
dist = dist + cityDist(xnew1(i, 1), xnew1(i, n));
if indiFit(i) > dist
    individual(i,:) = xnew1(i,:);
end
```

```
                                        %变异操作
        c1 = round(rand * (n - 1)) + 1;       %产生变异位
        c2 = round(rand * (n - 1)) + 1;       %产生变异位
        while c1 = = c2
            c1 = round(rand * (n - 2)) + 1;
            c2 = round(rand * (n - 2)) + 1;
        end
        temp = xnew1(i, c1);
        xnew1(i, c1) = xnew1(i, c2);
        xnew1(i, c2) = temp;
                                        %新路径长度变短则接受
        dist = 0;
        for j = 1:n - 1
            dist = dist + cityDist(xnew1(i, j), xnew1(i, j + 1));
        end
        dist = dist + cityDist(xnew1(i, 1), xnew1(i, n));
        if indiFit(i)>dist
            individual(i,:) = xnew1(i,:);
        end
    end
    [value, index] = min(indiFit);
    L_best(N) = indiFit(index);
    tourGbest = individual(index,:);
end
```

11.4.4 结果分析

```
figure
plot(L_best)
title('算法训练过程')
xlabel('迭代次数')
ylabel('适应度值')
grid on
figure
hold on
plot([cityCoor(tourGbest(1), 1), cityCoor(tourGbest(n), 1)], [cityCoor
```

```
(tourGbest(1), 2), cityCoor(tourGbest(n), 2)],'ms - ','LineWidth', 2,
'MarkerEdgeColor',' k',' MarkerFaceColor',' g')
hold on
for i = 2:n
plot([cityCoor(tourGbest(i-1), 1), cityCoor(tourGbest(i), 1)], [city-
Coor(tourGbest(i - 1), 2), cityCoor(tourGbest(i), 2)],'ms - ',
'LineWidth', 2,'MarkerEdgeColor',' k',' MarkerFaceColor',' g')
    hold on
end
legend(' 规划路径 ')
scatter(cityCoor(:, 1), cityCoor(:, 2));
title(' 规划路径 ',' fontsize', 10)
xlabel('km',' fontsize', 10)
ylabel('km',' fontsize', 10)
grid on
ylim([4 80])
```

采用混合粒子群算法求解 TSP,各城市的初始位置如图 11-2 所示.混合粒子群算法进化次数为 200,种群规模为 1 000,算法进化过程中最优粒子适应度值变化和规划出的最优路径分别如图 11-3 和图 11-4 所示.从这两张图中可以看到,混合粒子群算法能够较快找到连接各城市的最优路径.

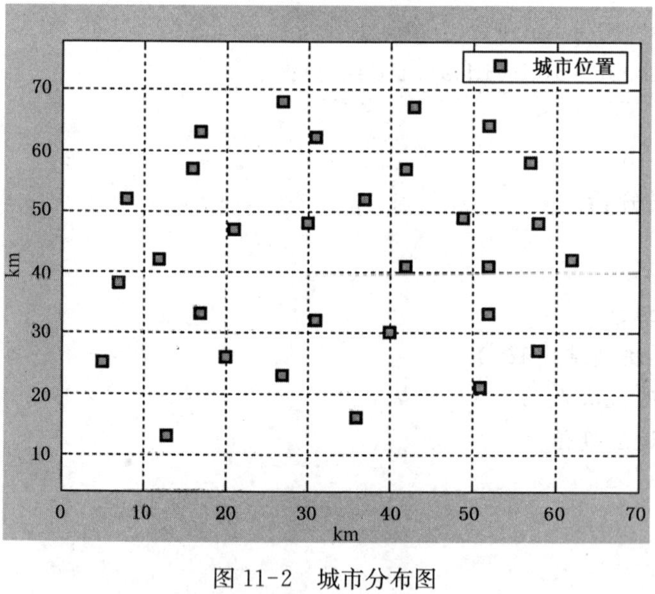

图 11-2　城市分布图

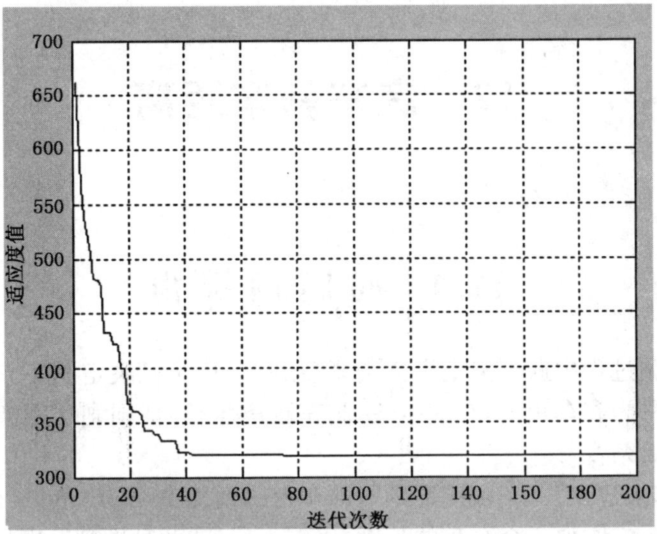

图 11-3　适应度值变化

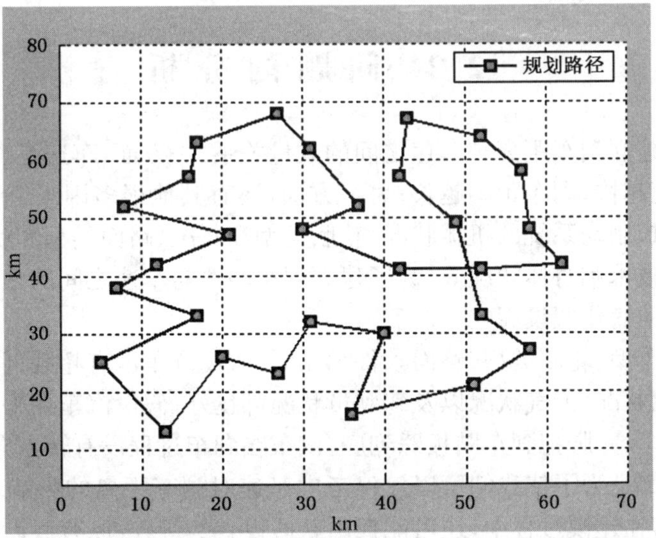

图 11-4　规划出的最优路径

12　汽车刹车距离

12.1　问题的提出

司机在驾驶过程中遇到突发事件会紧急刹车，从司机决定刹车到汽车完全停住所行驶的距离称为刹车距离，车速越快，刹车距离越长. 请问刹车距离与车速之间具有怎样的数量关系？

在美国，有人建议“一车长度准则”，即车速每增加 10 mph(miles per hour，英里/小时)，前后车距应增加一个车身的长度；也有人建议“两秒准则”，即后车司机从前车经过某一标志开始，默数 2 s 之后到达同一标志，而不管车速如何.

请判断“一车长度准则”是否合理？是否有更好的“准则”.

12.2　问题的分析

问题要求建立刹车距离与车速之间的数量关系. 一方面，车速是刹车距离的主要影响因素，车速越快，刹车距离越长；另一方面，还有其他很多因素会影响刹车距离，包括车型、车重、制动系统的机械状况、轮胎类型和状况、路面类型和状况、天气状况、驾驶员的操作技术和身体状况等. 为了建立刹车距离与车速之间的函数关系，需要提出哪几条合理的简化假设呢？

可以假设车型、轮胎类型、路面条件都相同；假设汽车没有超载；假设制动系统的机械状况、轮胎状况、天气状况以及驾驶员状况都良好；假设汽车在平直道路上行驶，驾驶员紧急刹车，一脚把刹车踏板踩到底，汽车在刹车过程没有转方向.

这些假设都是为了使我们可以仅仅考虑车速对刹车距离的影响. 这些假设是初步的和粗糙的，在建模过程中，还可能提出新假设，或者修改原有假设.

首先，我们仔细分析刹车的过程，发现刹车经历两个阶段.

第一阶段，司机意识到危险，做出刹车决定，并踩下刹车踏板使制动系统开始起作用，这一瞬间可以称为“反应时间”，非常短暂，但是对于高速行驶的汽车而言，汽车在这一瞬间行驶的距离却不容忽略. 汽车在反应时间段行驶的距离称为“反应距离”.

第二阶段，从刹车踏板被踩下、制动系统开始起作用，到汽车完全停住，这是汽车的制动过程. 汽车在制动过程“行驶”(轮胎滑动摩擦地面)的距离称为“制动距离”.

根据以上分析，得到刹车距离的初步的数量关系如下：

$$刹车距离=反应距离+制动距离. \tag{12.2.1}$$

引入以下符号，并说明单位：

v——车速(m/s)；

d——刹车距离(m)；

d_1——反应距离(m)；

k_1——反应时间(s)；

d_2——制动距离(m).

于是，用文字表达的数量关系式(12.2.1)可以用数学公式表示为

$$d = d_1 + d_2. \tag{12.2.2}$$

其次，考虑反应距离的子模型. 根据常识，可以假设汽车在反应时间内车速没有改变，也就是说在此瞬间汽车做匀速直线运动.

反应时间取决于驾驶员状况和汽车制动系统的灵敏性. 驾驶员状况包括反应、警觉、视力等，因人而异，可以考虑平均值，即视为常数；正常情况下，汽车制动系统的灵敏性都非常好，与驾驶员状况相比，可以忽略. 所以，可以认为驾驶员每次刹车的反应时间都是一样长的. 于是反应距离的子模型为

$$d_1 = k_1 v. \tag{12.2.3}$$

再次，考虑制动距离的子模型. 在刹车过程，汽车的轮胎滑动摩擦地面，车速从 v 迅速减慢，直到变为 0，汽车完全停住. 用物理的语言来陈述，那就是：汽车制动力使汽车做减速运动，汽车制动力做功导致汽车动能的损失. 我们引入以下符号，并说明单位：

a——汽车制动减速度($\mathrm{m/s^2}$)；

F——汽车制动力(N)；

M——汽车质量(kg).

为了建立简单的数学模型，假设汽车在制动过程做匀减速直线运动，减速度 a 是常数，根据牛顿第二定律，有 $F = Ma$.

根据功能原理，汽车制动力所做的功等于汽车动能的损失，即 $Fd_2 = \frac{1}{2}Mv^2$，所以 $d_2 = \frac{v^2}{2a}$.

令 $k_2 = \frac{1}{2a}$，就得到制动距离的子模型为

$$d_2 = k_2 v^2. \tag{12.2.4}$$

最后，由式(12.2.2)—式(12.2.4)，得到刹车距离的数学模型为

$$d = k_1 v + k_2 v^2. \tag{12.2.5}$$

式(12.2.5)的两个系数会不会随着车型而改变呢？回顾以上建模过程，不难发现，反应距离子模型的系数 k_1 是驾驶员的反应时间，与车型无关；而制动距离子模型的系数 $k_2 = \frac{1}{2a}$ 只与制动过程的减速度 a 有关系，那么减速度 a 与车型有关吗？按照汽车的设计原则，所有车型在额定载荷范围内的紧急刹车的减速度都相差无几，也就是说，制动系统的最大制动力被设计成与车重成正比，所以系数 k_2 也可以被认为是与车型无关的. 换言之，只要对一款车型测试其在不同车速下的刹车距离(当然要尽量保持道路、天气、驾驶员、载重等条件一样)，然后用测试数据拟合出模型 $d = k_1 v + k_2 v^2$ 的系数 k_1 和 k_2，那么所得到的刹车距离与车速之间的二次函数经验公式，对于所有在相同的道路、天气和驾驶员等条件下，对于所有既没有超载，也没有故障的汽车都是有参考作用的.

12.3 模型的建立

表 12-1 是为了建立汽车刹车距离的数学模型而引入的数学符号说明.

表 12-1 符号说明

符号	单位	名称	说　明
v	m/s	车速	
d	m	刹车距离	从司机决定刹车到车完全停住汽车行驶的距离
d_1	m	反应距离	从司机决定刹车到踩下刹车踏板汽车行驶的距离
d_2	m	制动距离	从司机踩下刹车踏板到车完全停住汽车行驶的距离
k_1	s	反应时间	从司机决定刹车到踩下刹车踏板的时间
k_2	s^2/m		$k_2 = 1/(2a)$
a	m/s^2	减速度	汽车制动过程的减速度
F	N	制动力	汽车制动过程的制动力
M	kg	汽车质量	

提出如下的简化假设：

(1) 假设道路、天气和驾驶员等条件相同，汽车没有超载，也没有故障；

(2) 假设汽车在平直道路上行驶，驾驶员紧急刹车，一脚把刹车踏板踩到底，汽车在刹车过程没有转方向；

(3) 假设驾驶员的反应时间为常数，汽车在反应时间做匀速直线运动；

(4) 假设汽车在制动过程做匀减速直线运动，减速度 a 是常数，制动力所做的功等于汽车动能的损失；

(5) 假设刹车距离等于反应距离加制动距离.

根据假设(3),立即得到式(12.2.3):$d_1 = k_1 v$.

根据牛顿第二定律和假设(4),有 $F = Ma$, $Fd_2 = \frac{1}{2}Mv^2$,所以 $d_2 = k_2 v^2$,其中 $k_2 = \frac{1}{2a}$.

最后,根据假设(5)有式(12.2.5):$d = k_1 v + k_2 v^2$,这就是汽车刹车距离的数学模型.

12.4 模型检验

利用由美国公路局提供的刹车距离实际观测数据(表 12-2)来进行模型检验.表 12-2 的数据使用英制单位 mph(miles per hour,英里/小时)和 ft(英尺),换算为 1 mph=0.447 04 m/s, 1 ft=0.308 4 m.

表 12-2　　反应距离和制动距离的实际观测值

车速/mph	反应距离/ft	制动距离范围*/ft	制动距离平均值/ft	刹车距离范围/ft	刹车距离平均值/ft
20	22	18～22	20	40～44	42
25	27.5	25～31	28	52.5～58.5	55.5
30	33	36～45	40.5	69～78	73.5
35	38.5	47～58	52.5	85.5～96.5	91
40	44	64～80	72	108～124	116
45	49.5	82～103	92.5	131.5～152.5	142
50	55	105～131	118	160～186	173
55	60.5	132～165	148.5	192.5～225.5	209
60	66	162～202	182	228～268	248
65	71.5	196～245	220.5	267.5～316.5	292
70	77	237～295	266	314～372	343
75	82.5	283～353	318	365.5～435.5	400.5
80	88	34～418	376	422～506	464

说明　* 范围包括了美国公路局所做测试中的 85%的观测结果.

在表 12-2 的数据中,反应距离是和车速成正比的.很明显,这样的数据是基于反应距离子模型 $d_1 = k_1 v$ 的,其平均反应时间恰好为 $k_1 = 0.75$ s,所以没有必要用表 12-2 中反应距离的数据来检验反应距离子模型.

而表 12-2 的制动距离数据则有变化范围以及平均值,由于刹车距离是反应距离和制动距离之和,所以刹车距离也有变化范围和平均值.应该用表 12-2 中的制动距离数据来检验制动距离子模型 $d_2 = k_2 v^2$,从而达到检验刹车距离的数学模型的目的.

首先,注意到子模型 $d_2 = k_2 v^2$ 意味着 d_2 与 v 成二次函数关系,而 d_2 与 v^2 成正比例关系. 因此,绘制表 12-2 中的制动距离数据(包括最小值、平均值和最大值)对 v 以及 v^2 的散点图. MATLAB 程序如下:

```
clear
v = (20:5:80). * 0.44704; v2 = v. * v;
d2 = [18, 25, 36, 47, 64, 82, 105, 132, 162, 196, 237, 283, 334 22, 31, 45, 58, 80, 103, 131, 165, 202, 245, 295, 353, 418, 20, 28, 40.5, 52.5, 72, 92.5, 118, 148.5, 182, 220.5, 266, 318, 376];
d2 = 0.3048. * d2;
subplot(2,1,1), plot([v,v,v], d2, 'ko', 'MarkerSize',2)
xlabel('v(m/s)')
ylabel('m')
subplot(2,1,2), plot([v2,v2,v2],d2, 'ko','MarkerSize',2)
xlabel(' v^2(m^2/s^2) ')
ylabel('m')
```

结果如图 12-1 所示.

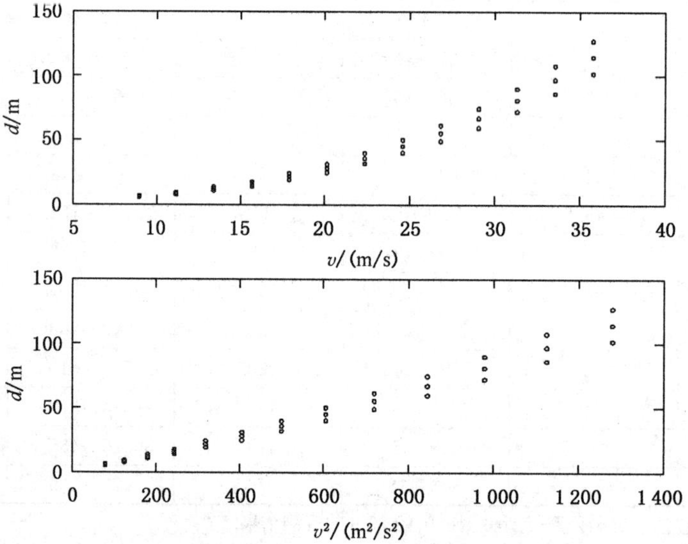

图 12-1　d 与 v 以及 v^2 的散点图

根据图 12-1 得到的直观印象是:制动距离子模型 $d_2 = k_2 v^2$ 经得起表 12-2 的数据检验.

以上根据图 12-1 的图形检验显得有些粗糙,可能不够可靠. 下面用最小二乘法,根据表 12-2 中的车速和制动距离平均值的数据,拟合制动距离子模型 $d_2 = k_2 v^2$ 中的系数 k_2,然后详细考察误差.

以下用最小二乘法拟合 k_2，其计算公式为

$$k_2=\frac{\sum_{i=1}^{13}v_i^2d_i}{\sum_{i=1}^{13}v_i^4}, \tag{12.4.1}$$

其中，v_i 和 d_i 为表 12-2 中第 i 行的车速和制动距离平均值 ($i=1, 2, \cdots, 13$).

根据式(12.4.1)，在执行图 12-1 的绘图程序后，继续输入并执行以下命令：

```
k2 = sum(v2. * d2(3,:))./sum(v2. * v2)
r = d2(3,:) - k2. * v. * v
```

命令窗口显示的计算结果为

```
k2 = 0.082678
r =
   - 0.51312   - 1.7923   - 2.5261   - 4.2384   - 4.4909
   - 5.26470   - 5.3406   - 4.7187   - 4.0085   - 2.6004
     0.11509     3.9857     8.8589
```

所以，根据表 12-2，刹车距离与车速关系的经验公式为

$$d=0.75v+0.082\,678v^2.$$

考察误差，发现当车速不超过 65 mph(104.6 km/h)时，实际值都略小于理论值，但是当车速更快时，实际值就会大于理论值，而且随着车速的增加，误差会越来越大. 误差分析说明制动距离子模型 $d_2=k_2v^2$ 的模型假设适合较低的车速范围；当车速更高时，可能由于我们漏了考虑某些不容忽略的因素，导致模型解答不那么令人信服.

计算 k_2 以及拟合误差的另一种方法是用统计工具箱函数 nlinfit 计算(由于模型 $d_2=k_2v^2$ 缺少常数项和一次项，所以不能用 MATLAB 函数 polyfit 进行多项式拟合).

在执行图 12-1 的绘图程序后，继续输入并执行以下命令(所得到的计算结果和第一种方法相同)：

```
f = @(k,x)k. * x. * x;
[k2, r] = nlinfit(v, d2(3, :), f, 1)
```

最后，可以在图 12-1 的两幅子图中分别添加拟合得到的子模型 $d_2=k_2v^2$ 的理论值的二次曲线或直线，使得刚才的分析更直观，更容易理解. 绘制拟合效果图的 MATLAB 程序如下：

```
subplot(2,1,1), plot([v,v,v],d2,' ok','MarkerSize',2)
hold on, plot(v,k2. * v2,'k'), hold off
xlabel('v(m/s)')
ylabel('m')
subplot(2,1,2), plot([v2,v2,v2],d2,'ok',' MarkerSize',2)
```

```
hold on, plot(v2,k2. * v2,'k'), hold off
xlabel(' v^2(m^2/s^2)')
ylabel('m')
```

结果如图 12-2 所示.

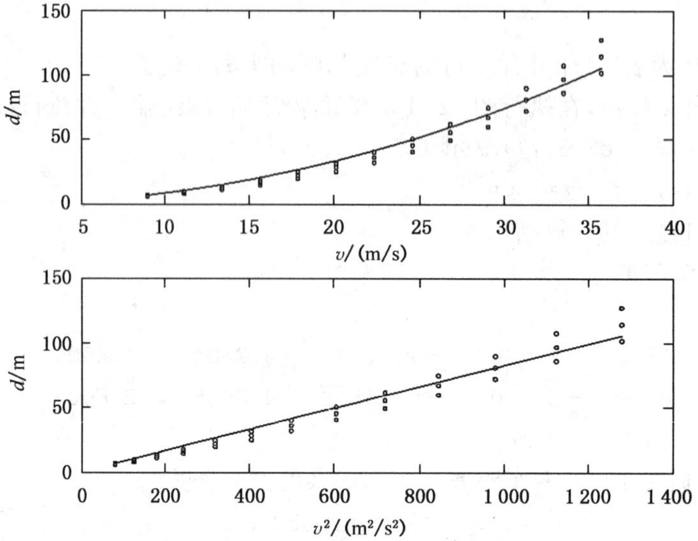

图 12-2　拟合效果图

12.5　模 型 应 用

在道路上行驶的汽车保持足够安全的前后车距是非常重要的，人们为此提出了各种建议. 在美国，有人建议"一车长度准则"，即车速每增加 10mph，前后车距应增加一个车身的长度；也有人建议"两秒准则"，即后车司机从前车经过某一标志开始，默数 2 s 之后到达同一标志，而不管车速如何. 刚才建立的刹车距离模型可以用来衡量这些建议是否安全.

怎样应用刚才建立的刹车距离模型来衡量这些建议是否足够安全？按照"一车长度准则"，车速每增加 10 mph，前后车距应增加一个车身的长度，这表明前后车距与车速成正比例关系.

引入以下符号：

D——前后车距(m)；

v——车速(m/s)；

K_1——按照"一车长度准则"，D 与 v 之间的比例系数(s).

于是，"一车长度准则"的模型为

$$D = K_1 v. \tag{12.5.1}$$

考虑家庭用的小型汽车，不妨设一车长度为 5 m，则有

$$K_1 = \frac{5\ \text{m}}{10\ \text{mph}} = \frac{5\ \text{m}}{4.470\,4\ \text{m/s}} = 1.118\,5\ \text{s}.$$

所以，式(12.5.1)即为 $D = 1.118\,5\,v$. 比较式(12.2.5)与式(12.5.1)得

$$d - D = v[k_2 v - (K_1 - k_1)].$$

所以，当 $v < \frac{(K_1 - k_1)}{k_2}$ 时，有 $d < D$，即前后车距大于刹车距离的理论值，可认为足够安全；当 $v > \frac{(K_1 - k_1)}{k_2}$ 时，有 $d > D$，即前后车距小于刹车距离的理论值，可认为不够安全.

代入 $k_1 = 0.75$，$k_2 = 0.082\,678$，以及 $K_1 = 1.118\,5$，计算得到：当车速超过 4.5 m/s(约合 16 km/h)时，“一车长度准则”就不够安全了，也就是说，“一车长度准则”只适用于车速很慢的情况.

另外，还可以绘图直观地说明为什么“一车长度准则”不够安全. 用以下程序把表 12-2 中的刹车距离实测数据和“一车长度准则”都画在同一幅图中. 其 MATLAB 程序如下：

```
clear
v=(20:5:80).*0.44704; v2=v.*v;
d2=[18, 25, 36, 47, 64, 82, 105, 132, 162, 196, 237, 283, 334 22, 31, 45, 58, 80, 103, 131, 165, 202, 245, 295, 353, 418 20, 28, 40.5, 52.5, 72, 92.5, 118, 148.5, 182, 220.5, 266, 318, 376];
d2=0.3048.*d2;
k1= 0.75;
k2= 0.082678;
K1=1.1185;
d1=[v,v,v].*k1;
d=d1+d2;
plot([0,40], [0, K1*40], 'k'), hold on
plot(0:40, polyval([k2, k1,0],0:40), ':k')
plot([v, v, v], d, 'ok', 'MarkerSize',2), hold off
xlabel('v(m/s2)')
ylabel('m')
```

结果如图 12-3 所示.

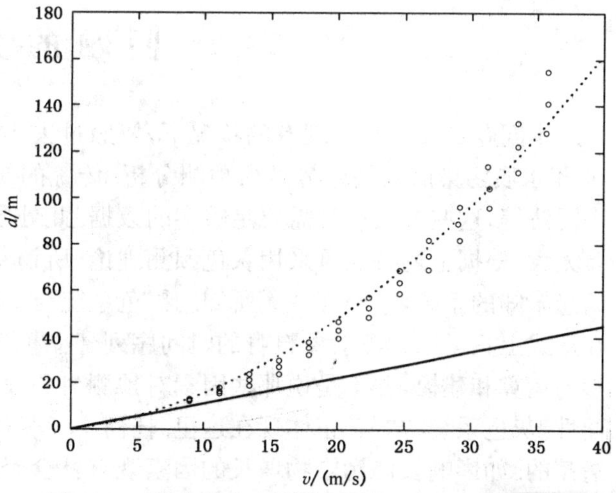

图 12-3 刹车距离实测数据及“一车长度准则”

说明 —表示“一车长度准则”；…表示“刹车距离的理论值”；
∘表示“刹车距离的最小值、平均值和最大值”.

13　对长江水质污染的预测

13.1　问题的提出

水是人类赖以生存的资源，保护水资源就是保护我们自己. 长江是我国第一、世界第三大河流，长江水质的污染程度日趋严重，已引起了相关政府部门和专家们的高度重视. 全国大学生数学建模竞赛 2005 年 A 题就是关于长江污染的问题. 这里利用赛题提供的部分数据，针对赛题所提的其中一个问题从某种角度进行研究. 该问题就是利用过去 10 年提供的观测和统计数据对其后 10 年的情况加以预测.

表 13-1 中给出长江在过去 10 年中废水排放总量，据此对其后 10 年的长江水质污染的发展趋势做出预测.

表 13-1　　**长江在过去 10 年中废水排放量**

年份	1995	1996	1997	1998	1999	2000	2001	2002	2003	2004
排污总量/亿 t	174	179	183	189	207	234	220.5	256	270	285

说明　本题是由"全国大学生数学建模竞赛"2005 年 A 题改编得到的.

13.2　问题的分析

本问题的实质是在现有的状况下，依照过去 10 年的主要统计数据，对长江其后 10 年水质污染的发展趋势做出预测分析. 传统的统计预测方法有回归分析法、指数平滑法等，这些方法往往需要足够多的数据. 此处数据量偏少，如果采用上述方法误差太大，根据上述特点可采用灰色预测理论. 所谓灰色系统是指部分信息已知，部分信息未知的系统，它介于一无所知的黑色系统与全部确知的白色系统之间. 灰色预测在形式上只运用预测对象自身的时间序列建立模型. 与其相关联的因素表面上没有参与运算和建模，并不是说那些因素对预测对象没有影响和作用从而影响模型的全面性. 灰色系统的"灰"正体现在这里. 任何一个客观系统究竟含有多少因素是难以说清楚的. 如影响长江污染物增长的因素既有社会经济的，也有自然环境的，还有科学技术方面的，等等. 这些众多的因素，不是用几个指标所能表达清楚的. 这些因素之间的结构关系难以准确描述，更无法精确计算. 多数因素都在动态变化之中，其运行机制和变化规律难以完全明白. 灰色系统理论把这样受众多因素影响，又无法确定其复杂关系的量称为灰色量.对灰色量进行预测不必拼凑数据,不必过分关注那些数据不准、关系不清、变化不明的参数.那些主要的、次要的、直接的、间接的、已知的、未知的、明显的、隐含的众多因素相互联系、相互制约、协同作用的结果已经表现在动态变化的时间序列数据中.灰色预测的另一特点是不追求大样本量.灰色系统分析有个重要原则就是现实信息优先的原则,即在处理历史信息和现实信息的关系时重视现实信息.这是因为在信息不完全系统中,表征或反映它的状态特征和行为的主要是现实信息.直接影响系统未来发展趋势、起着主导作用的也是现实信息.所以灰色预测不追求大量历史数据,也不强求它的典型分布,而是对已掌握的部分信息进行合理的技术处理,通过建立模型在更高的层次上对系统动态过程进行科学的描述.

在灰色系统理论中,以 GM(1, 1)模型为基础所做的预测,正好克服传统方法的不足.灰色系统分析方法对于信息不完整或不完全的实际情况具有良好的适用性,其中的 GM(1, 1)模型在水质预测中得到了较为广泛的运用.为提高预测精度,本文对离散的、规律性不强的河流水质原始数据,采用光滑处理和累加生成的方式进行处理,使其变成规律性强的累加生成序列,并在此基础上建立灰色预测模型.

13.3 数学模型——GM (1, 1)模型的建立和计算

灰色系统分析实质上是将一些已知的数据序列,通过一定的方法处理,使其由散乱状态转向规律化,然后利用微分方程拟合,并由外延进行预测.其中已知的数据称为白色,需要预测的数据称为灰色,而处理过程称为白化,就是对数据序列的随机性弱化.

由于题目中给出的是 10 年的数据,在此把前 9 年的数据作为历史数据,第 10 年的数据用来检验模型的合理性和精确性.

13.3.1 作累加生成数列

考虑有变量 $X^{(0)}$,原始序列

$$\begin{aligned} X^{(0)} &= (x^{(0)}(1),\ x^{(0)}(2),\ x^{(0)}(3),\ \cdots,\ x^{(0)}(n)) \\ &= (174,\ 179,\ 183,\ 189,\ 207,\ 234,\ 221,\ 256,\ 270), \end{aligned}$$

对 $X^{(0)}$ 作 1—AGO 的累加生成数列 $X^{(1)}(k)$,其中

$$x^{(1)}(k) = \sum_{i=1}^{k} x^{(0)}(i),\quad k = 1,\ 2,\ \cdots,\ n,$$

$$X^{(1)}(k) = (174,\ 353,\ 536,\ 725,\ 932,\ 1\,166,\ 1\,387,\ 1\,643,\ 1\,913).$$

13.3.2 对 $X^{(0)}$ 进行准光滑性检验

由 $\rho(k)=\dfrac{x^{(0)}(k)}{x^{(1)}(k-1)}<0.5$ 满足准光滑条件，本题从 $k>2$ 后满足准光滑条件，其计算结果见表 13-2.

表 13-2　　ρ 的计算结果

k	1	2	3	4	5	6	7	8	9
ρ	1.03	0.52	0.35	0.29	0.25	0.19	0.18	0.16	0.15

13.3.3 检验 $X^{(1)}$ 是否具有准指数规律

由 $\sigma(k)=\dfrac{x^{(1)}(k)}{x^{(1)}(k-1)}\in[1,1.5)$ 可以建立 GM(1, 1)模型. 本题 $k>2$ 满足准指数规律. σ 的计算结果见表 13-3.

表 13-3　　σ 的计算结果

k	1	2	3	4	5	6	7	8	9
σ	2.03	1.52	1.35	1.29	1.25	1.19	1.18	1.16	1.15

13.3.4 确定数据矩阵

对 $X^{(1)}$ 作紧邻均值生成 $z^{(1)}(k)=\dfrac{1}{2}[x^{(1)}(k)+x^{(1)}(k-1)]$，得

$Z^{(1)}=(263.5,\ 444.5,\ 630.5,\ 828.5,\ 1\,049,\ 1\,276.5,\ 1\,515,\ 1\,778)$，

$$\boldsymbol{B}=\begin{bmatrix}-z(2) & 1\\ -z(3) & 1\\ \vdots & \vdots\\ -z(n+1) & 1\end{bmatrix},\quad \boldsymbol{Y}=\begin{bmatrix}x^{(0)}(2)\\ x^{(0)}(3)\\ \vdots\\ x^{(0)}(n)\end{bmatrix}.$$

13.3.5 参数的最小二乘估计

计算 $(\boldsymbol{B}^{\mathrm{T}}\boldsymbol{B})^{-1}\boldsymbol{B}^{\mathrm{T}}\boldsymbol{Y}$，得到结果就是一阶微分白化方程：$\dfrac{\mathrm{d}x^{(1)}}{\mathrm{d}t}+ax^{(1)}=u$ 中的参数 $[a,\ u]^{\mathrm{T}}$ 的最小二乘估计 $\hat{\boldsymbol{a}}=[a,\ u]^{\mathrm{T}}=(\boldsymbol{B}^{\mathrm{T}}\boldsymbol{B})^{-1}\boldsymbol{B}^{\mathrm{T}}\boldsymbol{Y}$，或者利用 MATLAB 程序直接使用命令：B\Y，结果就是 B\Y = â. 此处计算出来的估计值为 $\hat{\boldsymbol{a}}=[a,\ u]^{\mathrm{T}}=(-0.062\,4,\ 156.680\,8)^{\mathrm{T}}$.

13.3.6 确定微分方程模型

GM(1, 1)模型为一阶微分白化方程：$\dfrac{\mathrm{d}x^{(1)}}{\mathrm{d}t}+ax^{(1)}=u$，即 $\dfrac{\mathrm{d}x^{(1)}}{\mathrm{d}t}-0.062\,4x^{(1)}$

$= 156.6808$.

求微分方程的解，得到时间响应式为

$$\hat{x}^{(1)}(k+1) = [x^{(0)}(1) - \frac{u}{a}]e^{-ak} + \frac{u}{a},$$

即 $$\hat{x}^{(1)}(k+1) = 2\,685e^{0.0624k} - 2\,511,\ k = 0,\ 1,\ 2,\ \cdots.$$

13.3.7 求 $X^{(1)}$ 的模拟值并累减还原求出 $X^{(0)}$ 的模拟值

$X^{(1)}$ 的模拟值为 $\hat{X}^{(1)}(k)$，累减还原求出 $X^{(0)}$ 的模拟值 $\hat{X}^{(0)}(k)$.

计算 $\hat{x}^{(0)}(k) = \hat{x}^{(1)}(k+1) - \hat{x}^{(1)}(k)$ 的 MATLAB 程序附后，其结果见表 13-4.

表 13-4　$\hat{x}^{(0)}(k)$的计算结果

k	1	2	3	4	5	6	7	8	9	10
$\hat{x}^{(0)}(k)$	174	173	184	196	208	222	236	251	267	285
k	11	12	13	14	15	16	17	18	19	20
$\hat{x}^{(0)}(k)$	303	323	343	365	389	414	441	469	499	532

MATLAB 程序如下：

```
clear
y1 = [174 179 183 189 207 234 221 256 270 285];
for i = 1:10
        x1(i) = sum(y1(1:i));
end
x1;
y = [y1(2:10)]';
x(1) = - (x1(1) + x1(2))/2;
        x(2) = - (x1(3) + x1(2))/2;
x(3) = - (x1(3) + x1(4))/2;
        x(4) = - (x1(4) + x1(5))/2;
        x(5) = - (x1(5) + x1(6))/2;
        x(6) = - (x1(6) + x1(7))/2;
        x(7) = - (x1(7) + x1(8))/2;
        x(8) = - (x1(8) + x1(9))/2;
        x(9) = - (x1(10) + x1(9))/2;
x = [x;
        ones(1, 9)]';
A = x\y;
```

```
a = A(1);
b = A(2);
xx(1) = x1(1);
for i = 1:30
    xx(i + 1) = (x1(1) - b/a) * exp( - a * i) + b/a;
end
xy(1) = y1(1);
for i = 1:19
    xy(i + 1) = xx(i + 1) - xx(i);
end
xy
```

结果为

```
xy =
174    172.85 183.98 195.82 208.43 221.86 236.14 251.35 267.54 284.76
303.1  322.62 343.39 365.51 389.04 414.1  440.76 469.14 499.35 531.51
```

13.3.8 检验误差

上述模型是否可信，误差是否很大，必须进行精度检验. 检验误差有四种，分别为相对误差，关联度，均方差比值，小误差概率. 本文在这里对四种检验全部进行. 精度标准可以参考表 13-5.

表 13-5　　精度标准

精度等级	相对误差	关联度	均方差比值 C	小误差概率 P
好(一级)	<0.01	>0.90	<0.35	>0.95
良好(二级)	<0.05	>0.80	<0.50	>0.80
合格(三级)	<0.10	>0.70	<0.65	>0.70
勉强(四级)	<0.20	>0.60	<0.80	>0.60
不合格	>0.20	$\leqslant 0.60$	$\geqslant 0.80$	$\leqslant 0.60$

1. 相对误差检验

依据时间检验函数，对原始数列 $x^{(0)}(k)$ 求出模拟和预测值 $\hat{x}^{(0)}(k)$.

作残差数列

$$\varepsilon^{(0)} = x^{(0)} - \hat{x}^{(0)}$$

$$= (0,\ 6.1531,\ -0.97735,\ -6.8246,\ -1.4347,\ 12.143,\ -15.143,\ 4.6503,\ 2.4647,\ 0.23679),$$

相对误差

$$\Delta = (\Delta_k) = \left(\left| \varepsilon^{(0)}(k) / x^{(0)}(k) \right| \right)$$

$$= (0, 0.034\,375, 0.005\,340\,7, 0.036\,109, 0.006\,930\,7, 0.051\,894, 0.068\,521, 0.018\,165, 0.009\,128\,5, 0.000\,830\,83),$$

平均误差为

$$\overline{\Delta} = \frac{1}{10}\sum_{k=1}^{10}\Delta_k = 0.023\,1 < 0.05,$$

精度为二级.

以上计算的 MATLAB 程序如下：

```
cc = y1(1:10) - xy(1:10)
ccc = abs(cc)./y1
xdwc = sum(ccc)/10
```

2. 检验 $x^{(0)}(k)$ 与 $\hat{x}^{(0)}(k)$ 灰色绝对关联度 ε

$$|s| = \left| \sum_{k=2}^{8}[x(k) - x(1)] + \frac{1}{2}[x(9) - x(1)] \right| = 299,$$

$$|\hat{s}| = \left| \sum_{k=2}^{8}[\hat{x}(k) - \hat{x}(1)] + \frac{1}{2}[\hat{x}(9) - \hat{x}(1)] \right| = 299.200\,8,$$

$$|s - \hat{s}| = 0.200\,8,$$

灰色绝对关联度 $\varepsilon = \dfrac{1 + |s| + |\hat{s}|}{1 + |s| + |\hat{s}| + |s - \hat{s}|} = 0.999\,7 > 0.90$，精度为一级.

以上计算的 MATLAB 程序如下：

```
s = sum(y1(2:8)) - 7.5 * y1(1) + 0.5 * y1(9)
ss = sum(xy(2:8)) - 7.5 * xy(1) + 0.5 * xy(9)
gld = (1 + s + ss)/(1 + s + ss + abs(s - ss))
```

3. 均方差检验

原始数据均值： $\bar{x} = \dfrac{1}{n}\sum_{k=1}^{n}x^{(0)}(k) = 212.555\,6,$

原始数据方差： $\sigma_1^2 = \dfrac{1}{n}\sum_{k=1}^{n}[x^{(0)}(k) - \bar{x}]^2 = 1\,087.8,\ \sigma_1 = 32.981\,9,$

数列残差均值： $\bar{\varepsilon} = \dfrac{1}{n}\sum_{k=1}^{n}\varepsilon^{(0)}(k) = 0.114\,6,$

残差方差： $\sigma_2^2 = \dfrac{1}{n}\sum_{k=1}^{n}[\varepsilon^{(0)}(k) - \bar{\varepsilon}]^2 = 54.644\,6,\ \sigma_2 = 7.392\,2,$

均方差比值： $C = \dfrac{\sigma_2}{\sigma_1} = \dfrac{7.39}{32.21} = 0.224\,1 < 0.35$，精度为一级.

以上计算的 MATLAB 程序如下：

```
jz1 = mean(y1(1 : 9))
fc1 = std(y1(1 : 9), 1)
jz2 = mean(y1(1 : 9) - xy(1 : 9))
fc2 = std((y1(1 : 9) - xy(1 : 9)), 1)
fcbz = fc2/fc1
```

4. 小误差概率

$$0.6745\sigma_1 = 22.2463,$$

$$(|\varepsilon^{(0)}(k) - \bar{\varepsilon}|) = (0, 6.1531, 0.97735, 6.8246, 1.4347, 12.143, 15.143, 4.6503, 2.4647, 0.23679),$$

$p = P(|\varepsilon^{(0)}(k) - \bar{\varepsilon}| < 0.6745\sigma_1) = 1 > 0.95$，精度为一级.

原始数据和模拟预测数列之间的关系如图 13-1 所示.

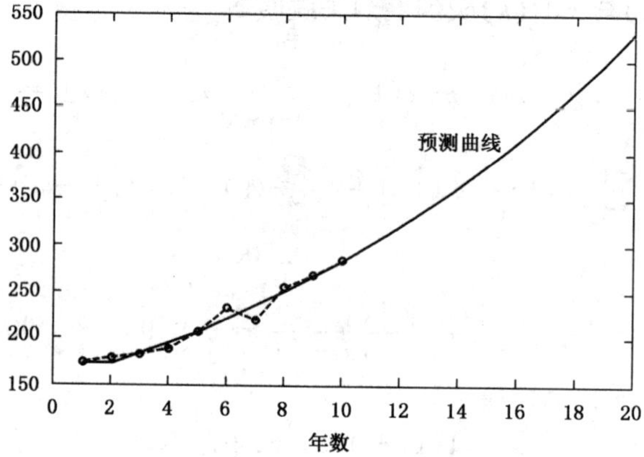

图 13-1　原始数据和模拟预测数列之间的关系

说明　○表示原始数据.

从图 13-1 可以看到原始数据和模拟预测数列之间的关系. 特别是第十年的实际数据和预测数据几乎一样. 由此可以得出此预测的精度较高. 特别此处 $-a = 0.0624 < 0.3$，根据灰色系统理论，此时的 GM(1, 1)可用于中长期预测，10 年以后的预测精确度高于 90%.

13.4　模型的改进

13.4.1　模型的改进——建立 GM(1, 1)模型群

单一灰色 GM(1, 1)预测模型形式，难以克服由不稳定信息给预测结果带来的

不利影响. 如果采用灰色动态模型群法，利用不同时段数据建立了不同的灰色 GM(1, 1)模型来构造灰色预测模型群，分别对未来时刻的各项预测值进行统计计算，并将统计平均值作为最终预测值. 该法进一步提高了预测的精度和预测结果的可靠性.

依据 GM(1, 1)单个模型的建模原理，一般要求建模采用的数据系列 $x^{(0)}(k)$ 中的数据应不少于 4 个. 假定原始数据系列 $x^{(0)}(k)$ 中有 n 个数，含有原始数据系列中最后一位数的组合数为 $n-3$，则可建立起 $n-3$ 个子模型组成的灰色预测模型群. 此处原始数据系列 $x^{(0)}(k)$ 中有 10 个数，而只采用其中的 9 个数据来做历史分析，第 10 个作为比较. 本文利用 9 个原始数据系列做成 5 个灰色预测模型，即预测 1 取 $x^{(0)}(1)\sim x^{(0)}(9)$ 为原始数据建立 GM(1, 1)模型 1，预测 2 取 $x^{(0)}(2)\sim x^{(0)}(9)$ 为原始数据建立 GM(1, 1)模型 2，…，以此类推，预测 5 取 $x^{(0)}(5)\sim x^{(0)}(9)$ 为原始数据建立 GM(1, 1)模型 5. 计算各模型后取其均值，结果见表 13-6，误差检验见表 13-7. 检验表明模型的精度均满足要求.

表 13-6　　各模型及其均值

序号	1	2	3	4	5	6	7	8	9	10
模型 1	174	173	184	196	208	222	236	251	267	284
模型 2		179	181	194	207	221	236	252	269	287
模型 3			183	193	206	220	236	252	270	288
模型 4				189	209	222	237	252	268	286
模型 5					207	224	237	252	267	284
平均值	174	176	183	193	207	222	236	252	268	286
序号	11	12	13	14	15	16	17	18	19	20
模型 1	303	323	343	365	389	414	441	469	499	531
模型 2	307	328	350	374	399	426	455	486	520	555
模型 3	308	330	353	377	403	431	461	493	527	563
模型 4	304	324	345	367	391	416	443	472	503	535
模型 5	301	320	339	360	382	406	431	457	485	514
平均值	305	325	346	369	393	419	446	475	507	540

表 13-7　　误差检验

序号	相对误差	精度	关联度	精度	方差比值	精度	小误差概率 P	精度
模型 1	0.025 63	良	0.999 7	好	0.230	优	1	好
模型 2	0.022 52	良	0.999 1	好	0.239	优	1	好
模型 3	0.024 19	良	1.000 01	好	0.275	优	1	好
模型 4	0.026 06	良	0.997 6	好	0.319	优	1	好
模型 5	0.028 37	良	0.998 0	好	0.417	良	0.8	良
平均值	0.020 75	良	0.998 8	好	0.214	优	1	好

从以上数据可以看出，利用 5 个 GM(1, 1)子模型组成的灰色预测模型群的平均值比每个单独子模型的精度高，说明这种模型的改进使用是有效的. 用该方法进行预测时多次考虑了近期数据对未来的影响，而对时间序列靠前的数据信息使用频率则相对减少. 特别是长江水质问题主要是近年来流域社会经济活动引起的，因此近期长江污染数据对未来水质变化趋势的影响也较以往更为重要. 所以这种处理方式是科学、合理的. 以灰色动态模型群统计均值作为预测结果，可以避免单一灰色模型容易受到不稳定信息干扰的缺陷，进一步提高了预测精度和预测结果的可靠性.

13.4.2 模型的改进二——等维灰数递补动态预测

前面的改进是 GM(1, 1)模型通过对数列长度的不同取舍组成模型群，可得到系列预测结果，从而组成一个预测灰区间，取其均值供决策使用. 但有时利用 GM(1, 1)模型预测所得灰区间过大而失去意义. 这是由于 GM(1, 1)模型预测灰平面成一喇叭型展开(图 13-2)，即预测时刻越远，预测的灰区间越大. 所以，用已知序列建 GM(1, 1)模型进行预测时，不用这个模型一直预测下去，而是只预测一个值，并将这个灰数补充在已知数列之后.

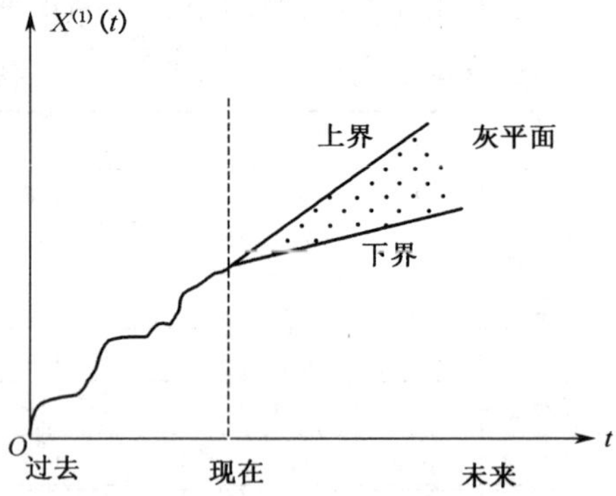

图 13-2 GM(1, 1)模型预测灰平面

为不增加序列长度去掉第一个已知数据，保持数据列的等维，再建立 GM(1, 1)模型. 这样“新陈代谢”，逐个预测依次替补，不断补充新的信息，使灰度逐步降低，直到完成预测目标或达到一定的精度要求为止. 这种方法称为“等维灰数递补动态预测”，可以达到两个目的：①及时补充和利用新的信息，提高灰区间的白化度. 显然，用改进后的新模型再去预测下一值，比继续用原模型进行预测要合理，且更接近实际. ②每预测一步模型，参数作一次更新，从而提高预测精度.

因此，对于一些提高精度的模型预测，应该采用等维灰数递补动态预测. 本文分别采用 10 个，9 个，8 个，7 个，6 个，5 个，4 个数据组成 10 维，9 维，8 维，7 维，6 维，5 维，4 维灰数列，进行递补动态预测，计算结果见表 13-8.

表 13-8 递补动态预测的计算结果

	11	12	13	14	15	16	17	18	19	20
10 维	303	324	346	367	390	419	443	472	503	536
9 维	305	326	346	368	396	419	447	477	508	541
8 维	306	325	345	372	393	419	447	476	507	540
7 维	304	322	348	367	391	417	444	473	503	536

续 表

	11	12	13	14	15	16	17	18	19	20
6 维	302	328	345	368	393	419	445	475	506	539
5 维	313	331	356	383	409	440	471	505	541	579
4 维	301	318	336	355	375	396	418	441	465	490
均值	305	325	346	369	392	418	445	474	505	537

13.5 本章小结

在“全国大学生数学建模竞赛”2005 年 A 题中还给出长江在过去 10 年中六类不同水质所占的百分比，据此也可以用同样方法对今后 10 年的长江六类不同水质所占的百分比趋势做出预测. 但其中有几种数列明显不是大惯性序列，有波动现象，建议采用灰色波动预测或拓扑灰预测，限于篇幅不在此处讨论. 总之，长江水质受人类社会经济活动等因素的影响很大，现有的水质数据只包含了已有的各种因素对水环境系统的影响，不可能包括未来出现的新因素（如流域社会经济活动的剧烈变化）对水环境系统的干扰与作用. 因而随着预测时间的延续，模型所得预测值也就不可能完全符合今后的实际情况. 鉴于此，可以考虑将今后每年所得到的新数据加入 $X^{(0)}$ 中重新建立模型群或“新陈代谢”递补数列进行预测.

14　北京地铁暗挖施工技术的评估分析

14.1　问题的提出

北京地下铁道建设近年来迅速发展，地铁工程的施工质量与安全始终是建设单位重中之重之大事．地铁工程具有施工技术相对复杂、安全风险很大的特点，目前各参建单位的施工技术水平又参差不齐．要保证地铁工程的施工质量与安全，其关键是采用合理的暗挖施工技术．因此，合理选用暗挖施工技术越来越引起建设单位和施工单位的高度重视．为了使在建和已建工程的地铁暗挖施工技术对下一段的地铁工程施工有一定的指导借鉴作用，笔者提出了用灰色聚类评估方法评价在建和已建地铁工程暗挖施工技术．此方法通过对地铁五号线工程暗挖施工技术的深入调研并进行综合分析，建立了暗挖施工技术的指标体系并使之定量化，采用灰色聚类评估方法构造出暗挖施工技术的评价模型，根据三个不同灰类的白化权函数值可确定在建和已建地铁工程各项暗挖施工技术的合理性程度，根据综合聚类系数可以判断某标段在建或已建地铁工程暗挖施工技术的整体水平．此方法克服了现行实际后评估方法的不足，提高了评估结果的辨析能力，有利于下一段地铁工程暗挖施工技术的扬长避短，以及建设单位对承包商施工技术综合水平的客观评价．

14.2　灰色聚类评估法概述

为了应用灰色聚类评估法对北京地铁暗挖施工技术进行评估分析，以下先简要介绍灰色聚类评估法．

一般地，我们将信息完全明确的系统称为白色系统，信息完全不明确的系统称为黑色系统，信息部分明确、部分不明确的系统称为灰色系统．当事物之间、因素之间相互关系复杂，特别是表面现象，变化的随机性容易混淆人们的直觉，掩盖事物的本质，使人们在认识、分析、预测、决策时，不容易形成明确的概念．这些都是灰色系统中的灰色因素．暗挖施工是一个综合系统，其评价指标体系多层次、多因素，而且各个指标常常是你高我低、此小彼大，对暗挖施工技术要作出客观、公正的综合评价，可以用灰色系统中的灰色聚类评估模型进行综合评价．

首先，根据影响效果的程度确定指标体系的层次、范围和内容；其次，使用层次分析法确定各层次各指标的权重；再者，我们所关注的对象具有许多个特征指标，难以进行准确的分类．而灰色聚类就是将一些观测指标聚集成若干个可定义类别的方法．

灰色白化权函数聚类就是用于检查观测对象是否属于事先设定的不同类别,例如"较差""一般""较好"三种灰类. 当聚类指标意义不同、量纲不同,且在数量上悬殊很大时,采用灰色定权聚类评估.

本文采用的方法是将层次分析法和灰色聚类评估法有机结合起来应用,运用此方法得到的评价结果,更具有科学性和实用性.

14.3 数学模型的建立——灰色聚类评估

14.3.1 评价指标体系的建立

评价指标体系的建立是根据地铁工程暗挖施工技术的组成以及超前支护的种类,并结合施工的先后顺序进行排列,其评价指标体系见表 14-1.

表 14-1 地铁暗挖施工技术综合评价指标体系

A	a_1	a_2	a_3	a_4	a_5	a_6	a_7	a_8	a_9
项目	超前长管棚及注浆	超前短管棚及注浆	超前大管棚及注浆	超前小导管注浆加固	开挖、支护	运输	通风	拱背回填注浆	超前地质探测

14.3.2 指标权重的确定

各指标权重的确定不能仅仅凭借经验或是带有主观随意性,必须具有一定的科学性. 根据地铁暗挖施工技术评价指标的多因素、多层次的特点,本文采用层次分析法确定因素权重. 其步骤如下:

(1) 构造判断矩阵

A 表示目标,a_i 表示评价因素($i=1, 2, \cdots, n$),a_{ij} 表示 a_j 的相对重要性数值($j=1, 2, \cdots, n$),按 1~9 自然数表示,根据因素的重要性大小排序建立指标的判断矩阵 $\mathbf{A}=(a_{ij})_{n\times n}$.

(2) 求出最大特征值 $\lambda_{\max}$,将对应的特征向量标准化得权重向量

$$\boldsymbol{w}_i=\frac{y_i}{\sum\limits_{i=1}^{n} y_i},\quad i=1, 2, \cdots, n.$$

(3) 判断矩阵的一致性检验

$$CI=\frac{\lambda_{\max}-n}{n-1},$$

式中,CI 为一致性的指标,RI 为平均随机一致性指标.

当矩阵满足 $CR=\dfrac{CI}{RI}<0.1$ 时,判断矩阵可以接受,否则判断矩阵必须进行

修改.

14.3.3 灰色评估

设有 n 个对象，m 个评估指标，s 个不同的灰类，对象 i 关于指标 j 的样本观测值为 x_{ij}，$i=1, 2, \cdots, n$，$j=1, 2, \cdots, m$，现根据 x_{ij} 的值对相应的对象 i 进行评估：

(1) 按照评估要求所需划分的灰类数 s，将各个指标的取值范围相应地划分为 s 个灰类，如将 j 指标划分为 $[a_1, a_2]$，$[a_2, a_3]$，$\cdots$，$[a_s, a_{s+1}]$.

(2) $\dfrac{a_k+a_{k+1}}{2}$ 属于第 k 个灰类的白化权函数值为 1，$\left(\dfrac{a_k+a_{k+1}}{2}, 1\right)$ 与第 $k-1$ 个灰类的起点 a_{k-1} 和第 $k+1$ 个灰类的终点 a_{k+2} 连接，得到 j 指标关于 k 灰类的三角白化权函数 $f_j^k(x)$，$j=1, 2, \cdots, m$. 对于 $f_j^1(x)$ 和 $f_j^s(x)$ 可分别将 j 指标取数域向左右延拓至 a_0，a_{s+2}. 对于 j 指标的一个观测值 x，可由公式

$$f_j^k(x)=\begin{cases} 0, & x \notin [a_{k-1}, a_{k+2}], \\ \dfrac{x - a_{k-1}}{\lambda_k - a_{k-1}}, & x \in [a_{k-1}, \lambda_k], \\ \dfrac{a_{k+2}-x}{a_{k+2}-\lambda_k}, & x \in [\lambda_k, a_{k+2}] \end{cases}$$

计算出其属于灰类 $k(k=1, 2, \cdots, s)$ 的隶属度 $f_j^k(x)$，其中 $\lambda_k=\dfrac{a_k+a_{k+1}}{2}$.

(3) 计算对象 i $(i=1, 2, \cdots, n)$ 关于灰类 $k(k=1, 2, \cdots, s)$ 的综合聚类系数 σ_i^k，$\sigma_i^k=\sum\limits_{j=1}^{m} f_j^k(x_{ij})\eta_j$，其中 $f_j^k(x_{ij})$ 为对象 i 在指标 j 下属于灰类 k 的三角白化权函数，η_j 为指标 j 在综合聚类中的权重.

(4) 由 $\max\limits_{1\leqslant k\leqslant s}\{\sigma_i^k\}=\sigma_i^{k^*}$，判断对象 i 属于灰类 k^*.

14.4 在建地铁工程某标段暗挖施工技术评估分析

14.4.1 指标体系的建立

通过北京市轨道交通建设管理有限公司组织的“北京地铁暗挖施工技术调研活动”和专家咨询相结合的方式，根据影响暗挖施工技术的因素分析，并结合施工先后顺序进行编号，分析整理出表 14-2 中前三列所示的地铁暗挖施工技术综合评价指标体系. 北京某在建地铁工程某标段暗挖施工技术各个指标实现值见表 14-3.

表 14-2　　　　　　　　地铁暗挖施工技术评价指标体系

代号	施工过程	指标	较差（$1\leqslant x<3$ 表示定性指标）	一般（$3\leqslant x<7$ 表示定性指标）	较好（$7\leqslant x<10$ 表示定性指标）	代号	权重
a_1	超前长管棚及注浆	1 使用设备	$a+d$	$A+b+d$	$a+b+c+d$	X_1	4.3
		工效(m/h) 2 黏性土	$0.5\leqslant x<1.8$	$1.8\leqslant x<4$	$4\leqslant x<7$	X_2	3
		3 砂性土	$0.8\leqslant x<2$	$2\leqslant x<4.5$	$4.5\leqslant x<7.5$	X_3	3
		4 注浆效果	扩散差	扩散一般	扩散均匀	X_4	3
a_2	超前短管棚及注浆	5 使用设备		TT145 夯捶	$e+f+g$	X_5	4.3
		工效(m/h) 6 黏性土	$0.5\leqslant x<1.8$	$1.8\leqslant x<4$	$4\leqslant x<7$	X_6	3
		7 砂性土	$0.8\leqslant x<2$	$2\leqslant x<4.5$	$4.5\leqslant x<7.5$	X_7	3
		8 注浆效果	扩散差	扩散一般	扩散均匀	X_8	3
a_3	超前大管棚及注浆	9 使用设备	潜孔钻机	XY-2 型	506 型 TT40 型	X_9	4.3
		工效(m/h) 10 黏性土	$0.3\leqslant x<1$	$1\leqslant x<2.5$	$2.5\leqslant x<5.5$	X_{10}	3
		11 砂性土	$0.5\leqslant x<1.2$	$1.2\leqslant x<3.5$	$3.5\leqslant x<6.5$	X_{11}	3
		12 注浆效果	扩散差	扩散一般	扩散均匀	X_{12}	3
a_4	超前小导管注浆加固	13 使用设备	7655 型 凿岩机	YT-27 型 凿岩机	YT-28 型 凿岩机	X_{13}	3.1
		工效(m/min) 14 黏性土	$0.05\leqslant x<0.1$	$0.1\leqslant x<0.35$	$0.35\leqslant x<1$	X_{14}	2
		15 砂性土	$0.1\leqslant x<0.2$	$0.2\leqslant x<0.45$	$0.45\leqslant x<1.1$	X_{15}	2
		16 布管	不规则	较规则	规则	X_{16}	2
		17 注浆效果	扩散差	扩散一般	扩散均匀	X_{17}	3.1
a_5	开挖、支护	18 开挖方法	矿山法	断面法	新澳法	X_{18}	3
		19 支撑形式	单一	组合形式	永久支护 70%	X_{19}	1.6
		20 进度	进度慢	进度一般	进度快	X_{20}	1.6
		21 拱脚防沉措施	无	托梁	锚杆或小导管	X_{21}	1.6
		22 监测评估	较差	一般	较好	X_{22}	2.5
a_6	运输	23 提升设备	卷扬机	电动葫芦	葫芦配矿渣机	X_{23}	3
		24 提升能力	不匹配	匹配	匹配	X_{24}	2.5
		25 满足情况	斜井	竖井	竖井	X_{25}	1.6
		26 运输方式	内燃牵引式结合矿车	大功率电瓶车结合梭矿车	大功率交直流电瓶车结合渣矿车	X_{26}	1.6
		27 环境效果	有污染	无污染	无污染	X_{27}	1.6
a_7	通风	28 通风方式	吸着式	压入式	组合式	X_{28}	4.3
		29 机具型号	国产轴流机	进口轴流机	进口轴流机配其他型通风机	X_{29}	3
		30 通风效果	差	一般	好	X_{30}	3
a_8	拱背回填注浆	31 使用设备	牛角泵	普通泵	高压泵	X_{31}	2.5
		工效(m^3/min) 32 黏性土	$0.01\leqslant x<0.02$	$0.02\leqslant x<0.1$	$0.1\leqslant x<0.4$	X_{32}	1.5

续 表

代号	施工过程	指标	较差($1\leqslant x<3$ 表示定性指标)	一般($3\leqslant x<7$ 表示定性指标)	较好($7\leqslant x<10$ 表示定性指标)	代号	权重
a_8	拱背回填注浆	33 砂性土 34 布管 35 注浆效果	$0.03\leqslant x<0.06$ 间距不均匀 达不到要求	$0.06\leqslant x<0.2$ 间距较均匀 止浆一般	$0.2\leqslant x<0.5$ 间距均匀 止浆好	X_{33} X_{34} X_{35}	1.5 1.5 2
a_9	超前地质探测	使用设备 36 钢花管技术 37 洛阳铲技术 工效(min/5 m) 38 钢花管技术 39 洛阳铲技术	 无探测 无探测 $18\leqslant x<27$ $130\leqslant x<150$	 黏性土 砂性土 $13\leqslant x<18$ $110\leqslant x<130$	 砂性土 黏性土 $7\leqslant x<13$ $40\leqslant x<110$	 X_{36} X_{37} X_{38} X_{39}	 2 2 2 2

说明 a 为水平定向钻机；b 为无线导向系统；c 为地磁地下定位系统；d 为 UB-8 型砂浆泵；e 为 XY-2 型钻机；f 为 506 型套管跟进式钻机；g 为 TT40 型套管跟进式钻机.

表 14-3　　北京某在建地铁某标段暗挖施工技术指标实现值

代号	X_1	X_2	X_3	X_4	X_5	X_6	X_7	X_8	X_9	X_{10}	X_{11}
实现值	9	2.5	5	8	9	3	4	4	9	3.5	4.5
代号	X_{12}	X_{13}	X_{14}	X_{15}	X_{16}	X_{17}	X_{18}	X_{19}	X_{20}	X_{21}	X_{22}
实现值	8	5	0.25	0.35	3.5	3	6	2.5	5	9	5.5
代号	X_{23}	X_{24}	X_{25}	X_{26}	X_{27}	X_{28}	X_{29}	X_{30}	X_{31}	X_{32}	X_{33}
实现值	5	5	5	5	4	4	4	2	8	0.2	0.3
代号	X_{34}	X_{35}	X_{36}	X_{37}	X_{38}	X_{39}					
实现值	7.5	6	8.5	9	8	120					

14.4.2　指标权重的确定

(1) 按步骤 14.3.2 的(1)和(2)确定的 a_1—a_9 判断矩阵和权重分配见表 14-4，但相互差距过大与实际不符. 此处将 1～9 度标法改为在 1～1.8 之间标法，得到修正后的 a_1—a_9 判断矩阵和权重分配见表 14-5.

(2) 按步骤 14.3.2 的(3)进行一致性检验，由表 14-4 计算出 $\lambda_{\max}=9.0046$，$CI=0.0006$. 根据美国运筹学家 T. L. Saaty 提出的 AHP(层次分析法)，在 1～1.8 范围随机取值构成 100 个 $n=9$ 的互反阵，从中算出的平均随机一致性指标 $RI=0.03473$，$CR=\dfrac{CI}{CR}<0.1$，权重可以接受. 再将权重分配至二级指标，得到表 14-4 的最后一列数据.

表 14-4　　a_1—a_9 第一次判断矩阵和权重分配表

A	a_1	a_2	a_3	a_4	a_5	a_6	a_7	a_8	a_9	W
a_1	1	1	1	2	3	3	3	4	5	0.2
a_2	1	1	1	2	3	3	3	4	5	0.2

续　表

A	a_1	a_2	a_3	a_4	a_5	a_6	a_7	a_8	a_9	W
a_3	1	1	1	2	3	3	3	4	5	0.2
a_4	0.5	0.5	0.5	1	2	2	2	3	4	0.12
a_5	0.33	0.33	0.33	0.5	1	1	1	2	3	0.07
a_6	0.33	0.33	0.33	0.5	1	1	1	2	3	0.07
a_7	0.33	0.33	0.33	0.5	1	1	1	2	3	0.07
a_8	0.25	0.25	0.25	0.33	0.5	0.5	0.5	1	2	0.04
a_9	0.2	0.2	0.2	0.25	0.33	0.33	0.33	0.5	1	0.03

表 14-5　　修正后的 a_1—a_9 判断矩阵和权重分配表

A	a_1	a_2	a_3	a_4	a_5	a_6	a_7	a_8	a_9	W
a_1	1	1	1	1.1	1.3	1.3	1.3	1.5	1.6	0.133
a_2	1	1	1	1.1	1.3	1.3	1.3	1.5	1.6	0.133
a_3	1	1	1	1.1	1.3	1.3	1.3	1.5	1.6	0.133
a_4	0.909	0.909	0.909	1	1.2	1.2	1.2	1.4	1.5	0.122
a_5	0.769	0.769	0.769	0.833	1	1	1	1.2	1.3	0.103
a_6	0.769	0.769	0.769	0.833	1	1	1	1.2	1.3	0.103
a_7	0.769	0.769	0.769	0.833	1	1	1	1.2	1.3	0.103
a_8	0.667	0.667	0.667	0.714	0.833	0.833	0.833	1	1.1	0.09
a_9	0.625	0.625	0.625	0.667	0.769	0.769	0.769	0.909	1	0.08

14.4.3　灰色聚类评估分析

(1) 从上得到对象有 39 个评估指标 X_1, X_2, …, X_{39}，将各个指标的取值范围相应地划分为三个不同的灰类“较差”“一般”“较好”. 三个灰类对应范围为 $[a_1, a_2]$, $[a_2, a_3]$, $[a_3, a_4]$，见表 14-6 第四列至第六列，其中有些指标的三个灰类区间是用定性表示，为了计算三角白化权函数，必须将定性指标转化为定量指标. 为此将定性指标用 1～10 范围来表示，并分为三个区间，$1\leqslant x<3$ 区间表示较差，$3\leqslant x<7$ 区间表示一般，$7\leqslant x<10$ 区间表示较好，见表 14-6 第四列至第六列的第一行.

(2) 按步骤 14.3.3 的(2)分别将 j 指标取数域向左右延拓至 a_0, a_{s+2} (表 14-6)，得到 j 指标关于 k 灰类的三角白化权函数 $f_j^k(x)$, $j=1, 2, \cdots, 39$, $k=1, 2, 3$. 从计算得出的 $f_j{}^1 \sim f_j{}^3$ 可以看出该标段暗挖施工技术的每个施工过程的技术处于哪个水平位置. 例如对于 X_6 指标，由延拓值 a_0, a_5 算出 $\lambda_1=(a_1+a_2)/2=1.15$, $\lambda_2=(a_2+a_3)/2=2.9$, $\lambda_3=(a_3+a_4)/2=5.5$，对于 X_6 指标的一个实现值 2.5，可由公式计算出其属于灰类 $k(k=1, 2, \cdots, s)$ 的隶属度 $f_6^k(x)$,

$$f_6^1(x)=\begin{cases}0, & x\notin[0.3, 4],\\ \dfrac{x-0.3}{1.15-0.3}, & x\in[0.3, 1.15],\\ \dfrac{4-x}{4-1.15}, & x\in[1.15, 4];\end{cases}$$

$$f_6^2(x)=\begin{cases}0, & x\notin[0.5, 7],\\ \dfrac{x-0.5}{2.9-0.5}, & x\in[0.5, 2.9],\\ \dfrac{7-x}{7-2.9}, & x\in[2.9, 7];\end{cases}$$

$$f_6^3(x)=\begin{cases}0, & x\notin[1.8, 10.5],\\ \dfrac{x-1.8}{5.5-1.8}, & x\in[1.8, 5.5],\\ \dfrac{10.5-x}{10.5-5.5}, & x\in[5.5, 10.5].\end{cases}$$

计算结果见表 14-6. 从表 14-6 第 12 列至第 14 列中 $f_6^1(x)=0.526$，$f_6^2(x)=0.833$，$f_6^3(x)=0.189$ 可以看出，该标段的长管棚用于黏土中支护的施工技术属于"一般"水平，由于 $f_6^1(x)=0.526$ 说明该标段的长管棚用于黏土中支护的施工技术属于中等偏下的水平.

表 14-6　　在建地铁某标段暗挖施工技术灰色聚类评估分析汇总表

	a_0	a_1	λ_1	a_2	λ_2	a_3	λ_3	a_4	a_5	实现值	f_1	f_2	f_3	η
X_1	0.5	1	2	3	5	7	8.5	10	10.5	9	0	0.200	0.750	4.3
X_2	0.3	0.5	1.15	1.8	2.9	4	5.5	7	12	2.5	0.526	0.833	0.189	3
X_3	0.5	0.8	1.4	2	3.25	4.5	6	7.5	13	5	0	0.588	0.750	3
X_4	0.5	1	2	3	5	7	8.5	10	10.5	8	0	0.400	0.909	3
X_5	0.5	1	2	3	5	7	8.5	10	10.5	9	0	0.200	0.750	4.3
X_6	0.3	0.5	1.15	1.8	2.9	4	5.5	7	12	3	0.351	0.976	0.324	3
X_7	0.5	0.8	1.4	2	3.25	4.5	6	7.5	13	4	0.161	0.824	0.500	3
X_8	0.5	1	2	3	5	7	8.5	10	10.5	4	0.600	0.750	0.182	3
X_9	0.5	1	2	3	5	7	8.5	10	10.5	9	0	0.200	0.750	4.3
X_{10}	0.1	0.3	0.65	1	1.75	2.5	4	5.5	11	3.5	0	0.533	0.833	3
X_{11}	0.3	0.5	0.85	1.2	2.35	3.5	5	6.5	12	4.5	0	0.482	0.868	3
X_{12}	0.5	1	2	3	5	7	8.5	10	10.5	8	0	0.400	0.909	3
X_{13}	0.5	1	2	3	5	7	8.5	10	10.5	5	0.400	1.000	0.364	3.1
X_{14}	0.02	0.05	0.075	0.1	0.225	0.35	0.675	1	1.5	0.25	0.364	0.968	0.261	2
X_{15}	0.05	0.1	0.15	0.2	0.325	0.45	0.775	1.1	1.6	0.35	0.333	0.968	0.261	2

续 表

	a_0	a_1	λ_1	a_2	λ_2	a_3	λ_3	a_4	a_5	实现值	f_1	f_2	f_3	η
X_{16}	0.5	1	2	3	5	7	8.5	10	10.5	3.5	0.700	0.625	0.091	2
X_{17}	0.5	1	2	3	5	7	8.5	10	10.5	3	0.800	0.500	0	3.1
X_{18}	0.5	1	2	3	5	7	8.5	10	10.5	6	0.200	0.800	0.545	3
X_{19}	0.5	1	2	3	5	7	8.5	10	10.5	2.5	0.900	0.375	0	1.6
X_{20}	0.5	1	2	3	5	7	8.5	10	10.5	5	0.400	1.000	0.364	1.6
X_{21}	0.5	1	2	3	5	7	8.5	10	10.5	9	0	0.200	0.750	1.6
X_{22}	0.5	1	2	3	5	7	8.5	10	10.5	5.5	0.300	0.900	0.455	2.5
X_{23}	0.5	1	2	3	5	7	8.5	10	10.5	5	0.400	1.000	0.364	3
X_{24}	0.5	1	2	3	5	7	8.5	10	10.5	5	0.400	1.000	0.364	2.5
X_{25}	0.5	1	2	3	5	7	8.5	10	10.5	5	0.400	1.000	0.364	1.6
X_{26}	0.5	1	2	3	5	7	8.5	10	10.5	5	0.400	1.000	0.364	1.6
X_{27}	0.5	1	2	3	5	7	8.5	10	10.5	4	0.600	0.750	0.182	1.6
X_{28}	0.5	1	2	3	5	7	8.5	10	10.5	4	0.600	0.750	0.182	4.3
X_{29}	0.5	1	2	3	5	7	8.5	10	10.5	4	0.600	0.750	0.182	3
X_{30}	0.5	1	2	3	5	7	8.5	10	10.5	2	1.000	0.250	0	3
X_{31}	0.5	1	2	3	5	7	8.5	10	10.5	8	0	0.400	0.909	2.5
X_{32}	0.005	0.01	0.015	0.02	0.06	0.1	0.25	0.4	0.8	0.2	0	0.588	0.783	1.5
X_{33}	0.01	0.03	0.045	0.06	0.13	0.2	0.35	0.5	1.0	0.3	0	0.541	0.828	1.5
X_{34}	0.5	1	2	3	5	7	8.5	10	10.5	7.5	0	0.500	0.818	1.5
X_{35}	0.5	1	2	3	5	7	8.5	10	10.5	6	0.200	0.800	0.545	2
X_{36}	0.5	1	2	3	5	7	8.5	10	10.5	8.5	0	0.300	1.000	2
X_{37}	0.5	1	2	3	5	7	8.5	10	10.5	9	0	0.200	0.750	2
X_{38}	−36	−27	−22.5	−18	−15.5	−13	−10	−7	−5	−8	0	0.118	0.600	2
X_{39}	−180	−150	−140	−130	−120	−110	−75	−40	−20	−120	0.333	1.000	0.182	2

(3) 某标段暗挖施工技术实力关于三个灰类的综合聚类系数 σ^k，$\sigma^k = \sum_{j=1}^{39} f_j^k(x_j)\eta_j$，得到 $\sigma^1 = 27.7$，$\sigma^2 = 61.3$，$\sigma^3 = 49.8$.

(4) 由 $\max_{1\leqslant k\leqslant 3}\{\sigma^k\} = \sigma^2$，可以认为该标段的暗挖施工技术整体水平仍属于第二灰类“一般”灰类；但 $\sigma^3 = 49.8$ 与 $\sigma^2 = 61.3$ 较接近，说明某标段的暗挖施工技术整体水平比较接近“较好”灰类，即某标段的暗挖施工技术属于中等偏上水平.

(5) 由表 14-6 可以看出，影响该标段的暗挖施工技术整体水平的主要原因是 X_2，X_8，X_{16}，X_{17}，X_{19}，X_{27}，X_{28}，X_{29}，X_{30}，该标段施工单位要使地铁暗挖施工技术整体水平处于较高水平，就首先必须重点解决通风方式和通风设备以便改善通风效果，其次解决运输提升能力、小导管布管、注浆效果、长管棚在黏土中支护的速度、短管棚的注浆等问题.

14.5 本章小结

地铁暗挖施工质量与安全问题是政府和百姓都十分关注的问题. 合理的暗挖施工技术是确保地铁施工质量和安全的关键所在. 本章应用层次分析法和灰色聚类评估相结合的方法对实际地铁工程项目的暗挖施工技术进行评估分析，评价结果证明了运用此方法能够客观地评价在建地铁暗挖施工技术的合理性程度和整体水平状况，能够为后续地铁工程施工提供指导借鉴作用，能够为建设单位选择施工单位提供科学的评价依据，为地铁工程暗挖施工技术评估分析提供新的思路和方法.

15　水塔流量估计

15.1　问题的提出

某居民区有一供居民用水的圆柱形水塔，高 12.2 m，直径 17.4 m. 一般可以通过测量水塔的水位来估计水的流量，但问题是当水位下降至 8.2 m 时，水泵自动启动向水塔供水，到水位升至约 10.8 m 时，水泵停止供水，这段时间无法测量水塔的水位和供水量. 通常水泵每天供水两次，每次约 2 h.

表 15-1 是某一天的水位测量记录，试估计任何时刻（包括水泵正在供水的时刻）从水塔流出的水流量以及一天的用水量.

表 15-1　　水位测量记录表

时刻/h	0	0.92	1.84	2.95	3.87	4.98	5.90
水位/m	9.68	9.48	9.31	9.13	8.98	8.81	8.69
时刻/h	7.01	7.93	8.97	9.98	10.92	10.95	12.03
水位/m	8.52	8.39	8.22	//	//	10.82	10.50
时刻/h	12.95	13.88	14.98	15.90	16.83	17.93	19.04
水位/m	10.21	9.94	9.65	9.41	9.18	8.92	8.66
时刻/h	19.96	20.84	22.01	22.96	23.88	24.99	25.91
水位/m	8.43	8.22	//	//	10.59	10.35	10.18

说明　//表示水泵启动；本问题是“美国大学生数学建模竞赛”1991 年 A 题.

15.2　问题的分析

根据表 15-1 的测量记录可以得知，在一天中有三个时段水泵不工作，可以测到水位，虽然测量水位的时刻的间隔是不均匀的，但都是约隔一小时测量一次. 在一天当中，还有两个时段水泵在工作，这两个时段都无法测量水塔的水位和水泵的供水量. 要根据水位测量记录，估计任何时刻（包括水泵正在供水的时刻）从水塔流出的水流量（简称水流量）以及一天的用水量.

首先，分析水泵不工作的三个时段. 水流量是单位时间内从水塔流出的水的体积，而这三个时段水泵没有供水，所以水流量即水塔内水的体积关于时间的一阶导数

(取绝对值). 因为水塔为正圆柱,水塔内水的体积与水位成正比,所以水流量可以由水位关于时间的一阶导数算出(取绝对值,并乘以水塔的横截面积). 但是水位关于时间的函数关系未知,而约隔一小时测量一次的时刻和水位的数据已知,所以要用数值微分方法才能估计水泵不工作的三个时段的任意时刻的水流量. 由于测量水位的时刻的间隔是不均匀的,所以不能采用数值微分三点公式,可以采用"三次样条法":分别由水泵不工作的三个时段的时刻和水位的测量数据计算三次样条来逼近水位对时间的函数,然后用三次样条的一阶导数来逼近水流量对时间的函数.

一天的用水量可以由水流量对时间积分得到. 假如已知任意时刻的水流量,那么采用复化梯形求积公式计算水流量对时间的数值积分,就可以得到一天的用水量. 困难在于有两个时段水泵在工作,水塔内水的体积关于时间的一阶导数既包含从水塔流出的水流量(负的),又包含从水泵注入水塔的水流量(正的),是二者的代数和,但是这两个时段都无法测量水塔的水位和水泵的供水量,所以不能直接估计从水塔流出的水流量,并且使得估计一天的用水量也受到阻碍.

解决这个困难的基本想法是将水泵不工作的三个时段的任意时刻水流量光滑地连起来. 这样的连接应满足四个条件:水流量在左、右端点连续,水流量对时间的一阶导数在左、右端点(水泵工作时段的始末时刻)连续. 四个条件一般可以唯一地决定一个三次多项式. 而前述四个条件所决定的三次多项式正好是给定左右端点一阶导数的三次样条的特殊情况——仅有一段. 因此,可以计算得到两个三次多项式,作为水泵工作的两个时段的任意时刻的水流量的估计.

于是,将水泵不工作的三个时段的任意时刻水流量(三个分段二次多项式)和水泵工作的两个时段的任意时刻水流量(两个三次多项式)合并成一个分段多项式形式的函数,就得到对任意时刻的水流量的估计. 为了避免对分段函数的繁琐处理,可以技巧性地运用 MATLAB 函数 mkpp,将水泵不工作的三个时段的任意时刻水流量都写成分段三次多项式的形式.

最后,我们可以从水位差、周期性以及生活常识等角度进行模型检验.

15.3 模型假设

(1) 水塔为标准圆柱体,横截面积是常数,水位是从水塔内底面算起;

(2) 按照 Torricelli 定律,从小孔流出的流体的流量正比于水面高度的平方根,因为题目给出的最高水位 10.8 m 与最低水位 8.2 m 相差不算大,所以忽略水位对流量的影响;

(3) 在水泵不工作的时段,水位关于时间的函数可以用三次样条逼近;

(4) 在任意时刻,从水塔流出的水流量关于时间的函数可以用分段的至多三次多项式逼近,而且存在连续的一阶导函数.

15.4 符 号 说 明

$r = 8.7$ m ——水塔半径；

$S = \pi r^2 = 237.79$ m^2 ——水塔横截面面积；

t ——时刻(从第一天的 0 时算起)(h)；

$\boldsymbol{t}_i (i = 1, 2, 3)$ ——在水泵不工作的第 i 个时段，时刻的测量数据向量(h)；

$\boldsymbol{x}_i (i = 1, 2, 3)$ ——在水泵不工作的第 i 个时段，水位的测量数据向量(m)；

$x_i(t)(i = 1, 2, 3)$ ——在水泵不工作的第 i 个时段，水位关于时间的函数的三次样条逼近(m)；

$f_i(t)(i = 1, 2, 3)$ ——在水泵不工作的第 i 个时段，从水塔流出的水流量关于时间的函数的分段多项式逼近(m^3/h)；

$f_i(t)(i = 4, 5)$ ——在水泵工作的第 $i-3$ 个时段，从水塔流出的水流量关于时间的函数的三次多项式逼近(m^3/h)；

$f(t)$ ——在题目所给的全部时段，从水塔流出的水流量关于时间的函数的分段多项式逼近(m^3/h)；

V ——一天(从 0 时到 24 时)用水量的估计值(m^3).

15.5 模型建立和算法设计

第 1 步，在水泵不工作的第 i 个时段，根据假设(3)，由数据向量 $\boldsymbol{t}_i$ 和 $\boldsymbol{x}_i$ 计算得到的三次样条 $x_i(t)(i = 1, 2, 3)$ 就是对水位关于时刻的函数的逼近. 三次样条的边界条件取第二种边界条件，即多项式插值确定左、右端点的斜率，用 MATLAB 样条工具箱函数 csape 计算. 虽然第三个时段的数据向量 $\boldsymbol{t}_3$ 和 $\boldsymbol{x}_3$ 只有三个元素，$x_3(t)$ 其实是一个二次多项式，本来可用 MATLAB 函数 polyfit 由数据向量 $\boldsymbol{t}_3$ 和 $\boldsymbol{x}_3$ 计算得到，但是用 csape 计算不但得到相同的结果，而且编程效率更高.

第 2 步，根据假设(1)，有

$$f_i(t) = -\frac{\mathrm{d}}{\mathrm{d}t}[Sx_i(t)] = -S\frac{\mathrm{d}[x_i(t)]}{\mathrm{d}t}, \quad i = 1, 2, 3. \qquad (15.5.1)$$

由于在水泵不工作的三个时段，水位都是减函数，而从水塔流出的水流量是非负实数，所以在式(15.5.1)中添加了负号. 由式(15.5.1)计算 $f_i(t)(i = 1, 2, 3)$，$f_i(t)$ 的系数矩阵可以由 $x_i(t)$ 的系数矩阵计算得到，并且在系数矩阵的左边都添加一列 0，补足三次幂项的系数，运用 MATLAB 函数 mkpp 创建成分段三次多项式形式的 $f_i(t)(i = 1, 2, 3)$. 其实，$f_i(t)(i = 1, 2)$ 是分段二次多项式，$f_3(t)$ 是一次多项式，都创建成分段三次多项式形式，目的是为了在第 5 步可以很方便地用 mkpp 合成 $f(t)$. 在这里，系数矩阵是指分段多项式的系数矩阵. 并且用到以下事实：

如果

$$p(x)=c_1(x-a)^3+c_2(x-a)^2+c_3(x-a)+c_4,$$

那么

$$p'(x)=3c_1(x-a)^2+2c_2(x-a)+c_3.$$

第 3 步，对于水泵工作的第一个时段，计算 $f_4(t)$. 根据假设(4)要求的一阶光滑性，$f_4(t)$ 必须满足

$$\begin{cases} f_4(8.97)=f_1(8.97), \\ f'_4(8.97)=f'_1(8.97), \\ f_4(10.95)=f_2(10.95), \\ f'_4(10.95)=f'_2(10.95). \end{cases}$$

$f_4(t)$ 是经过 $(8.97,\ f_4(8.97))$ 和 $(10.95,\ f_4(10.95))$ 两个结点，并且给定一阶导数 $f'_4(8.97)$ 和 $f'_4(10.95)$ 的三次样条，可以用 MATLAB 样条工具箱函数 csape 计算得到. 由第 2 步的计算结果可计算得到这些结点和导数的具体数值.

第 4 步，对于水泵工作的第二个时段，计算 $f_5(t)$. 根据假设(4)要求的一阶光滑性，$f_5(t)$ 必须满足

$$\begin{cases} f_5(20.84)=f_2(20.84), \\ f'_5(20.84)=f'_2(20.84), \\ f_5(23.88)=f_3(23.88), \\ f'_5(23.88)=f'_3(23.88). \end{cases}$$

$f_5(t)$ 就是经过 $(20.84,\ f_5(20.84))$ 和 $(23.88,\ f_5(23.88))$ 两个结点，并且给定一阶导数 $f'_5(20.84)$ 和 $f'_5(23.88)$ 的三次样条，可以用 MATLAB 样条工具箱函数 csape 计算得到. 由第 2 步的计算结果可计算得到这些结点和导数的具体数值.

第 5 步，运用 MATLAB 函数 mkpp 将 $f_i(t)(i=1,\ 2,\ 3,\ 4,\ 5)$ 合并成分段三次多项式形式的 $f(t)$.

第 6 步，根据 $f(t)$ 得到从 0 时到 24 时步长为 0.01 的时刻对应的水流量，然后用复化梯形求积公式，即 MATLAB 函数 trapz，计算一天用水量 $V=\int_0^{24} f(t)\mathrm{d}t$.

15.6 模型求解

第 1 步，在水泵不工作的第 i 个时段由数据向量 $\boldsymbol{t}_i$ 和 $\boldsymbol{x}_i$ 计算得到三次样条 $x_i(t)$，并绘制 $\boldsymbol{x}_i$ 关于 $\boldsymbol{t}_i$ 的散点图和 $x_i(t)(i=1,\ 2,\ 3)$ 的函数图像. MATLAB 程序如下：

```
r = 17.4/2; S = pi * r^2;
t1 = [0, 0.92, 1.84, 2.95, 3.87, 4.98, 5.90, 7.01, 7.93, 8.97];
```

```
x1 = [9.68, 9.48, 9.31, 9.13, 8.98, 8.81, 8.69, 8.52, 8.39, 8.22];
t2 = [10.95, 12.03, 12.95, 13.88, 14.98, 15.90, 16.83, 17.93, 19.04,
19.96, 20.84];
x2 = [10.82, 10.50, 10.21, 9.94, 9.65, 9.41, 9.18, 8.92, 8.66,
8.43, 8.22];
t3 = [23.88, 24.99, 25.91];
x3 = [10.59, 10.35, 10.18];
xpp1 = csape(t1,x1);  % 水泵不工作的第一个时段的三次样条逼近
xpp2 = csape(t2,x2);  % 水泵不工作的第二个时段的三次样条逼近
xpp3 = csape(t3,x3);  % 水泵不工作的第三个时段的三次样条逼近
figure(1)             % 图 15-1
plot(t1,x1,'ko', 0:.01:8.97,ppval(xpp1, 0:.01:8.97),'k',...
t2,x2,'ko', 10.95:.01:20.84,ppval(xpp2, 10.95:.01:20.84),'k',...
t3,x3,'ko', 23.88:.01:25.91,ppval(xpp3, 23.88:.01:25.91),'k')
axis([0, 26, 8, 11]), grid on
xlabel('h')
ylabel('m')
```

结果如图 15-1 所示.

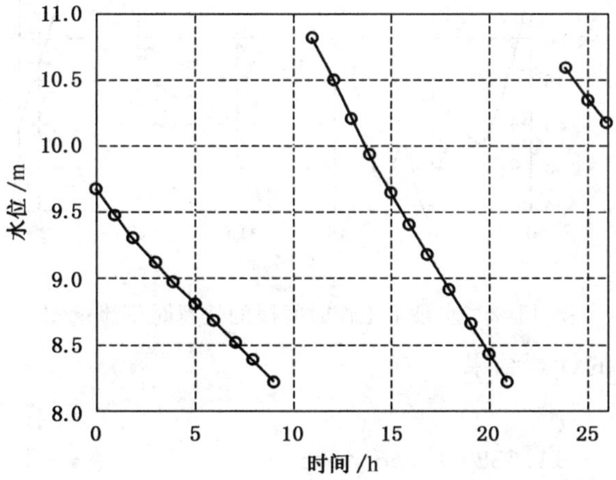

图 15-1　水泵不工作时间段的任意时刻水位图

第 2 步,在水泵不工作的第 i 个时段,创建分段三次多项式形式的 $f_i(t)$,并绘制 $f_i(t)(i=1, 2, 3)$ 的函数图像. MATLAB 程序如下:

```
fc1 = [zeros(xpp1.pieces, 1), 3.*xpp1.coefs(:, 1),... 2.*xpp1.coefs
(:, 2),xpp1.coefs(:, 3)].*(-S)
fpp1 = mkpp(t1,fc1)       % 水泵不工作第一个时段水流量的分段多项式逼近
```

```
fc2 = [zeros(xpp2.pieces, 1), 3. * xpp2.coefs(:, 1),... 2. * xpp2.coefs(:, 2),xpp2.coefs(:, 3)]. * (-S)
fpp2 = mkpp(t2,fc2)        % 水泵不工作第二个时段水流量的分段多项式逼近
fc3 = [zeros(xpp3.pieces, 1), 3. * xpp3.coefs(:, 1),... 2. * xpp3.coefs(:, 2),xpp3.coefs(:, 3)]. * (-S)
fpp3 = mkpp(t3,fc3)        % 水泵不工作第三个时段水流量的分段多项式逼近
figure(2)                  % 图 15-2
plot(0:.01:8.97,ppval(fpp1, 0:.01:8.97),'k',...
10.95:.01:20.84,ppval(fpp2, 10.95:.01:20.84),'k',...
23.88:.01:25.91,ppval(fpp3, 23.88:.01:25.91),'k')
axis([0, 26, 30, 76]), grid on
xlabel('h')
ylabel('m^3/h')
```

结果如图 15-2 所示.

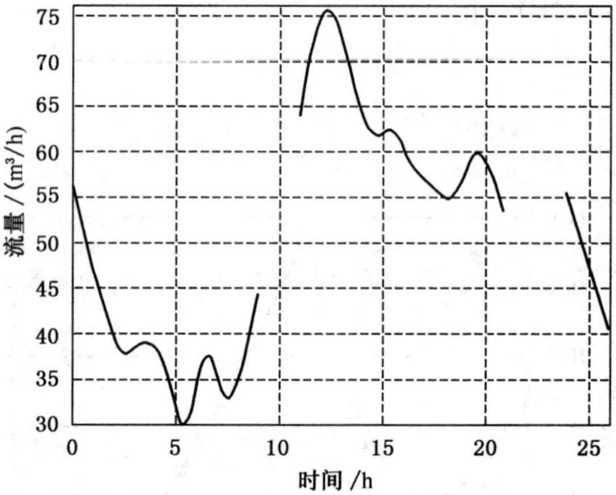

图 15-2　水泵不工作时间段的任意时刻流量图

命令窗口显示的计算结果:

```
fc1 =

   0     1.8897   -11.5387    56.4675
   0     0.6946    -8.0617    47.4513
   0     4.1454    -6.7837    40.6225
   0    -1.9260     2.4192    38.2002
   0    -4.2699    -1.1246    38.7957
   0    12.7854   -10.6039    32.2863
   0    -9.9968    12.9212    33.3523
   0     8.8171    -9.2717    35.3777
   0     2.6171     6.9518    34.3106
```

```
fpp1 =
        form: 'pp'
        breaks: [0    0.9200    1.8400    2.9500    3.8700    4.9800    5.9000
7.0100    7.9300    8.9700]
        coefs: [9x4 double]
        pieces: 9
        order: 4
        dim: 1
fc2 =
     0    -5.1472    15.6446    64.0086
     0    -7.1908     4.5267    74.9011
     0     0.3577    -8.7044    72.9794
     0     4.7534    -8.0391    65.1937
     0    -4.1937     2.4183    62.1022
     0     1.7127    -5.2982    60.7775
     0     0.0860    -2.1126    57.3315
     0     4.0264    -1.9233    55.1117
     0    -6.0892     7.0153    57.9377
     0    -2.5188    -4.1888    59.2379
fpp2 =
        form: 'pp'
        breaks: [10.9500    12.0300    12.9500    13.8800    14.9800    15.9000
16.8300    17.9300    19.0400    19.9600    20.8400]
        coefs: [10x4 double]
        pieces: 10
        order: 4
        dim: 1
fc3 =
     0    0         -7.3640    55.5005
     0    0.0000    -7.3640    47.3264
fpp3 =
        form: 'pp'
        breaks: [23.8800 24.9900 25.9100]
        coefs: [2x4 double]
        pieces: 2
        order: 4
        dim: 1
```

说明　根据保存 $f_i(t)$ 的分段多项式信息的结构数据 fppi(系数矩阵为 fci) ($i=1,2,3$) 可以得知 $f_i(t)$ ($i=1,2$) 是分段二次多项式,而 $f_3(t)$ 是一次多项式.

第 3 步,在水泵工作的第一个时段,计算三次样条 $f_4(t)$. MATLAB 程序如下:

```
f1 = ppval(fpp1,t1(end))                  % 左端点的水流量
d1f1 = 2. * fc1(end, 2). * (t1(end) - t1(end - 1)) + fc1(end, 3)
                                          % 左端点水流量一阶导数
f2 = ppval(fpp2,t2(1))                    % 右端点的水流量
d1f2 = fc2(1, 3)                          % 右端点水流量一阶导数
fpp4 = csape([t1(end), t2(1)], [d1f1,f1,f2,d1f2], 'complete')
```

命令窗口显示的计算结果:

```
f1 =
    44.3711
d1f1 =
    12.3953
f2 =
    64.0086
d1f2 =
    15.6446
fpp4 =
        form: 'pp'
        breaks: [8.9700 10.9500]
        coefs: [2.0927 -5.3947 12.3953 44.3711]
        pieces: 1
        order: 4
        dim: 1
```

说明　根据保存 $f_4(t)$ 的分段多项式信息的结构数据 fpp4(系数矩阵为 fpp4.coefs)可以得知 $f_4(t)$ 是三次多项式.

第 4 步,在水泵工作的第二个时段,计算三次样条 $f_5(t)$. MATLAB 程序如下:

```
f3 = ppval(fpp2,t2(end))                  % 左端点的水流量
d1f3 = 2. * fc2(end, 2). * (t2(end) - t2(end - 1)) + fc2(end, 3)
                                          % 左端点水流量一阶导数
f4 = ppval(fpp3,t3(1))                    % 右端点的水流量
d1f4 = fc3(1, 3)                          % 右端点水流量一阶导数
fpp5 = csape([t2(end), t3(1)], [d1f3, f3, f4, d1f4], 'complete')
```

命令窗口显示的计算结果:

```
f3 =
```

```
    53.6012
d1f3 =
    -8.6218
f4 =
    55.5005
d1f4 =
    -7.3640
fpp5 =
    form: 'pp'
    breaks: [20.8400 23.8800]
    coefs: [-1.8650 8.7112 -8.6218 53.6012]
    pieces: 1
    order: 4
    dim: 1
```

说明 根据保存 $f_5(t)$ 的分段多项式信息的结构数据 fpp5(系数矩阵为 fpp5.coefs)可以得知 $f_5(t)$ 是三次多项式.

第 5 步,用 MATLAB 函数 mkpp 将 $f_i(t)(i=1, 2, 3, 4, 5)$ 合并成分段三次多项式形式的 $f(t)$,并绘制函数图像. MATLAB 程序如下:

```
t=[t1,t2,t3];
fc=[fc1; fpp4.coefs; fc2; fpp5.coefs; fc3]
                              % f(t)的分段三次多项式系数矩阵
fpp=mkpp(t,fc)                % 分段多项式逼近全部时段从水塔流出的水流量
figure(3)                     % 图 15-3
plot(0:.01:25.91,ppval(fpp, 0:.01:25.91),'k')
axis([0, 26, 30, 76]), grid on
xlabel('h')
ylabel('m^3/h')
```

结果如图 15-3 所示.

命令窗口显示的计算结果:

```
fc =
   0     1.8897   -11.5387   56.4675
   0     0.6946    -8.0617   47.4513
   0     4.1454    -6.7837   40.6225
   0    -1.9260     2.4192   38.2002
   0    -4.2699    -1.1246   38.7957
   0    12.7854   -10.6039   32.2863
```

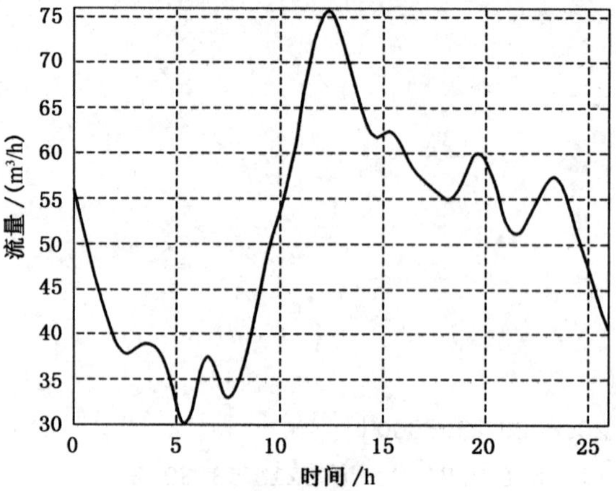

图 15-3　任意时刻流量图

0	−9.9968	12.9212	33.3523
0	8.8171	−9.2717	35.3777
0	2.6171	6.9518	34.3106
2.0927	−5.3947	12.3953	44.3711
0	−5.1472	15.6446	64.0086
0	−7.1908	4.5267	74.9011
0	0.3577	−8.7044	72.9794
0	4.7534	−8.0391	65.1937
0	−4.1937	2.4183	62.1022
0	1.7127	−5.2982	60.7775
0	0.0860	−2.1126	57.3315
0	4.0264	−1.9233	55.1117
0	−6.0892	7.0153	57.9377
0	−2.5188	−4.1888	59.2379
−1.8650	8.7112	−8.6218	53.6012
0	0	−7.3640	55.5005
0	0.0000	−7.3640	47.3264

```
fpp =
    form: 'pp'
    breaks: [1x24 double]
    coefs: [23x4 double]
    pieces: 23
```

```
order: 4
dim: 1
```

第 6 步，计算第一天(从 0 时到 24 时)的用水量的估计值. MATLAB 程序如下：

```
V = trapz(0:.01:24,ppval(fpp, 0:.01:24))
```

命令窗口显示的计算结果：

```
V  = 1.2431e + 003.
```

也就是说一天的用水量估计为 1 234.1 m^3.

15.7 模 型 检 验

首先,水泵不工作的三个时段的用水量可以分别由测量记录直接得到,可以用来作模型检验.

水泵不工作第一个时段的用水量为 $(9.68-8.22)S=1.46\ S(m^3)$；

水泵不工作第二个时段的用水量为 $(10.82-8.22)S=2.60\ S(m^3)$；

水泵不工作第三个时段的用水量为 $(10.59-10.18)S=0.41\ S(m^3)$.

在理论上,根据式(15.5.1)，$f_i(t)$ 在对应时段对 t 积分肯定等于水泵不工作的第 $i(i=1, 2, 3)$ 个时段的用水量. 只需检验数值积分算法的误差. MATLAB 程序如下：

```
h1 = trapz(0:.01:8.97,ppval(fpp, 0:.01:8.97)./S)
h2 = trapz(10.95:.01:20.84,ppval(fpp, 10.95:.01:20.84)./S)
h3 = trapz(23.88:.01:25.91,ppval(fpp, 23.88:.01:25.91)./S)
```

命令窗口显示的计算结果：

```
h1 = 1.4600
h2 = 2.6000
h3 = 0.4100
```

计算结果与实际的水位落差 1.46 m，2.6 m 和 0.41 m 相比较,完全一样,看不出算法存在任何误差.

其次,既然题目给了将近 26 h 的测量数据,那么可以检查任意时刻从水塔流出的水流量的逼近函数 $f(t)$ 的“周期性”,即相隔 24 h 的水流量是否近似. 当然，题目只提到所给的数据(表 15-1)是某天的测量数据,不应该理解成 $f(t)$ 是以 24 h 为周期的函数. 事实上,从水塔流出的水流量受到很多随机因素的影响,要求它每天重复一样是过分苛刻的. 但是在凌晨 0 时至 2 时之间,相隔 24 h 的 $f(t)$ 会不会比较接近呢? 执行以下 MATLAB 命令：

```
ppval(fpp,[0:.25:2;24:.25:26])
```

命令窗口显示的计算结果：

```
ans =
```

56.4675　53.7010　51.1706　48.8764　46.8108　44.8666　43.0092
41.2386　39.6432

54.6168　52.7758　50.9348　49.0938　47.2528　45.4117　43.5707
41.7297　39.8887

计算结果说明在凌晨 0 时至 2 时之间，相隔 24 小时的 $f(t)$ 的确很接近，由图 15-3也可以粗略地发现同样的现象.

最后，从图 15-3 发现任意时刻从水塔流出的水流量的逼近函数 $f(t)$ 所反映的“用水规律”是符合生活常识的.

综上所述，我们的模型和算法所得到的解答是合理的.

16　投资的收益和风险问题

16.1　问题的提出

市场上有 n 种资产(如股票,债券等) $S_i(i=1, 2, \cdots, n)$ 供投资者选择,某公司有一笔的资金可用作一个时期的投资.公司财务分析人员对这 n 种资产进行了评估,估算出在这一时期内购买 S_i 的平均收益率为 r_i,并预测出购买 S_i 的风险损失率为 q_i.考虑到投资越分散,总的风险越小,公司确定:当用这笔资金购买若干种资产时,总体风险可用所投资的 S_i 中最大的一个风险来度量.购买 S_i 要付交易费,费率为 p_i.另外,假定同期银行存款利率 r_0 为 5%,且既无交易费又无风险.

(1) 已知 $n=4$ 时的相关数据(表 16-1),试给该公司设计一种投资组合方案,即用给定的资金,有选择地购买若干种资产或存银行生息,使净收益尽可能大,而总体风险尽可能小.

(2) 试就一般情况对以上问题进行讨论,并利用表 16-2 的数据进行计算.

表 16-1　　n=4 时的相关数据

S_i	r_i	q_i	p_i
S_1	28%	2.5%	1%
S_2	21%	1.5%	2%
S_3	23%	5.5%	4.5%
S_4	25%	2.6%	6.5%

表 16-2　　另一批资产的相关数据

S_i	r_i	q_i	p_i
S_1	9.6%	42%	2.1%
S_2	18.5%	54%	3.2%
S_3	49.4%	60%	6.0%
S_4	23.9%	42%	1.5%
S_5	8.1%	1.2%	7.6%
S_6	14%	39%	3.4%
S_7	40.7%	68%	5.6%
S_8	31.2%	33.4%	3.1%

续　表

S_i	r_i	q_i	p_i
S_9	33.6%	53.3%	2.7%
S_{10}	36.8%	40%	2.9%
S_{11}	11.8%	31%	5.1%
S_{12}	9%	5.5%	5.7%
S_{13}	35%	46%	2.7%
S_{14}	9.4%	5.3%	4.5%
S_{15}	15%	23%	7.6%

说明　本问题由"全国大学生数学建模竞赛"1998 年 A 题改编.

16.2　模型的建立

由题意,假设 r_i, q_i, p_i 均严格大于 0 $(i=1, 2, \cdots, n)$. 记 x_i 为购买资产 S_i 所用的资金占总资金的比例 $(i=1, 2, \cdots, n)$, x_0 为存银行的资金占总资金的比例,即投资组合 $\boldsymbol{x}=(x_0, x_1, \cdots, x_n)$ 要满足总资金约束:

$$F(\boldsymbol{x})=\sum_{i=0}^{n} x_i=1.$$

对 $S_i(i=1, 2, \cdots, n)$ 投资的净收益率(即净收益与总资金的比值)为

$$(1+r_i)\frac{x_i}{1+p_i}-x_i=\frac{r_i-p_i}{1+p_i}x_i.$$

所以投资组合 $\boldsymbol{x}=(x_0, x_1, \cdots, x_n)$ 的总净收益率(即总净收益与总资金的比值)为

$$R(\boldsymbol{x})=r_0x_0+\sum_{i=1}^{n}\frac{r_i-p_i}{1+p_i}x_i.$$

对 $S_i(i=1, 2, \cdots, n)$ 投资的风险损失率(即风险损失与总资金的比值)为

$$\frac{q_ix_i}{1+p_i}.$$

由题意知,投资组合 $\boldsymbol{x}=(x_0, x_1, \cdots, x_n)$ 的总体风险损失率(即总体风险损失与总资金的比值)为

$$Q(\boldsymbol{x})=\max\frac{q_ix_i}{1+p_i}, \ 1\leqslant i\leqslant n.$$

题目要求寻找投资组合 $\boldsymbol{x}=(x_0, x_1, \cdots, x_n)$,满足总资金约束,使得总净收益率 $R(\boldsymbol{x})$ 尽可能大,而总体风险损失率 $Q(\boldsymbol{x})$ 尽可能小,这其实是双目标优化问题:

$$\min\left\{\begin{pmatrix}Q(\boldsymbol{x})\\ -R(\boldsymbol{x})\end{pmatrix}: F(\boldsymbol{x})=1, \ \boldsymbol{x}\geqslant\boldsymbol{0}\right\}.$$

上述双目标优化问题有多种方式转化为单目标优化问题，主要有以下三种模型：

模型一：给定风险水平 $a \geqslant 0$，使总净收益率 $R(\boldsymbol{x})$ 达到最大：

$$\max R(\boldsymbol{x}),$$

$$\text{s. t.} \quad Q(\boldsymbol{x}) \leqslant a,\ F(\boldsymbol{x}) = 1,\ \boldsymbol{x} \geqslant \boldsymbol{0}.$$

模型二：给定收益水平 $b \geqslant 0$，使总体风险损失率 $Q(\boldsymbol{x})$ 达到最小：

$$\min Q(\boldsymbol{x}),$$

$$\text{s. t.} \quad R(\boldsymbol{x}) \geqslant b,\ F(\boldsymbol{x}) = 1,\ \boldsymbol{x} \geqslant 0.$$

模型三：给定风险——收益偏好系数 $\rho(0 \leqslant \rho \leqslant 1)$，使总体风险损失率 $R(\boldsymbol{x})$ 和总体风险损失率 $Q(\boldsymbol{x})$ 的加权组合目标函数达到最大：

$$\max (1-\rho)R(\boldsymbol{x}) - \rho Q(\boldsymbol{x}),$$
$$\text{s. t.} \quad F(\boldsymbol{x}) = 1,\ \boldsymbol{x} \geqslant \boldsymbol{0}.$$

在以上三个模型中，分别选择 a, b 和 ρ 的不同的值来求解，可揭示投资组合的总净收益率和总体风险之间的相互依存规律，再根据投资者对风险的承受能力，确定投资方案.

16.3 模型一的启发式解法

以上模型一是线性规划模型：

$$\max R(\boldsymbol{x}) = r_0 x_0 + \sum_{i=1}^{n} \frac{r_i - p_i}{1 + p_i} x_i,$$

$$\text{s. t.} \begin{cases} \dfrac{q_i x_i}{1 + p_i} \leqslant a, \quad i = 1,\ 2,\ \cdots,\ n, \\ \displaystyle\sum_{i=1}^{n} x_i = 1, \\ x_i \geqslant 0, \quad i = 1,\ 2,\ \cdots,\ n. \end{cases} \tag{16. 3. 1}$$

线性规划问题(16. 3. 1)可以用启发式方法求解，并用 MATLAB 计算验证. 启发式方法(heuristic method)又称为试探法或直观推断法.

显然，如果对于某个 $i(i = 1,\ 2,\ \cdots,\ n)$，资产 S_i 的净收益率 $\dfrac{r_i - p_i}{1 + p_i} x_i \leqslant r_0$，则投资 S_i 的净收益小于存银行所生的利息，而且有风险，所以投资者不会选择购买 S_i，即式(16. 3. 1)的最优投资组合必有 $x_i = 0$. 因此，可以预先将这样的资产从式(16. 3. 1)中剔除.

另外，虽然投资者会更偏好净收益率较大的资产，但是风险水平 a 的约束会使得投资者只好购买一些净收益率较小的资产，挑选的顺序显然与净收益率的大小顺序有关.

从现在起,不妨假设在式(16.3.1)中,资产 S_i 的净收益率单调递减,并且都大于 r_0,即

$$\frac{r_1-p_1}{1+p_1}\geqslant\frac{r_2-p_2}{1+p_2}\geqslant\cdots\geqslant\frac{r_n-p_n}{1+p_n}>r_0.$$

下面分析风险水平 a 对式(16.3.1)的最优投资组合的影响.

(1) 如果风险水平 $a=0$,则只有当全部资金都存银行生息时,才能使得总体风险损失率等于 0,即最优投资组合是

$$x_0=1,\ x_1=x_2=\cdots=x_n=0.$$

其总净收益率是 $R=r_0$,总体风险损失率 $Q=0$.

(2) 如果风险水平 a 足够高,资金就可以全部用来购买净收益率最大的 S_1. 事实上,当 $a\geqslant\frac{q_1}{1+p_1}$ 时,式(16.3.1)的最优投资组合是

$$x_0=0,\ x_1=1,\ x_2=x_3=\cdots=x_n=0.$$

其总净收益率都是 $R=\frac{r_1-p_1}{1+p_1}$,总体风险损失率都是 $Q=\frac{q_1}{1+p_1}$. 这说明,当风险水平 $a\geqslant\frac{q_1}{1+p_1}$ 时,式(16.3.1)的最优解和最优值是固定不变的. 综合(1),(2)的分析,只需要考虑 $0\leqslant a\leqslant\frac{q_1}{1+p_1}$ 的情形就足够了.

(3) 当 $0<a\leqslant\frac{q_1}{1+p_1}$ 时,如果先用占总资金的比例为 x_1 的资金购买 S_1,使得购买 S_1 的风险损失率为 $\frac{q_1}{1+p_1}=a$,然后剩下的资金可以全部用来购买 S_2,则必须 $x_1+x_2=1$ 且 $\frac{q_2}{1+p_2}\leqslant a$,即

$$a\sum_{i-1}^{2}\frac{1+p_i}{q_i}\geqslant\sum_{t=1}^{2}x_i=1,$$

所以

$$a\geqslant\left(\sum_{i=1}^{2}\frac{1+p_i}{q_i}\right)^{-1},$$

也就是说,当 $\left(\sum_{i=1}^{2}\frac{1+p_i}{q_i}\right)^{-1}\leqslant a<\frac{q_1}{1+p_1}$ 时,式(16.3.1)的最优投资组合是

$$x_0=0,\ x_1=\frac{1+p_1}{q_1}a,\ x_2=1-\frac{1+p_1}{q_1}a,\ x_3=x_4=\cdots=x_n=0.$$

其总净收益率为

$$R=\frac{1+p_1}{q_1}\left(\frac{r_1-p_1}{1+p_1}-\frac{r_2-p_2}{1+p_2}\right)a+\frac{r_2-p_2}{1+p_2},$$

总体风险损失率为 $Q=a$. 总净收益率相对于总体风险损失率的变化率为

$$k=\frac{1+p_1}{q_1}\left(\frac{r_1-p_1}{1+p_1}-\frac{r_2-p_2}{1+p_2}\right).$$

如此类推,并采用以下记号:

$$Q_t=\left(\sum_{i=1}^{t}\frac{1+p_i}{q_i}\right)^{-1},\quad t=1,2,\cdots,n,\quad Q_{n+1}=0,$$

$$R_t=Q_t\sum_{i=1}^{t}\frac{r_i+p_i}{q_i},\quad t=1,2,\cdots,n,\quad R_{n+1}=r_0,$$

$$k_t=\frac{1}{Q_t}\left(R_t-\frac{r_{t+1}-p_{t+1}}{1+p_{t+1}}\right),\quad t=1,2,\cdots,n-1,\quad k_n=\frac{R_n-r_0}{Q_n}.$$

可以得到线性规划问题(16.3.1)的启发式解法:

(1) 对于 $t=1,2,\cdots,n-1$, 当 $Q_{t+1}\leqslant a\leqslant Q_t$ 时,式(16.3.1)的最优投资组合为

$$x_0=0,\ x_i=\frac{1+p_i}{q_i}a\ (\forall i=1,2,\cdots,t),\ x_{t+1}=1-\frac{a}{Q_t},\ \text{其余}\ x_i=0.$$

即购买 S_i, 使得 $\frac{q_ix_i}{1+p_i}=a\ (\forall i=1,2,\cdots,t)$, 然后剩下的资金可以全部用来购买 S_{t+1}. 此时,总净收益率为

$$R=k_ta+\frac{r_{t+1}-p_{t+1}}{1+p_{t+1}},$$

总体风险损失率为 $Q=a$. 总净收益率相对于总体风险损失率的变化率为 k_t.

(2) 当 $Q_{n+1}\leqslant a\leqslant Q_n$ 时,式(16.3.1)的最优投资组合为

$$x_0=1-\frac{a}{Q_n},\ x_i=\frac{1+p_i}{q_i}a\quad(\forall i=1,2,\cdots,n),$$

即购买 S_i, 使得 $\frac{q_ix_i}{1+p_i}=a\ (\forall i=1,2,\cdots,n)$, 然后剩下的资金可以全部存银行生息. 此时,总净收益率为 $R=k_na+r_0$, 总体风险损失率为 $Q=a$. 总净收益率相对于总体风险损失率的变化率为 k_n.

上述启发式解法具有以下性质:

(1) Q_t 和 $R_t(t=1,2,\cdots,n+1)$ 都是单调递减, $k_t(t=1,2,\cdots,n)$ 是单调递增;

(2) 当风险水平 $a=Q_t$ 时,式(16.3.1)的最优投资组合的总净收益率为 $R=R_t$, 总体风险损失率为 $Q=Q_t(t=1,2,\cdots,n+1)$;

(3) 随着风险水平 a 在区间 $[0,Q_1]$ 内变化,式(16.3.1)的最优投资组合的总净

收益率 R 是总体风险损失率 $Q(Q=a)$ 的单调递增、连续、分段线性函数，而总净收益率 R 相对于总体风险损失率 Q 的变化率是关于 Q 的单调递减、分段常值函数，这两个分段函数的断点都是 $Q_t(t=1,2,\cdots,n+1)$.

上述启发式解法说明：

(1) 风险水平越低，投资就越分散，但是总净收益率也越小；

(2) 当投资最分散的时候，虽然总净收益率小，总体风险损失率低，但是总净收益率对总体风险损失率的变化率却最大.

因此，在实践中，对于风险承受能力不够强的投资者，可以建议采用当风险水平 $a=Q_n$ 时式(16.3.1)的最优投资组合

$$x_0=0,\quad x_i=\frac{1+p_i}{q_i}Q_n\quad(\forall i=1,2,\cdots,n),R=R_n,Q=Q_n,$$

即选择全部(净收益率都大于 r_0)的资产进行投资，使得投资每种资产的风险损失率相等；对于风险承受能力强的投资者，可以综合其风险承受能力以及 R 对 Q 的变化率提出建议.

16.4 模型的求解

根据以上启发式解法，首先用条件“净收益率大于 r_0”检查表 16-2 的数据，并按照净收益率从大到小排序重新排列符合条件的资产. MATLAB 程序如下：

```
data=[9.6, 42, 2.1; 18.5, 54, 3.2; 49.4, 60, 6.0; 23.9, 42, 1.5; 8.1, 1.2, 7.6;
14, 39, 3.4; 40.7, 68, 5.6; 31.2, 33.4, 3.1; 33.6, 53.3, 2.7; 36.8, 40, 2.9; 11.8, 31,
5.1; 9, 5.5, 5.7 ; 35, 46, 2.7; 9.4, 5.3, 4.5; 15, 23, 7.6]./100;
r= data(:, 1); q= data(:, 2); p= data(:, 3); r0= 0.05;
c=((r-p)./(1+p)).'   % 净收益率转置成这种形式仅是为了方便显示
id=find(c>r0)        % 要保留的资产的下标
xid= find(c<=r0)     % 要剔除的资产的下标
n=length(id)         % 要保留的资产的数目
[c1, d1]=sort(c(id), 'descend')
                     % 要保留的资产的净收益率由大到小排列
id=id(d1)            % 要保留的资产的净收益率由大到小排列后的原下
                     标的新顺序
```

命令窗口显示的计算结果为

```
c =
Columns 1 through 10
0.0735   0.1483   0.4094   0.2207   0.0046   0.1025   0.3324   0.2726
0.3009  0.3294
```

```
Columns 11 through 15
0.0637   0.0312   0.3145   0.0469   0.0688
id =
    1   2   3   4   6   7   8   9   10   11   13   15
xid =
    5   12   14
n =
    12
c1 =
Columns 1 through 10
0.4094   0.3324   0.3294   0.3145   0.3009   0.2726   0.2207   0.1483
0.1025   0.0735
Columns 11 through 12
0.0688   0.0637
d1 =
    3   6   9   11   8   7   4   2   5   1   12   10
id =
    3   7   10   13   9   8   4   2   6   1   15   11
```

计算结果表明 S_5，S_{12} 和 S_{14} 由于净收益率不超过 r_0 而不会被投资者购买，可以剔除，剩下的 12 种资产按净收益率从大到小排序为 S_3，S_7，S_{10}，S_{13}，S_9，S_8，S_4，S_2，S_6，S_1，S_{15} 和 S_{11}.

在执行前面程序的基础上，继续执行以下 MATLAB 程序，可以计算出 Q_t，R_t 和 k_t，其计算结果见表 16-3. 并绘图表示式(16.3.1)的最优投资组合的总净收益率 R 关于总体风险损失率 Q 的依赖关系. 其 MATLAB 程序如下(在执行前面程序的基础上)：

```
Qt = [];Rt = [];kt = [];
for t = 1:n
    v = id(1:t);
    Qt(t) = 1./sum((1 + p(v))./q(v));
    Rt(t) = sum((r(v) - p(v))./q(v)).*Qt(t);
end
for t = 1:n - 1
    kt(t) = ( Rt(t) - c(id(t + 1)))./Qt(t);
end
Qt(n + 1) = 0, Rt(n + 1) = r0, kt(n) = ( Rt(n) - r0)./Qt(n)
plot(Qt, Rt, 'k.-')
```

```
axis([0, 0.6, 0, 0.45])
xlabel('Q(Q=a)')
ylabel('R')
```

命令窗口显示的计算结果为

```
Qt =
Columns 1 through 10
0.5660  0.3012  0.1697  0.1231  0.0995  0.0761  0.0643  0.0573
0.0497  0.0443
Columns 11 through 13
0.0367  0.0327  0
Rt =
Columns 1 through 10
0.4094  0.3734  0.3542  0.3433  0.3352  0.3205  0.3050  0.2878
0.2634  0.2429
Columns 11 through 13
0.2130  0.1965  0.0500
kt =
Columns 1 through 10
0.1361  0.1459  0.2339  0.3446  0.6294  1.3107  2.4374  3.2364
3.8209  3.9265
Columns 11 through 12
4.0633  4.4843
```

最优投资组合的总净收益率 R 关于总体风险损失率 Q 的依赖关系，如图 16-1 所示.

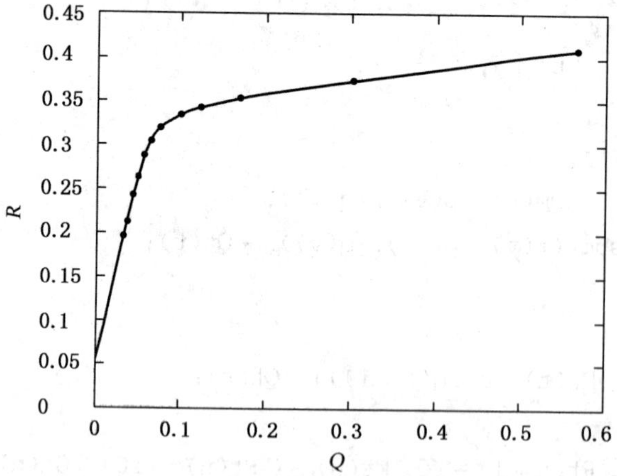

图 16-1　R 和 Q 的关系图

表 16-3　　由表 16-2 的数据得到的 Q_t，R_t 和 k_t 的计算结果

t	1	2	3	4	5	6	7
Q_t	0.5660	0.3012	0.1697	0.1231	0.0995	0.0761	0.0643
R_t	0.4094	0.3734	0.3542	0.3433	0.3352	0.3205	0.3050
k_t	0.1361	0.1459	0.2339	0.3446	0.6294	1.3107	2.4374
t	8	9	10	11	12	13	
Q_t	0.0573	0.0497	0.0443	0.0367	0.0327	0	
R_t	0.2878	0.2634	0.2429	0.2130	0.1965	0.0500	
k_t	3.2364	3.8209	3.9265	4.0633	4.4843	/	

以下给出风险承受力不够强的投资者的投资方案，即给定 $a = Q_n$ 时，式(16.3.1)的最优投资组合 x，总净收益率 R 和总体风险损失率 Q. 其 MATLAB 程序如下(在执行前面程序的基础上)：

```
a = Qt(n)                                %修改风险水平 a
t = 0;                                   %初始化 t，如果 t≤a,则 t=0
for m = 1:n
  if a<Qt(m)
    t = t + 1
  else break
  end
end
x = zeros(1, length(r) + 1);             %初始化最优投资组合 x
if t = = 0
  x(id(1)) = 1, R = Rt(1)
elseif t = = n
  v = id(1:n);
  x(v) = a. * (1 + p(v)). /q(v);x(length(r) + 1) = 1 - sum(x(v)),R = kt(t).
  * a + r0
else
  v = id(1:t);u = id(t + 1);
  x(v) = a. * (1 + p(v)). /q(v); x(u) = 1 - a./Qt(t), R = kt(t). * a + c(u)
end
Q = a
m = length(r);
f = [c, r0]; A = [diag(q./(1 + p)), zeros(m, 1)]; B = a. * ones(m, 1);
Aeq = ones(1, m + 1); Beq = 1; lb = zeros(m + 1, 1);
xm = linprog( - f, A,B, Aeq, Beq, lb);
```

```
xm = xm′, Rm = sum(f. * xm),Qm = max(q′. * xm(1:m)./(1 + p′))
```

命令窗口显示的计算结果为

```
a =
    0.0327
x =
Columns 1 through 10
0.0794  0.0624  0.0577  0.0789    0   0.0866  0.0507  0.1008  0.0629
0.0840
Columns 11 through 16
0.1107  0  0.0729  0  0.1528  0
R =
    0.1965
Q =
    0.0327
Optimization terminated.
xm =
Columns 1 through 10
0.0794  0.0624  0.0577  0.0789  0.0000  0.0866  0.0507  0.1008  0.0629
0.0840
Columns 11 through 16
0.1107  0.0000  0.0729  0.0000  0.1528  0.0000
Rm =
    0.1965
Qm =
    0.0327
```

读者可以应用以上 MATLAB 程序，通过改变 a 的值，计算风险水平取不同值时，式(16.3.1)的最优投资组合 x，总净收益率 R 和总体风险损失率 Q.

以下取不同的 a 值，给出投资组合总净收益率 R 和总体风险损失率 Q，然后画出 R-Q 散点图. 观察收益率-风险关系，为投资者提供一个适合其风险承受力的投资组合方案. 其 MATLAB 程序如下：

```
data=[9.6, 42, 2.1; 18.5, 54, 3.2; 49.4, 60, 6.0; 23.9, 42, 1.5; 8.1,
1.2, 7.6; 14, 39, 3.4; 40.7, 68, 5.6; 31.2, 33.4, 3.1; 33.6, 53.3, 2.7; 36.8,
40, 2.9; 11.8, 31, 5.1; 9, 5.5, 5.7 ; 35, 46, 2.7; 9.4, 5.3, 4.5; 15, 23,
7.6]./100;
r= data(:, 1); q= data(:, 2); p= data(:, 3); r0= 0.05;
c=(r-p)./(1+p); m=length(r);
```

```
f=[c; r0]; A=[diag(q./(1+p)), zeros(m, 1)];
Aeq=ones(1, m+1); Beq=1; lb= zeros(m+1, 1);
a=0:.006:.6; R=[];Q=[];
for k=1: length(a)
    B=a(k).*ones(m, 1);xm=linprog(-f, A,B, Aeq, Beq,lb);
    R(k) = sum(f.*xm);Q(k) = max (q.*xm(1:m)./(1+p));
end
plot(Q, R, 'k.')
axis([0, 0.6, 0, 0.45])
a=0.1;                      %修改风险水平 a
B=a.*ones(m, 1);
xm=linprog(-f, A, B, Aeq, Beq,lb);
xm=xm', Rm=sum(f'.*xm), Qm=max (q'.*xm(1:m)./(1+p'))
```

命令窗口显示的计算结果为

```
xm =
   Columns 1 through 10
   0.0000   0.0000   0.1767   0.0000   0.0000   0.0000   0.1553   0.0000
0.1875   0.2572
   Columns 11 through 16
   0.0000   0.0000   0.2233   0.0000   0.0000   0.0000
Rm =
   0.3353
Qm =
   0.1000
```

最优投资组合的收益率-风险关系如图 16-2 所示.

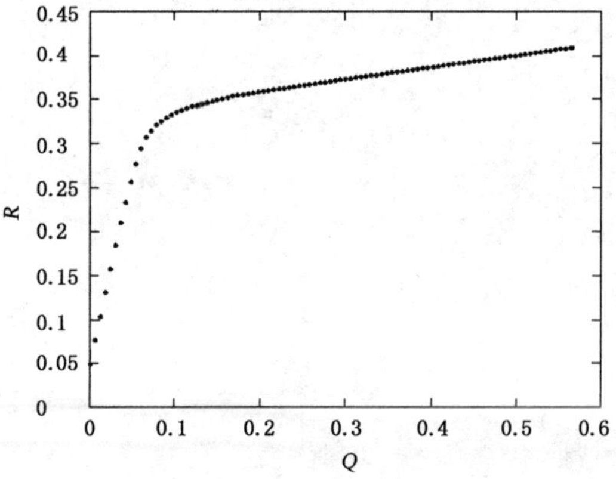

图 16-2 收益率-风险关系图

16.5 结 果 分 析

(1) 风险大,收益也大.

(2) 当投资越分散时,投资者承担的风险越小.即冒险的投资者会出现集中投资的情况,保守的投资者则尽量分散投资.

(3) 曲线上的任何一点都表示该风险水平下的最大可能收益和该收益要求的最小风险.对于不同风险的承受能力,选择该风险水平下的最优投资组合.

17 饮酒驾车

17.1 问题的提出

据报载，2003 年全国道路交通事故死亡人数为 10.437 2 万，其中因饮酒驾车造成的占有相当的比例. 针对这种严重的道路交通情况，国家质量监督检验检疫局 2004 年 5 月 31 日发布了新的《车辆驾驶人员血液、呼气酒精含量阈值与检验》国家标准，新标准规定，车辆驾驶人员血液中的酒精含量大于或等于 20 mg/100 mL，小于 80 mg/100 mL 为饮酒驾车(原标准是小于 100 mg/100 mL)，血液中的酒精含量大于或等于 80 mg/100 mL 为醉酒驾车(原标准是大于或等于 100 mg/100 mL). 大李在中午 12 点喝了一瓶啤酒，下午 6 点检查时符合新的驾车标准，紧接着他在吃晚饭时又喝了一瓶啤酒，为了保险起见他待到凌晨 2 点才驾车回家，又一次遭遇检查时却被定为饮酒驾车，这让他既懊恼又困惑，为什么喝同样多的酒，两次检查结果会不一样呢?

请你参考下面给出的数据(或自己收集资料)建立饮酒后血液中酒精含量的数学模型，并讨论以下问题：

(1) 对大李碰到的情况做出解释；

(2) 在喝了 3 瓶啤酒或者半斤低度白酒后多长时间内驾车就会违反上述标准，在以下情况下回答：

① 酒是在很短时间内喝的；

② 酒是在较长一段时间(比如 2 h)内喝的.

(3) 怎样估计血液中的酒精含量在什么时间最高?

(4) 根据你的模型论证：如果天天喝酒，是否还能开车?

(5) 根据你做的模型并结合新的国家标准写一篇短文，给想喝一点酒的司机如何驾车提出忠告.

参考数据：

(1)人的体液占人的体重的 65%～70%，其中血液只占体重的 7%左右；而药物(包括酒精)在血液中的含量与在体液中的含量大体是一样的.

(2) 体重约 70 kg 的某人在短时间内喝下 2 瓶啤酒后，隔一定时间测量他的血液中酒精含量(mg/100 mL)，所得数据见表 17-1.

表 17-1　　酒精含量测量数据

时间/h	0.25	0.5	0.75	1	1.5	2	2.5	3	3.5	4	4.5	5
酒精含量/(mg/100 mL)	30	68	75	82	82	77	68	68	58	51	50	41
时间/h	6	7	8	9	10	11	12	13	14	15	16	
酒精含量/(mg/100 mL)	38	35	28	25	18	15	12	10	7	7	4	

说明　(1) 本题是“全国大学生数学建模竞赛”2004 年 C 题.

(2)《工程数学学报》2004 年第 7 期上刊登了关于“全国大学生数学建模竞赛”2004 年 A, B, C, D 题目研究的多篇论文,其中有关 C 题的论文有 4 篇(但所有论文都没有附计算程序).

(3) 韩明，王家宝，李林(2018)给出了问题 1 的(比较详细的)解答.

17.2　问题的分析

大李喝下啤酒后，酒精先从肠胃吸收进入血液与体液中,然后从血液与体液向体外排除.可以建立二室模型(饮酒是一种药物摄入,药物动力学中已有房室模型),将肠胃看成吸收室,将血液与体液看成中心室(图 17-1).吸收和排除的过程都可以分别化简成一级反应来处理,加起来得到体内酒精吸收和排除过程的数学模型.

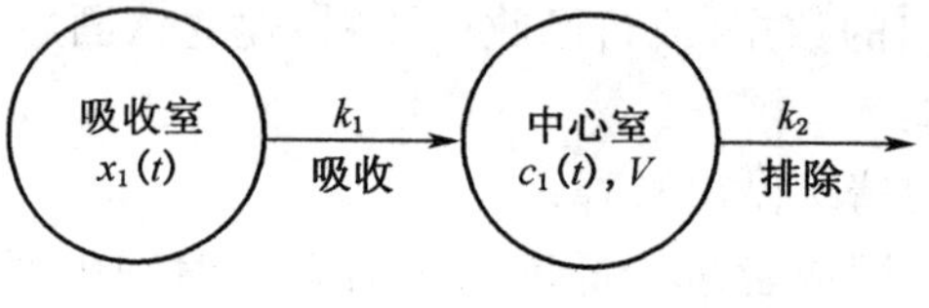

图 17-1　酒精的吸收和排除过程示意图

根据问题给出的条件和数据,建立饮酒后血液中酒精含量的数学模型,并用此数学模型解决以下问题：

(1) 对大李碰到的情况做出解释：

① 大李在中午 12 点喝了一瓶啤酒,下午 6 点检查时符合新的驾车标准(体内血液中的酒精含量小于 20 mg/100 mL)；

② 紧接着他在吃晚饭时又喝了一瓶啤酒,为了保险起见他待到凌晨 2 点才驾车回家,又一次遭遇检查时却被定为饮酒驾车(体内血液中的酒精含量大于或等于 20 mg/100 mL),这让他既懊恼又困惑,为什么喝同样多的酒,两次检查结果会不一样呢?

(2) 在喝了 3 瓶啤酒或者半斤低度白酒后多长时间内驾车就会违反上述标准,在以下情况下回答：

① 酒是在很短时间内喝的；

② 酒是在较长一段时间(比如 2 h)内喝的.

(3) 怎样估计血液中的酒精含量在什么时间最高?

(4) 根据你的模型论证:如果天天喝酒,是否还能开车?

17.3 符号说明

酒精量是指纯酒精的质量,单位是毫克(mg);酒精含量是指纯酒精的浓度,单位是毫克/百毫升(mg/100 mL);

t ——时刻(h);

$x_1(t)$ ——在时刻 t 吸收室(肠胃)内的酒精量(mg);

$c_1(t)$ ——在时刻 t 吸收室(肠胃)内的酒精含量(mg/100 mL);

k_1 ——酒精从吸收室进入中心室的速率系数;

g_0 ——在短时间内喝下 1 瓶啤酒后吸收室内的酒精量(mg);

$y_1(t)$ ——在时刻 t 中心室(血液与体液)的酒量(mg);

$c_1(t)$ ——在时刻 t 中心室内的酒精含量(mg/100 mL);

k_2 ——酒精从中心室向体外排除的速率系数;

V ——中心室的容积(100 mL).

17.4 模型假设

大李在喝下啤酒后,酒精先从吸收室(肠胃)进入中心室(血液与体液),然后从中心室向体外排除. 并假设:

(1) 吸收室在初始时刻 $t=0$ 时,酒精量立即为 $2g_0$,酒精从吸收室进入中心室的速率(吸收室在单位时间内酒精量的减少量)与吸收室的酒精量成正比,比例系数为 k_1.

(2) 中心室的容积 V 保持不变;在初始时刻 $t=0$ 时,中心室的酒精量为 0;在任意时刻,酒精从中心室向体外排除的速率(中心室在单位时间内酒精量的减少量)与中心室的酒精量成正比,比例系数为 k_2.

(3) 在大李(体重为 70 kg)适度饮酒没有酒精中毒的前提下,假设 k_1 和 k_2 都是常数,与饮酒量无关.

(4) 考虑到大李在下午 6 点接受检查,之后由于离开检查地点以及停车等待等原因耽误了一定时间,因此假定大李在晚 8 点吃晚饭(大李从第一次接受检查到第二次喝酒之间相隔了 2 h).

17.5 问题 1 模型的建立与求解

根据假设(1),吸收室的酒精量 $x_1(t)$ 满足微分方程初值问题

$$\frac{\mathrm{d}x_1(t)}{\mathrm{d}t}=-k_1x_1(t),\quad x_1(0)=Ng_0,\tag{17.5.1}$$

其中，Ng_0 为酒精总量（N 表示啤酒的瓶数，在本问题中 $N=2$）.

根据假设(2)，中心室的酒精量 $y_1(t)$ 满足微分方程初值问题

$$\frac{\mathrm{d}y_1(t)}{\mathrm{d}t}=k_1x_1(t)-k_2y_1(t),\quad y_1(0)=0.\tag{17.5.2}$$

根据式(17.5.1)和式(17.5.2)得微分方程组初值问题

$$\begin{cases}\dfrac{\mathrm{d}x_1(t)}{\mathrm{d}t}=-k_1x_1(t),\\ \dfrac{\mathrm{d}y_1(t)}{\mathrm{d}t}=k_1x_1(t)-k_2y_1(t),\\ x_1(0)=Ng_0,\\ y_1(0)=0.\end{cases}$$

解上述微分方程组初值问题，其 MATLAB 程序如下：

```
[x1, y1] = dsolve('Dx1 = - k1 * x1', 'Dy1 = k1 * x1 - k2 * y1', 'x1(0) = N *
g(0) ', 'y1(0) = 0')
[y, how] = simple([x1, y1])
```

结果为

$$\begin{cases}x_1(t)=Ng_0\mathrm{e}^{-k_1t},\\ y_1(t)=\dfrac{Ng_0k_1}{k_1-k_2}(\mathrm{e}^{-k_2t}-\mathrm{e}^{-k_1t}).\end{cases}$$

记 $c(t)=\dfrac{y_1(t)}{V}$，得

$$c(t)=\frac{Ng_0k_1}{V(k_1-k_2)}(\mathrm{e}^{-k_2t}-\mathrm{e}^{-k_1t}).\tag{17.5.3}$$

式(17.5.3)可以写成

$$c(t)=k(\mathrm{e}^{-k_2t}-\mathrm{e}^{-k_1t}),\tag{17.5.4}$$

其中，$k=\dfrac{Ng_0k_1}{V(k_1-k_2)}$，$k_1\neq k_2$.

式(17.5.4)就是短时间内喝下 2 瓶啤酒后，建立的饮酒后血液中酒精含量的数学模型.

17.5.1 数据拟合与拟合误差

用 MATLAB 的函数 nlinfit(非线性最小二乘拟合)，根据表 17-1 的数据拟合式

(17.5.4)的参数 k_1，k_2 和 k. 此问题的 MATLAB 程序如下：

```
f = @(k,x) k(3). * (exp( - k(2). * x) -  exp( - k(1). * x));
x = [0.25, 0.5, 0.75, 1, 1.5, 2, 2.5, 3, 3.5, 4, 4.5, 5, 6, 7, 8, 9, 10, 11,
12, 13, 14, 15, 16];
y = [30, 68, 75, 82, 82, 77, 68, 68, 58, 51, 50, 41, 38, 35, 28, 25, 18, 15,
12, 10, 7, 7, 4];
k0 = [2, 1, 80];                % 参数的初值
k = nlinfit(x, y,f, k0)
plot(x, y, 'k+', 0:0.01:18, f(k, 0:0.01:18),'k')
axis([0, 18, 0, 90])
```

参数 k_1，k_2 和 k 的拟合结果为 $k_1 = 2.007\,9$，$k_2 = 0.185\,5$，$k = 114.432\,5$. 数据拟合如图 17-2 所示.

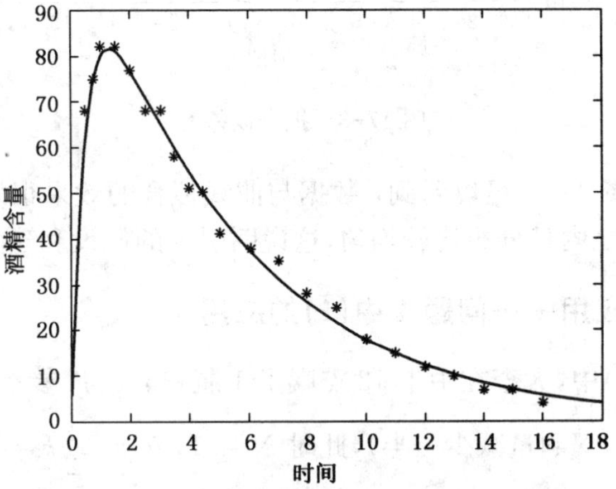

图 17-2　血液中酒精含量的数据拟合图

说明　* 表示表 17-1 中的数据，曲线为拟合后的图形.

把 $k_1 = 2.007\,9$，$k_2 = 0.185\,5$ 和 $k = 114.432\,5$ 代入式(17.5.4)，得

$$c(t) = 114.432\,5(e^{-0.185\,5t} - e^{-2.007\,9t}). \tag{17.5.5}$$

需要说明的是，参数的初值是按以下思路得到的：由于在 $x = 0$ 附近有 $e^x \approx 1 + x$，所以 $c(t) = k(e^{-k_2 t} - e^{-k_1 t}) \approx k(k_1 - k_2)t$. 根据表 17-1，当 $t = 1$ 时，有 $k(k_1 - k_2) \approx 80$，所以取 $k_1 = 2$，$k_2 = 1$ 和 $k = 80$，即 $k_0 = [2, 1, 80]$.

以下用 MATLAB 画表 17-1 中的数据与拟合曲线的拟合误差图，其 MATLAB 程序如下(在已输入 x，y 后)：

```
k = [2.0079, 0.1855, 114.4325]
fc = @(x)k(3). * (exp( - k(2). * x) -  exp( - k(1). * x));
```

```
plot(x, y-fc(x), 'ro')
axis([0, 18, -10, 10])
```

结果如图 17-3 所示.

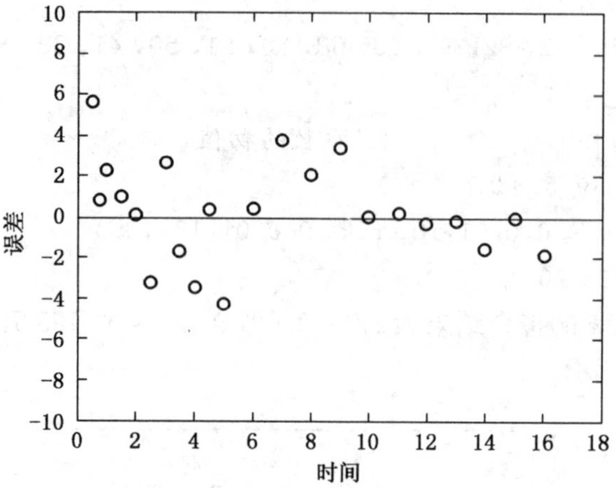

图 17-3　拟合误差图

从图 17-2 和图 17-3 可以看到，数据与曲线拟合的效果很好. 在图 17-3 中，误差值都在(−6, 6)之内且分布比较均匀，这说明引入的假设和建立的模型是适当的.

17.5.2　模型的应用——问题 1 中(1)的应用

在问题 1 的(1)中，大李在中午 12 点喝了 1 瓶啤酒(与“参考数据”中在短时间内喝下 2 瓶啤酒相比，喝酒量减少一半)，此时 $N=1$，$k'=\frac{1}{2}k=57.2163$.

根据假设(3)，k_1 和 k_2 保持不变，根据式(17.5.5)，大李的血液中酒精含量的经验数学模型为

$$c(t)=57.2163(\mathrm{e}^{-0.1855t}-\mathrm{e}^{-2.0079t}). \tag{17.5.6}$$

把 $t=6$ 代入式(17.5.6)，可以得到大李在下午 6 点被检查时血液中酒精含量为 $c(6)=18.7993<20$ (mg/100 mL). 因此，此时大李符合“驾车标准”(不属于“饮酒驾车”).

17.5.3　模型的应用——问题 1 中(2)的应用

在问题 1 的(2)中，大李在吃晚饭时又喝了一瓶啤酒，假设这瓶啤酒是在短时间内喝的(这是根据前面模型假设中的“忽略喝酒时间”). 由于问题中没有给出具体的晚饭喝酒时间，假设在晚上 s 点吃晚饭时大李又喝了一瓶啤酒，注意 $s>6$ (因为大李不可能在下午 6 点被检查的同时喝酒!)

设 $x_2(t)$，$y_2(t)$ 分别是晚饭喝酒胃里和血液里的酒精量. 在晚上 s 点吃晚饭时大李又喝了一瓶啤酒，此时胃里和血液里已有酒精，所以在晚饭喝酒时，胃里的酒精量为 $x_2(0) = Ng_0 + x_1(s)$ [这里 $x_1(s)$ 是第一次喝酒后 s 时刻在胃里残留的酒精量].

根据假设(3)，k_1 和 k_2 保持不变，则有

$$\begin{cases} \dfrac{\mathrm{d}x_2(t)}{\mathrm{d}t} = -k_1 x_2(t), \\ \dfrac{\mathrm{d}y_2(t)}{\mathrm{d}t} = k_1 x_2(t) - k_2 y_2(t), \\ x_2(0) = Ng_0 + x_1(s), \\ y_2(0) = y_1(s). \end{cases}$$

根据前面的结果，有

$$\begin{cases} x_1(s) = Ng_0 \mathrm{e}^{-k_1 s}, \\ y_1(s) = \dfrac{Ng_0 k_1}{k_1 - k_2}(\mathrm{e}^{-k_2 s} - \mathrm{e}^{-k_1 s}). \end{cases}$$

把 $x_1(s)$，$y_1(s)$ 代入以上微分方程组初值问题，有

$$\begin{cases} \dfrac{\mathrm{d}x_2(t)}{\mathrm{d}t} = -k_1 x_2(t), \\ \dfrac{\mathrm{d}y_2(t)}{\mathrm{d}t} = k_1 x_2(t) - k_2 y_2(t), \\ x_2(0) = Ng_0(1 + \mathrm{e}^{-k_1 s}), \\ y_2(0) = \dfrac{Ng_0 k_1}{k_1 - k_2}(\mathrm{e}^{-k_2 s} - \mathrm{e}^{-k_1 s}). \end{cases}$$

用 MATLAB 编程求解，此问题的 MATLAB 程序如下：

```
[x2, y2] = dsolve('Dx2 = - k1 * x2', 'Dy2 = k1 * x2 - k2 * y2', 'x2(0) = N * g(0) * (1 + exp( - k1 * s))', 'y2(0) = (k1 * N * g(0)/(k1 - k2)) * (exp( - k2 * s) - exp( - k1 * s))')
[y, how] = simple([x2, y2])
```

结果为

$$\begin{cases} x_2(t) = Ng_0(1 + \mathrm{e}^{-k_1 s})\ \mathrm{e}^{-k_1 t}, \\ y_2(t) = \dfrac{Ng_0 k_1}{k_1 - k_2}[(1 + \mathrm{e}^{-k_2 s})\mathrm{e}^{-k_2 t} - (1 + \mathrm{e}^{-k_1 s})\mathrm{e}^{-k_1 t}]. \end{cases}$$

记 $c(t, s) = \dfrac{y_2(t)}{V}$，则有

$$c(t, s)=\frac{Ng_0k_1}{V(k_1-k_2)}[(1+e^{-k_2s})e^{-k_2t}-(1+e^{-k_1s})e^{-k_1t}]. \quad (17.5.7)$$

式(17.5.7)可以写成

$$c(t, s)=k[(1+e^{-k_2s})e^{-k_2t}-(1+e^{-k_1s})e^{-k_1t}]. \quad (17.5.8)$$

其中，$k=\frac{Ng_0k_1}{V(k_1-k_2)}$，$k_1\neq k_2$.

把 $k_1=2.0079$，$k_2=0.1855$ 和 $k'=57.2163$ 代入式(17.5.8)，得到晚 s 点吃晚饭大李又喝 1 瓶啤酒时，酒精含量与时间（时间 t 从第二次喝酒开始算，即 $t=14-s$）的关系为

$$c(t, s)=57.2163[(1+e^{-0.1855s})e^{-0.1855t}-(1+e^{-2.0079s})e^{-2.0079t}]. \quad (17.5.9)$$

根据假设(4)，大李在晚 8 点吃晚饭，把 $s=8$，$t=6$ 代入式(17.5.9)，得大李在凌晨 2 点被检查时血液中的酒精含量为 $c(6, 8)=23.0618>20$ (mg/100 mL)，此时属于“饮酒驾车”.

当然，人们也许更关心大李在晚上“何时”再喝一瓶啤酒后，在凌晨 2 点检查时体内血液中的酒精含量等于 20 mg/100 mL（即饮酒驾车的临界时间）. 此问题的 MATLAB 程序如下：

```
x = 0:0.1:20;
y = 57.2163 * ( (1 + exp( - 0.1855 * (14 - x))) . * exp( - 0.1855 * x) - (1 + exp( - 2.0079 * (14 - x))) . * exp( - 2.0079 * x)) - 20;
x = fzero('57.2163 * ( (1 + exp( - 0.1855 * (14 - x))) . * exp( - 0.1855 * x) - (1 + exp( - 2.0079 * (14 - x))) . * exp( - 2.0079 * x)) - 20', 7)
T = 14 - x
```

结果为 $x=6.9584$，$T=7.0416$.

因此，大李在晚上 7.0416 时之后再喝一瓶啤酒，在凌晨 2 点检查时体内血液中的酒精含量就会大于 20 mg/100 mL（这样大李在晚上 8 点再喝一瓶啤酒，在凌晨 2 点被检查时就会被定为“饮酒驾车”）.

17.6 问题 2 模型的建立与求解

17.6.1 酒是在短时间内喝的

设酒是在短时间内喝的（此时与问题 1 的情况类似），若在喝了 3 瓶啤酒后 t 小时内驾车就会违反上述标准，则有 $c(t)=3\times57.2163(e^{-0.1855t}-e^{-2.0079t})\geqslant20$. 解此不等式的 MATLAB 程序如下：

```
y = '3 * 57.2163 * (exp( - 0.1855 * x) - exp( - 2.0079 * x))';
ezplot(y, [0, 16])
[x, c] = fzero('3 * 57.2163 * (exp( - 0.1855 * x) - exp( - 2.0079 * x)) - 20',
14)
```

结果为 $t \leqslant 11.5888$.

因此,喝了 3 瓶啤酒后 11.588 8 h 之后,才能驾车.

17.6.2 酒是在较长一段时间(比如 2 h)内喝的

设酒是在较长一段时间 ($0 < t < T$) 内喝的. 在喝了 3 瓶啤酒后 t 小时内驾车就会违反上述标准.

设饮酒期间 $0 < t < T$, 酒精进入肠胃的速度是匀速的,则酒精进入肠胃的速率为 $f(t) = \dfrac{Ng_0}{T}$. 若饮酒后无酒精进入肠胃里,则 $f(t) = 0$. 此时建立数学模型如下:

$$\begin{cases} \dfrac{\mathrm{d}x(t)}{\mathrm{d}t} = -k_1 x(t) + f(t), \\ \dfrac{\mathrm{d}y(t)}{\mathrm{d}t} = k_1 x(t) - k_2 y(t), \\ x(0) = 0, \\ y(0) = 0. \end{cases}$$

$$f(t) = \begin{cases} \dfrac{Ng_0}{T}, & 0 < t < T, \\ 0, & t \geqslant T. \end{cases}$$

解上述微分方程组初值问题,其 MATLAB 程序如下:

```
[x, y] = dsolve('Dx = - k1 * x + N * g0/T', 'Dy = k1 * x - k2 * y', 'x(0) = 0 ',
'y(0) = 0')
[y, how] = simple([x, y])
```

结果为

$$\begin{cases} x(t) = \dfrac{Ng_0}{Tk_1}(1 - \mathrm{e}^{-k_1 t}), \\ y(t) = \dfrac{Ng_0 k_1}{T(k_1 - k_2)}\left(\dfrac{1 - \mathrm{e}^{-k_2 t}}{k_2} - \dfrac{1 - \mathrm{e}^{-k_1 t}}{k_1}\right), \quad 0 < t < T. \end{cases}$$

记 $c(t) = \dfrac{y(t)}{V}$, 得

$$c(t) = \frac{Ng_0 k_1}{VT(k_1 - k_2)}\left(\frac{1 - \mathrm{e}^{-k_2 t}}{k_2} - \frac{1 - \mathrm{e}^{-k_1 t}}{k_1}\right), \quad 0 < t < T.$$

当 $N=2$，$T=2$ 时，有

$$c(t)=3\times\frac{57.2163}{2}\left(\frac{1-e^{-0.1855t}}{0.1855}-\frac{1-e^{-2.0079t}}{2.0079}\right),\quad 0<t<2.$$

画上述曲线 $c(t)$ 的 MATLAB 程序如下：

```
y='3*(57.2163/2)*((1-exp(-0.1855*t))/ 0.1855-(1-exp(-2.0079
*t))/ 2.0079)';
ezplot(y,[0, 2])
```

结果如图 17-4 所示.

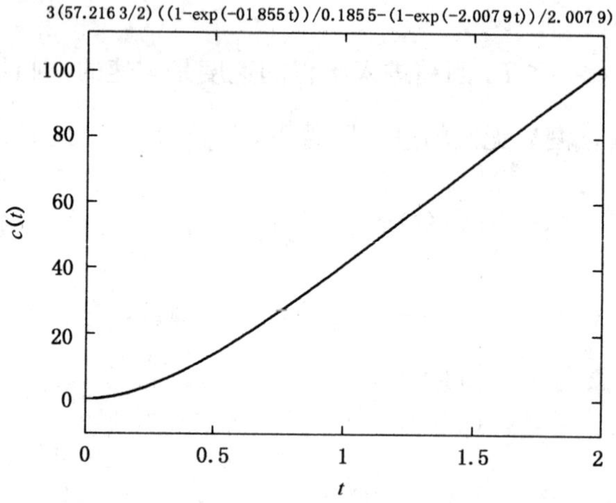

图 17-4　曲线 $c(t)$ 的图形

从图 17-4 可以看到，$c(t)$ 是一个单调递增函数，因此不予考虑.

现在考虑如下微分方程模型：

$$\begin{cases}\dfrac{dx(t)}{dt}=-k_1x(t),\\ \dfrac{dy(t)}{dt}=k_1x(t)-k_2y(t),\\ x(0)=\dfrac{Ng_0}{Tk_1}(1-e^{-k_1t}),\quad t>T,\\ y(0)=\dfrac{Ng_0k_1}{T(k_1-k_2)}\left(\dfrac{1-e^{-k_2t}}{k_2}-\dfrac{1-e^{-k_1t}}{k_1}\right).\end{cases}$$

令 $x=t-T$，解上述微分方程组初值问题，其 MATLAB 程序如下：

```
[x, y]=dsolve('Dx=-k1*x', 'Dy=k1*x-k2*y', 'x(0)=(1-exp(-k1*
T))*N*g0/T*k1', 'y(0)= N*g0*k1*((1-exp(-k2*T))/k2-(1-exp(-k1
*T))/k1)')
```

```
[y, how] = simple([x, y])
```

结果为

$$\begin{cases} x(t) = \dfrac{Ng_0}{Tk_1}(1-\mathrm{e}^{-k_1 t})\mathrm{e}^{-k_1(t-T)}, \\ y(t) = \dfrac{Ng_0 k_1}{T(k_1-k_2)}\left[\dfrac{1-\mathrm{e}^{-k_2 t}}{k_2}\mathrm{e}^{-k_2(t-T)} - \dfrac{1-\mathrm{e}^{-k_1 t}}{k_1}\mathrm{e}^{-k_1(t-T)}\right], \quad t > T. \end{cases}$$

记 $c(t) = \dfrac{y(t)}{V}$，当 $N = 2$, $T = 2$ 时，有

$$c(t) = 3 \times \frac{57.2163}{2}\left[\frac{1-\mathrm{e}^{-0.1855t}}{0.1855}\mathrm{e}^{-0.1855(t-2)} - \frac{1-\mathrm{e}^{-2.0079t}}{2.0079}\mathrm{e}^{-2.0079(t-2)}\right], \quad t > 2.$$

若在喝了 3 瓶啤酒后 t 小时内驾车就会违反上述标准，则有

$$c(t) = 3 \times \frac{57.2163}{2}\left[\frac{1-\mathrm{e}^{-0.1855t}}{0.1855}\mathrm{e}^{-0.1855(t-2)} - \frac{1-\mathrm{e}^{-2.0079t}}{2.0079}\mathrm{e}^{-2.0079(t-2)}\right] \geqslant 20.$$

解此不等式的 MATLAB 程序如下：

```
y='57.2163/2*3*((1-exp(-0.1855*2))/ 0.1855* exp(-0.1855*(t-2))-(1-exp(-2.0079*2))/ 2.0079* exp(-2.0079*(t-2)))';
ezplot(y,[2, 16])[x,c]=fzero('57.2163/2*3*((1-exp(-0.1855*2))/0.1855* exp(-0.1855*(x-2))-(1-exp(-2.0079*2))/ 2.0079* exp(-2.0079*(x-2)))-20', 13)
```

结果为 $t \leqslant 12.6197$.

因此，12.6197 h 之后，驾驶员才能驾车.

17.7 问题 3 模型的建立与求解

17.7.1 酒是在短时间内喝的

根据前面的结果，问题 1 的数学模型为 $c(t) = k(\mathrm{e}^{-k_2 t} - \mathrm{e}^{-k_1 t})$，其中 $k = \dfrac{Ng_0 k_1}{V(k_1-k_2)}$, $k_1 = 2.0079$, $k_2 = 0.1855$.

令 $\dfrac{\mathrm{d}c(t)}{\mathrm{d}t} = 0$，得 $t = \dfrac{\ln k_1 - \ln k_2}{k_1 - k_2} = 1.3069$. 因此，血液中的酒精含量在时间为 1.3069 h 时达到最高(与喝多少酒没有关系).

17.7.2 酒是在较长一段时间(比如 2 h)内喝的

只有喝过酒后，过一段时间才能出现血液中的酒精含量达到最高. 根据前面的结

果，问题 2 的数学模型为

$$c(t)=\frac{Ng_0k_1}{VT(k_1-k_2)}\left[\frac{1-e^{-k_2t}}{k_2}e^{-k_2(t-T)}-\frac{1-e^{-k_1t}}{k_1}e^{-k_1(t-T)}\right],\quad t>T.$$

令 $\frac{dc(t)}{dt}=0$，得 $t=\frac{1}{k_1-k_2}\left[\ln\frac{e^{-k_1T}-1}{e^{-k_2T}-1}-T(k_1-k_2)\right]$. 其中 $k_1=2.0079$，$k_2=0.1855$.

由此可见，血液中的酒精含量达到最高所用时间 t 与喝酒所用时间 T 有关. 对不同的 T，所对应的 t 见表 17-2.

表 17-2　对不同的喝酒时间 T，血液中的酒精含量达到最高所用时间 t

T/h	0.1	0.2	0.5	1	2	3	4	5
t/h	1.357 9	1.410 6	1.579 6	1.895 4	2.632 8	3.465 9	4.354 6	5.276 2

对于喝 N 瓶啤酒的情况，与上面喝 1 瓶啤酒的情况同样考虑.

17.8　问题 4 模型的建立与求解

如果天天喝酒，设每天喝 $N=1$ 瓶啤酒，则每天饮酒精量为 Ng_0（其中 g_0 是 1 瓶啤酒的酒精量）. 如每天只喝一次酒，是在短时间内快速喝的，喝酒后 6 h 驾车，$T=24$ h 为间隔一天的时间再喝酒，按照问题 1 的思路，第 1 天血液中的酒精量满足的微分方程组初值问题为

$$\begin{cases}\frac{dx_1(t)}{dt}=-k_1x_1(t),\\ \frac{dy_1(t)}{dt}=k_1x_1(t)-k_2y_1(t),\\ x_1(0)=Ng_0,\\ y_1(0)=0.\end{cases}$$

根据问题 1 的结果，有

$$\begin{cases}x_1(t)=Ng_0e^{-k_1t},\\ y_1(t)=\frac{Ng_0k_1}{k_1-k_2}(e^{-k_2t}-e^{-k_1t}).\end{cases}$$

记 $c_1(t)=\frac{y_1(t)}{V}$，则第 1 天喝酒后血液中的酒精含量为

$$c_1(t)=\frac{Ng_0k_1}{V(k_1-k_2)}(e^{-k_2t}-e^{-k_1t}).$$

24 h 后再喝酒,则第 2 天血液中的酒精量满足的微分方程组初值问题为

$$\begin{cases}\dfrac{\mathrm{d}x_2(t)}{\mathrm{d}t}=-k_1x_2(t),\\ \dfrac{\mathrm{d}y_2(t)}{\mathrm{d}t}=k_1x_2(t)-k_2y_2(t),\\ x_2(0)=Ng_0+x_1(T),\\ y_2(0)=y_1(T).\end{cases}$$

根据问题 1 的结果,有

$$\begin{cases}x_2(t)=Ng_0(1+\mathrm{e}^{-k_1T})\,\mathrm{e}^{-k_1t},\\ y_2(t)=\dfrac{Ng_0k_1}{k_1-k_2}[(1+\mathrm{e}^{-k_2T})\mathrm{e}^{-k_2t}-(1+\mathrm{e}^{-k_1T})\mathrm{e}^{-k_1t}].\end{cases}$$

记 $c_2(t)=\dfrac{y_2(t)}{V}$,则第 2 天喝酒后血液中的酒精含量为

$$c_2(t)=\frac{Ng_0k_1}{V(k_1-k_2)}[(1+\mathrm{e}^{-k_2T})\mathrm{e}^{-k_2t}-(1+\mathrm{e}^{-k_1T})\mathrm{e}^{-k_1t}].$$

24 h 后再喝酒,则第 3 天血液中的酒精量满足的微分方程组初值问题为

$$\begin{cases}\dfrac{\mathrm{d}x_3(t)}{\mathrm{d}t}=-k_1x_3(t),\\ \dfrac{\mathrm{d}y_3(t)}{\mathrm{d}t}=k_1x_3(t)-k_2y_3(t),\\ x_3(0)=Ng_0+x_2(T),\\ y_3(0)=y_2(T).\end{cases}$$

则有

$$\begin{cases}x_3(t)=Ng_0(1+\mathrm{e}^{-k_1T}+\mathrm{e}^{-k_12T})\,\mathrm{e}^{-k_1t},\\ y_3(t)=\dfrac{Ng_0k_1}{k_1-k_2}[(1+\mathrm{e}^{-k_2T}+\mathrm{e}^{-k_22T})\mathrm{e}^{-k_2t}-(1+\mathrm{e}^{-k_1T}+\mathrm{e}^{-k_12T})\mathrm{e}^{-k_1t}].\end{cases}$$

记 $c_3(t)=\dfrac{y_3(t)}{V}$,则第 3 天喝酒后血液中的酒精含量为

$$c_3(t)=\frac{Ng_0k_1}{V(k_1-k_2)}[(1+\mathrm{e}^{-k_2T}+\mathrm{e}^{-k_22T})\mathrm{e}^{-k_2t}-(1+\mathrm{e}^{-k_1T}+\mathrm{e}^{-k_12T})\mathrm{e}^{-k_1t}].$$

……

24 h 后再喝酒,则第 n 天血液中的酒精量满足的微分方程组初值问题为

$$\begin{cases}\dfrac{\mathrm{d}x_n(t)}{\mathrm{d}t}=-k_1x_n(t),\\ \dfrac{\mathrm{d}y_n(t)}{\mathrm{d}t}=k_1x_n(t)-k_2y_n(t),\\ x_n(0)=Ng_0+x_{n-1}(T),\\ y_n(0)=y_{n-1}(T).\end{cases}$$

则第 n 天喝酒后血液中的酒精含量为

$$\begin{aligned}c_n(t)&=\frac{Ng_0k_1}{V(k_1-k_2)}[(1+\mathrm{e}^{-k_2T}+\mathrm{e}^{-k_22T}+\cdots+\mathrm{e}^{-k_2(n-1)T})\mathrm{e}^{-k_2t}\\&\quad-(1+\mathrm{e}^{-k_1T}+\mathrm{e}^{-k_12T}+\cdots+\mathrm{e}^{-k_1(n-1)T})\mathrm{e}^{-k_1t}]\\&=\frac{Ng_0k_1}{V(k_1-k_2)}\left[\frac{1-(\mathrm{e}^{-k_2T})^n}{1-\mathrm{e}^{-k_2T}}\mathrm{e}^{-k_2t}-\frac{1-(\mathrm{e}^{-k_1T})^n}{1-\mathrm{e}^{-k_1T}}\mathrm{e}^{-k_1t}\right].\end{aligned}$$

当 $n\to\infty$ 时,有

$$\begin{aligned}\lim_{n\to\infty}c_n(t)&=\frac{Ng_0k_1}{V(k_1-k_2)}\left(\frac{1}{1-\mathrm{e}^{-k_2T}}\mathrm{e}^{-k_2t}-\frac{1}{1-\mathrm{e}^{-k_1T}}\mathrm{e}^{-k_1t}\right)\\&=57.2163\left(\frac{1}{1-\mathrm{e}^{-0.1855\times24}}\mathrm{e}^{-0.1855t}-\frac{1}{1-\mathrm{e}^{-2.0079\times24}}\mathrm{e}^{-2.0079t}\right).\end{aligned}$$

如每天喝 1 瓶啤酒后 $t=6$ h 驾车，酒精含量收敛于 $19.02102<20$ (mg/100 mL). 因此,如果每天喝 1 瓶啤酒，6 h 后还能开车.

17.9 模型的评价与推广

本章建立了体液(含血液)中的酒精含量的数学模型. 该模型基于微分方程,并对给出的数据利用非线性最小二乘数据拟合法，确定了酒精从胃肠进入血液的速率系数和酒精从血液渗透出体外的速率系数,根据模型得到的结果基本符合实际. 模型很好地描述了酒精在体内的变化规律，在酒精摄入时能够较为准确地预测出不同时间的血液酒精浓度. 对驾驶人员安排喝酒与开车的关系具有指导性作用,并能够有效地防止酒后驾车的发生.

模型的优点:①模型把复杂的生理循环问题转化为酒精从肠胃(吸收室)到血液与体液(中心室)的简单变化；②模型简明易懂,具有较好的通用性.

模型的缺点:本模型是通过拟合产生的存在近似误差；另外模型未考虑不同的人对酒精的消耗速率可能存在差异.

模型的推广:模型作一些修改后可以用于药物动力学问题研究,对药物在体内的浓度变化进行研究具有一定的参考价值.

18 飞机巡航问题

18.1 问题的提出

我方有一个基地，经度和纬度为(70, 40). 假设我方飞机的速度为 1 000 km/h. 我方派一架飞机从基地出发，侦察完敌方所有目标，再返回原来的基地. 在敌方每一目标点的侦察时间不计，求该架飞机所花费的时间(假设我方飞机巡航时间可以充分长).

这是一个旅行商问题. 给我方基地编号为 1，敌方目标依次编号为 2, 3, …, 101，最后我方基地再重复编号为 102(这样便于程序中计算). 距离矩阵 $\boldsymbol{D}=(d_{ij})_{102\times 102}$，其中 d_{ij} 表示 i, j 两点的距离，$i, j=1, 2, \cdots, 102$，这里 $\boldsymbol{D}$ 为实对称矩阵. 则问题是求一个从点 1 出发，走遍所有中间点，到达点 102 的一个最短路径.

已知敌方 100 个目标的经度、纬度见表 18-1.

表 18-1 经度和纬度数据表

经度	纬度	经度	纬度	经度	纬度	经度	纬度
53.712 1	15.304 6	51.175 8	0.032 2	46.325 3	28.275 3	30.331 3	6.934 8
56.543 2	21.418 8	10.819 8	16.252 9	22.789 1	23.104 5	10.158 4	12.481 9
20.105 0	15.456 2	1.945 1	0.205 7	26.495 1	22.122 1	31.484 7	8.964 0
26.241 8	18.176 0	44.035 6	13.540 1	28.983 6	25.987 9	38.472 2	20.173 1
28.269 4	29.001 1	32.191 0	5.869 9	36.486 3	29.728 4	0.971 8	28.147 7
8.958 6	24.663 5	16.561 8	23.614 3	10.559 7	15.117 8	50.211 1	10.294 4
8.151 9	9.532 5	22.107 5	18.556 9	0.121 5	18.872 6	48.207 7	16.888 9
31.949 9	17.630 9	0.773 2	0.465 6	47.413 4	23.778 3	41.867 1	3.566 7
43.547 4	3.906 1	53.352 4	26.725 6	30.816 5	13.459 5	27.713 3	5.070 6
23.922 2	7.630 6	51.961 2	22.851 1	12.793 8	15.730 7	4.956 8	8.366 9
21.505 1	24.090 9	15.254 8	27.211 1	6.207 0	5.144 2	49.243 0	16.704 4
17.116 8	20.035 4	34.168 8	22.757 1	9.440 2	3.920 0	11.581 2	14.567 7
52.118 1	0.408 8	9.555 9	11.421 9	24.450 9	6.563 4	26.721 3	28.566 7
37.584 8	16.847 4	35.661 9	9.933 3	24.465 4	3.164 4	0.777 5	6.957 6
14.470 3	13.636 8	19.866 0	15.122 4	3.161 6	4.242 8	18.524 5	14.359 8
58.684 9	27.148 5	39.516 8	16.937 1	56.508 9	13.709 0	52.521 1	15.795 7

续 表

经度	纬度	经度	纬度	经度	纬度	经度	纬度
38.4300	8.4648	51.8181	23.0159	8.9983	23.6440	50.1156	23.7816
13.7909	1.9510	34.0574	23.3960	23.0624	8.4319	19.9857	5.7902
40.8801	14.2978	58.8289	14.5229	18.6635	6.7436	52.8423	27.2880
39.9494	29.5114	47.5099	24.0664	10.1121	27.2662	28.7812	27.6659
8.0831	27.6705	9.1556	14.1304	53.7989	0.2199	33.6490	0.3980
1.3496	16.8359	49.9816	6.0828	19.3635	17.6622	36.9545	23.0265
15.7320	19.5697	11.5118	17.3884	44.0398	16.2635	39.7139	28.4203
6.9909	23.1804	38.3392	19.9950	24.6543	19.6057	36.9980	24.3992
4.1591	3.1853	40.1400	20.3030	23.9876	9.4030	41.1084	27.7149

18.2 问题的分析与建模

上面问题中给定的是地理坐标(经度和纬度),我们必须求两点间的实际距离.设 A, B 两点的地理坐标分别为 (x_1, y_1), (x_2, y_2),过 A, B 两点的大圆的劣弧长即为两点的实际距离.以地心为坐标原点 O,以赤道平面为 XOY 平面,以 0 度经线圈所在的平面为 XOZ 平面建立三维直角坐标系.则 A, B 两点的直角坐标分别为

$$A(R\cos x_1\cos y_1, R\sin x_1\sin y_1, R\sin y_1),$$
$$B(R\cos x_2\cos y_2, R\sin x_2\sin y_2, R\sin y_2),$$

其中 $R = 6\,300$ 为地球的半径.

A, B 两点的实际距离为

$$d = R\arccos\left(\frac{OA\cdot OB}{|OA|\cdot|OB|}\right),$$

化简得

$$d = R\arccos[\cos(x_1 - x_2)\cos y_1\cos y_2 + \sin y_1\sin y_2].$$

18.3 模型求解——模拟退火算法

18.3.1 模拟退火算法的描述

1. 解空间

解空间 S 可表为 $\{1, 2, \cdots, 102\}$ 的所有固定起点和终点的循环排列集合,即 $S = \{(\pi_1, \pi_2, \cdots, \pi_{102}) \mid \pi_1 = 1, (\pi_2, \pi_3, \cdots, \pi_{102})$ 为 $\{2, 3, \cdots, 101\}$ 的循环排列, $\pi_{102} = 102\}$,其中,每一个循环排列表示侦察 100 个目标的一个回路, $\pi_i = j$ 表示在第 $i-1$ 次的侦察目标 j,初始解可选为 $(1, 2, \cdots, 102)$,这里先使用 Monte

Carlo 方法求得一个较好的初始解.

2. 目标函数

此时的目标函数(或称代价函数)为侦察所有目标的路径长度.要求

$$\min f(\pi_1, \pi_2, \cdots, \pi_{102}) = \sum_{i=1}^{101} d_{\pi_i \pi_{i+1}},$$

而一次迭代由后面的三步构成.

3. 新解的产生

设上一步的解为 $\pi_1 \cdots \pi_{u-1}\pi_u\pi_{u+1}\cdots\pi_{v-1}\pi_v\pi_{v+1}\cdots\pi_{w-1}\pi_w\pi_{w+1}\cdots\pi_{102}$.

(1) 2 变换法

任选序号 u, v, 交换 u 与 v 之间的顺序,变成逆序,此时的新路径为

$$\pi_1 \cdots \pi_{u-1}\pi_v\pi_{v-1}\cdots\pi_{u+1}\pi_u\pi_{v+1}\cdots\pi_{102}.$$

(2) 3 变换法

任选序号 u, v 和 w, 将 u 和 v 之间的路径插到 w 之后,对应的新路径为

$$\pi_1 \cdots \pi_{u-1}\pi_{v+1}\cdots\pi_w\pi_u\cdots \pi_v\pi_{w+1}\cdots\pi_{102}.$$

4. 代价函数差

对于 2 变换法,路径差可表示为

$$\Delta f = (d_{\pi_{u-1}\pi_v} + d_{\pi_u\pi_{v+1}}) - (d_{\pi_{u-1}\pi_u} + d_{\pi_v\pi_{v+1}}).$$

5. 接受准则

$$P = \begin{cases} 1, & \Delta f < 0, \\ \exp\left(-\dfrac{\Delta f}{T}\right), & \Delta f \geqslant 0. \end{cases}$$

如果 $\Delta f < 0$, 则接受新的路径;否则,以概率 $\exp\left(-\dfrac{\Delta f}{T}\right)$ 接受新的路径,即用计算机产生一个[0, 1]区间上均匀分布的随机数 rand,若 rand $\leqslant \exp\left(-\dfrac{\Delta f}{T}\right)$, 则接受.

6. 降温

利用选定的降温系数 α 进行降温,取新的温度 T 为 αT (这里 T 为上一步迭代的温度),这里选定 $\alpha = 0.999$.

7. 结束条件

用选定的终止温度 $e = 10^{-30}$, 判断退火过程是否结束.若 $T < e$, 则算法结束,输出当前状态.

18.3.2 模拟退火算法的 MATLAB 程序及结论

模拟退火算法的 MATLAB 程序如下:

```
clear
sj = load('sj.txt');
    % 加载 100 个目标的数据,数据按照表格中的位置保存在纯文本文件 sj.txt 中
x = sj(:,[1:2:8]);x = x(:);
y = sj(:,[2:2:8]);y = y(:);
sj = [x y]; d1 = [70, 40];
sj = [d1;sj;d1]; sj = sj * pi/180;        % 角度化成弧度
d = zeros(102);                           % 距离矩阵 D 初始化
for i = 1:101
  for j = i + 1:102
d(i,j) = 6370 * acos(cos(sj(i, 1) - sj(j, 1)) * cos(sj(i, 2)) * cos(sj(j, 2)) +
sin(sj(i, 2)) * sin(sj(j, 2)));
  end
end
d = d + d';
path = [];long = inf;                     % 巡航路径及长度初始化
rand('state',sum(clock));                 % 初始化随机数发生器
for j = 1:1000                            % 求较好的初始解
    path0 = [1 1 + randperm(100), 102]; temp = 0;
    for i = 1:101
        temp = temp + d(path0(i),path0(i + 1));
    end
    if temp<long
        path = path0; long = temp;
    end
end
e = 0.1^30;L = 20000;at = 0.999;T = 1;
for k = 1:L                               % 退火过程
c = 2 + floor(100 * rand(1, 2));          % 产生新解
c = sort(c); c1 = c(1);c2 = c(2);         % 计算代价函数值的增量
df = d(path(c1 - 1),path(c2)) + d(path(c1),path(c2 + 1)) - d(path(c1 - 1),path
(c1)) - d(path(c2),path(c2 + 1));
  if df<0                                 % 接受准则
  path = [path(1:c1 - 1),path(c2: - 1:c1),path(c2 + 1:102)]; long = long + df;
  elseif exp( - df/T)>rand
  path = [path(1:c1 - 1),path(c2: - 1:c1),path(c2 + 1:102)]; long = long + df;
```

```
  end
  T = T * at;
   if T<e
       break;
   end
end
path, long                                    % 输出巡航路径及路径长度
xx = sj(path, 1);yy = sj(path, 2);
plot(xx, yy,'- *')                            % 画出巡航路径
```

结果为 44 h 左右. 其中的一个巡航路径的结果如下:

```
Columns 1 through 15
1   35   95   52   101   99   21   56   55   96   6   89   12   53   54
Columns 16 through 30
9   5    75   33   32    37   71   22   7    68   25  81   58   23   47
Columns 31 through 45
28  57   88   16   91    4    41   73   13   24   49  61   78   39   8
Columns 46 through 60
86  90   66   34   29    26   62   63   19   70   94  69   76   11   64
Columns 61 through 75
65  85   77   60   79    31   97   84   10   18   40  20   30   74   42
Columns 76 through 90
15  50   80   38   44    100  98   51   59   46   93  43   36   83   87
Columns 91 through 102
92  2    82   48   27    14   72   67   45   3    17  102
```

其中的一个巡航路径如图 18-1 所示.

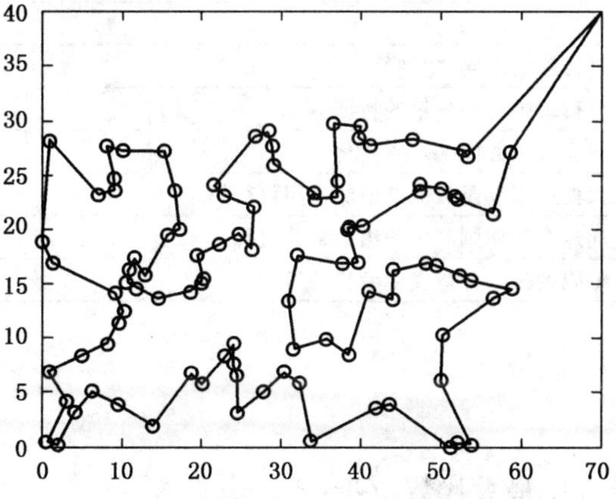

图 18-1　模拟退火算法得到的巡航路径图

18.4 模型求解——遗传算法

18.4.1 遗传算法概述

遗传算法(Genetic Algorithms,简称 GA)是一种基于自然选择原理和自然遗传机制的搜索(寻优)算法,它是模拟自然界中的生命进化机制,在人工系统中实现特定目标的优化.遗传算法的实质是通过群体搜索技术,根据适者生存的原则逐代进化,最终得到最优解或准最优解.它必须做以下操作:初始群体的产生、求每一个体的适应度、根据适者生存的原则选择优良个体、被选出的优良个体两两配对,通过随机交叉其染色体的基因并随机变异某些染色体的基因后生成下一代群体,按此方法使群体逐代进化,直到满足进化终止条件.其实现方法如下:

(1) 根据具体问题确定可行解域,确定一种编码方法,能用数值串或字符串表示可行解域的每一解.

(2) 对每一解应有一个度量好坏的依据,它用一函数表示,称为适应度函数,一般由目标函数构成.

(3) 确定进化参数群体规模 M,交叉概率 p_c,变异概率 p_m,进化终止条件.

为便于计算,一般来说,每一代群体的个体数目都取相等.群体规模越大,越容易找到最优解,但由于受到计算机运算能力的限制,群体规模越大,计算所需要的时间也相应增加.进化终止条件指的是进化到什么时候结束,它可以设定到某一代进化结束,也可以根据找出近似最优是否满足精度要求来确定.

表 18-2 列出了生物遗传概念在遗传算法中的对应关系.

表 18-2　生物遗传概念在遗传算法中的对应关系

生物遗传概念	遗传算法中的作用
适者生存	算法停止时,最优目标值的解有最大的可能被留住
个体	可行解
染色体	可行解的编码
基因	可行解中每一分量的特征
适应性	适应度函数值
种群	根据适应度函数值选取的一组可行解
交配	通过交配原则产生一组新解的过程
变异	编码的某一分量发生变化的过程

18.4.2 遗传算法的描述

参数设定如下:

种群大小:$M=50$;最大代数:$G=1\,000$;

交叉概率：$p_c=1$，交叉概率为 1 能保证种群的充分进化；

变异率：$p_m=0.1$，一般而言，变异发生的可能性较小.

(1) 编码策略

采用十进制编码，用随机数列 $\omega_1, \omega_2, \cdots, \omega_{102}$ 作为染色体，其中 $0\leqslant \omega_i\leqslant 1$ $(i=2, 3, \cdots, 101)$，$\omega_1=0$，$\omega_{102}=1$，每一个随机序列都和种群中的一个个体相对应. 例如，一个 9 目标问题的一个染色体为

$$[0.23, 0.82, 0.45, 0.74, 0.87, 0.11, 0.56, 0.69, 0.78].$$

其中，编码位置 i 代表目标 i，位置 i 的随机数表示目标 i 在巡回中的顺序. 我们将这些随机数按升序排列得到如下巡回：

$$6-1-3-7-8-4-9-2-5.$$

(2) 初始种群

本章中我们先利用经典的近似算法——改良圈算法求得一个较好的初始种群. 即对于随机产生的初始圈

$$C=\pi_1\cdots\pi_{u-1}\pi_u\pi_{u+1}\cdots\pi_{v-1}\pi_v\pi_{v+1}\cdots\pi_{102},$$

$$2\leqslant u<v\leqslant 101,\quad 2\leqslant \pi_u<\pi_v\leqslant 101.$$

交换 u 与 v 之间的顺序，此时的新路径为

$$\pi_1\cdots\pi_{u-1}\pi_v\pi_{v-1}\cdots\pi_{u+1}\pi_u\pi_{v+1}\cdots\pi_{102}.$$

记 $\Delta f=(d_{\pi_{u-1}\pi_v}+d_{\pi_u\pi_{v+1}})-(d_{\pi_{u-1}\pi_u}+d_{\pi_v\pi_{v+1}})$，若 $\Delta f<0$，则以新的路径修改旧的路径，直到不能修改为止，就得到一个比较好的可行解.

(3) 目标函数

目标函数为侦察所有目标的路径长度，适应度函数就取为目标函数. 我们要求

$$\min f(\pi_1, \pi_2, \cdots, \pi_{102})=\sum_{i=1}^{101} d_{\pi_i\pi_{i+1}}.$$

(4) 交叉操作

我们的交叉操作采用单点交叉. 设计如下，对于选定的两个父代个体 $f_1=\omega_1\omega_2\cdots\omega_{102}$，$f_2=\omega'_1\omega'_2\cdots\omega'_{102}$，随机地选取第 t 个基因处为交叉点，则经过交叉运算后得到的子代编码为 s_1 和 s_2，s_1 的基因由 f_1 的前 t 个基因和 f_2 的后 $102-t$ 个基因构成，s_2 的基因由 f_2 的前 t 个基因和 f_1 的后 $102-t$ 个基因构成，例如：

$$f_1=[0, 0.14, 0.25, 0.27, \mid 0.29, 0.54, \cdots, 0.19, 1],$$

$$f_2=[0, 0.23, 0.44, 0.56, \mid 0.74, 0.21, \cdots, 0.24, 1].$$

设交叉点为第四个基因处，则

$$s_1=[0, 0.14, 0.25, 0.27, \mid 0.74, 0.21, \cdots, 0.24, 1],$$

$$s_2 = [0, 0.23, 0.44, 0.56, | 0.29, 0.54, \cdots, 0.19, 1].$$

交叉操作的方式有很多种选择，应该尽可能选取好的交叉方式，保证子代能继承父代的优良特性. 同时这里的交叉操作也蕴含了变异操作.

(5) 变异操作

变异也是实现群体多样性的一种手段，同时也是全局寻优的保证. 具体设计如下，按照给定的变异率，对选定变异的个体，随机地取三个整数，满足 $1 < u < v < w < 102$，把 u，v 之间(包括 u 和 v) 的基因段插到 w 后面.

(6) 选择

采用确定性的选择策略，也就是说选择目标函数值最小的 M 个个体进化到下一代，这样可以保证父代的优良特性被保存下来.

18.4.3 遗传算法的 MATLAB 程序及结论

应用遗传算法计算巡航路径，其 MATLAB 程序如下：

```
    clear
sj = load('sj.txt');                       % 加载 100 个目标的数据
x = sj(:, 1:2:8); x = x(:);
y = sj(:, 2:2:8); y = y(:);
sj = [x y]; d1 = [70, 40];
sj = [d1;sj;d1]; sj = sj * pi/180;         % 单位化成弧度
d = zeros(102);                            % 距离矩阵 D 的初始值
for i = 1:101
  for j = i + 1:102
  d(i,j) = 6370 * acos(cos(sj(i, 1) - sj(j, 1)) * cos(sj(i, 2)) * cos(sj(j, 2))
 + sin(sj(i, 2)) * sin(sj(j, 2)));
  end
end
d = d + d'; w = 50; g = 100;               % w 为种群的个数,g 为进化的代数
rand('state',sum(clock));                  % 初始化随机数发生器
for k = 1:w                                % 通过改良圈算法选取初始种群
    c = randperm(100);                     % 产生 1, 2, …, 100 的一个全排列
    c1 = [1,c + 1, 102];                   % 生成初始解
    for t = 1:102                          % 该层循环是修改圈
        flag = 0;                          % 修改圈退出标志
    for m = 1:100
      for n = m + 2:101
        if d(c1(m),c1(n)) + d(c1(m + 1),c1(n + 1))<d(c1(m),c1(m + 1)) + d(c1
```

```
(n),c1(n+1))
        c1(m+1:n)=c1(n:-1:m+1);  flag=1;  % 修改圈
      end
    end
  end
 if flag==0
   J(k,c1)=1:102; break          % 记录下较好的解并退出当前层循环
 end
 end
end
J(:, 1)=0; J=J/102;
               % 把整数序列转换成[0, 1]区间上的实数,即转换成染色体编码
for k=1:g                        % 该层循环进行遗传算法的操作
   A=J;                          % 交配产生子代B的初始染色体
  c=randperm(w);                 % 产生下面交叉操作的染色体对
   for i=1:2:w
     F=2+floor(100*rand(1));     % 产生交叉操作的地址
     temp=A(c(i),[F:102]);       % 中间变量的保存值
     A(c(i),[F:102])=A(c(i+1),[F:102]);  % 交叉操作
     A(c(i+1),F:102)=temp;
  end
  by=[];                         % 为了防止下面产生空地址,这里先初始化
while ~length(by)
  by=find(rand(1,w)<0.1);        % 产生变异操作的地址
end
B=A(by,:);                       % 产生变异操作的初始染色体
for j=1:length(by)
 bw=sort(2+floor(100*rand(1, 3)));
                                 % 产生变异操作的3个地址
 B(j,:)=B(j,[1:bw(1)-1,bw(2)+1:bw(3),bw(1):bw(2),bw(3)+1:102]);
                                 % 交换位置
end
 G=[J;A;B];                      % 父代和子代种群合在一起
 [SG,ind1]=sort(G, 2);           % 把染色体翻译成1, 2, …, 102的序列ind1
 num=size(G, 1); long=zeros(1, num);
                                 % 路径长度的初始值
 for j=1:num
```

```
    for i = 1:101
    long(j) = long(j) + d(ind1(j,i),ind1(j,i+1));
                                           % 计算每条路径长度
    end
  end
   [slong,ind2] = sort(long);              % 对路径长度按照从小到大排序
   J = G(ind2(1:w),:);                     % 精选前 w 个较短的路径对应的染色体
end
path = ind1(ind2(1),:), flong = slong(1)   % 解的路径及路径长度
xx = sj(path, 1);yy = sj(path, 2);
plot(xx, yy,'-o')                          % 画出路径
```

结果为 40 h 左右. 其中的一个巡航路径的结果如下:

```
Columns 1 through 15
1   52   101   99   21   56   100   98   38   44   55   96   6   89   54
Columns 16 through 30
5   75   33   73   4   41   91   24   13   53   12   32   37  71   22
Columns 31 through 45
7   68   25   81   58  23   47   57   28   49   61   16   88  78   39
Columns 46 through 60
8   86   90   66   34   29   26   62   63   19   70   94   69  76   11
Columns 61 through 75
64 65   85   77   31   97   84   10   27   14   72   48   82  30   20
Columns 76 through 90
18 40   79   60   9   15   42   50   80   51   74   83   87  92   2
Columns 91 through 102
67 45   3   36   43   93   59   46   95   35   17   102
```

其中的一个巡航路径如图 18-2 所示.

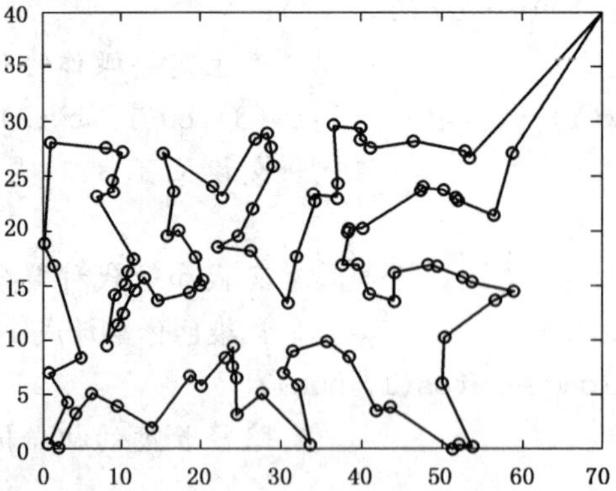

图 18-2　遗传算法得到的巡航路径图

19　我国各地区普通高等教育发展状况

19.1　问题的提出

近些年来，我国普通高等教育得到了迅速发展，为国家培养了大批人才. 但由于我国各地区经济发展水平不均衡，加之高等院校原有布局使各地区高等教育发展的起点不一致，因而各地区普通高等教育的发展水平存在一定的差异，不同的地区具有不同的特点.

根据以下“综合评价指标体系”和我国各地区普通高等教育发展状况数据(表19-1)，建立数学模型，并且对我国各地区普通高等教育的发展状况进行分类，并指出各类地区普通高等教育发展状况的差异与特点；对我国各地区普通高等教育发展水平进行综合评价和排名，并对这个排名和综合评价结果进行简要分析.

综合评价指标体系：

高等教育是依赖高等院校进行的，高等教育的发展状况主要体现在高等院校的相关方面. 遵循可比性原则，从高等教育的五个方面选取十项评价指标. 五个方面和十项评价指标如下：

(1)“高等院校规模”的评价指标为“平均每所高等院校在校生数”；

(2)“高等院校数量”的评价指标为“每百万人口学校数”；

(3)“高等院校学生数量”的评价指标为“每十万人口毕业生数”“每十万人口招生数”“每十万人口在校生数”；

(4)“教职工情况”的评价指标为“每十万人口教职工数”“每十万人口专职教师数”“高级职称占专职教师的比例”；

(5)“经费投入”的评价指标为“国家财政预算内普通高等教育经费占国民生产总值的比重”“生均教育经费”.

“高等教育发展水平”的五个方面和十项评价指标，如图19-1所示.

数据资料：

指标的原始数据取自《中国统计年鉴(1995)》和《中国教育统计年鉴(1995)》，除以各地区相应的人口数得到十项指标值见表19-1. 其中，x_1 为每百万人口高等院校数，x_2 为每十万人口高等院校毕业生数，x_3 为每十万人口高等院校招生数，x_4 为每十万人口高等院校在校生数，x_5 为每十万人口高等院校教职工数，x_6 为每十万人口高等院校专职教师数，x_7 为高级职称占专职教师的比例，x_8 为平均每所高等院校的

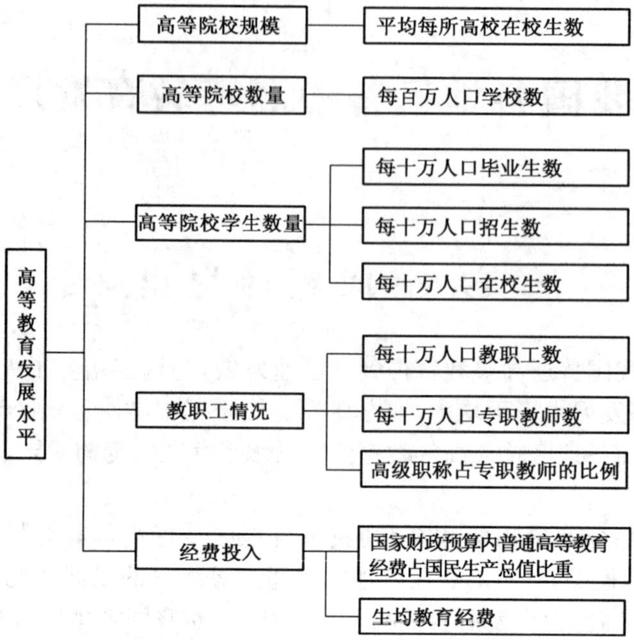

图 19-1　五个方面和十项评价指标

在校生数，x_9 为国家财政预算内普通高等教育经费占国民生产总值的比重，x_{10} 为生均教育经费. 我国各地区普通高等教育发展状况数据，见表 19-1.

表 19-1　　我国各地区普通高等教育发展状况数据

序号	地区	x_1	x_2	x_3	x_4	x_5	x_6	x_7	x_8	x_9	x_{10}
1	北京	5.96	310	461	1 557	931	319	44.36	2 615	2.20	13 631
2	上海	3.39	234	308	1 035	498	161	35.02	3 052	0.90	12 665
3	天津	2.35	157	229	713	295	109	38.40	3 031	0.86	9 385
4	陕西	1.35	81	111	364	150	58	30.45	2 699	1.22	7 881
5	辽宁	1.50	88	128	421	144	58	34.30	2 808.	0.54	7 733
6	吉林	1.67	86	120	370	153	58	33.53	2 215	0.76	7 480
7	黑龙江	1.17	63	93	296	117	44	35.22	2 528	0.58	8 570
8	湖北	1.05	67	92	297	115	43	32.89	2 835	0.66	7 262
9	江苏	0.95	64	94	287	102	39	31.54	3 008	0.39	7 786
10	广东	0.69	39	71	205	61	24	34.50	2 988	0.37	11 355
11	四川	0.56	40	57	177	61	23	32.62	3 149	0.55	7 693
12	山东	0.57	58	64	181	57	22	32.95	3 202	0.28	6 805

续 表

序号	地区	x_1	x_2	x_3	x_4	x_5	x_6	x_7	x_8	x_9	x_{10}
13	甘肃	0.71	42	62	190	66	26	28.13	2 657	0.73	7 282
14	湖南	0.74	42	61	194	61	24	33.06	2 618	0.47	6 477
15	浙江	0.86	42	71	204	66	26	29.94	2 363	0.25	7 704
16	新疆	1.29	47	73	265	114	46	25.93	2 060	0.37	5 719
17	福建	1.04	53	71	218	63	26	29.01	2 099	0.29	7 106
18	山西	0.85	53	65	218	76	30	25.63	2 555	0.43	5 580
19	河北	0.81	43	66	188	61	23	29.82	2 313	0.31	5 704
20	安徽	0.59	35	47	146	46	20	32.83	2 488	0.33	5 628
21	云南	0.66	36	40	130	44	19	28.55	1 974	0.48	9 106
22	江西	0.77	43	63	194	67	23	28.81	2 515	0.34	4 085
23	海南	0.70	33	51	165	47	18	27.34	2 344	0.28	7 928
24	内蒙古	0.84	43	48	171	65	29	27.65	2 032	0.32	5 581
25	西藏	1.69	26	45	137	75	33	12.10	810	1.00	14 199
26	河南	0.55	32	46	130	44	17	28.41	2 341	0.30	5 714
27	广西	0.60	28	43	129	39	17	31.93	2 146	0.24	5 139
28	宁夏	1.39	48	62	208	77	34	22.70	1 500	0.42	5 377
29	贵州	0.64	23	32	93	37	16	28.12	1 469	0.34	5 415
30	青海	1.48	38	46	151	63	30	17.87	1 024	0.38	7 368

19.2 问题(1)的建模

问题(1)是对我国各地区普通高等教育的发展状况进行分类,可以采用多元统计分析中的“聚类分析”(Cluster Analysis). 聚类分析又称为群分析，它是对多个指标(或样本)进行定量分类的一种多元统计分析方法. 对指标进行分类，称为R型聚类分析;对样本进行分类,称为Q型聚类分析.

以下应用R型聚类分析方法和Q型聚类分析方法,对我国各地区普通高等教育的发展状况进行分类.

19.2.1 R型聚类分析的建模

1. 变量的相似性度量——相关系数法

定性考察反映高等教育发展状况的五个方面十项评价指标,可以看出,某些指标之间可能存在较强的相关性. 比如,每十万人口高等院校毕业生数、每十万人口高等院校招生数与每十万人口高等院校在校生数之间可能存在较强的相关性，每十万人口高等院校教职工数和每十万人口高等院校专职教师数之间可能存在较强的相关性.

在对多个变量(指标)进行聚类分析时,首先要确定变量的相似性度量,常用的变量相似性度量是相关系数.

设 $x_1, x_2, \cdots, x_{10}$ 为前文的十项评价指标,记指标 x_j 的取值 $(x_{1j}, x_{2j}, \cdots, x_{10j})^{\mathrm{T}} \in \mathbb{R}^{10}(j=1, 2, \cdots, 10)$,则可以用两个变量(指标) x_j 和 x_k 的样本相关系数作为它们的相似性度量 $(j, k=1, 2, \cdots, 10)$,即

$$r_{jk}=\frac{\sum_{i=1}^{10}(x_{ij}-\bar{x}_j)(x_{ik}-\bar{x}_k)}{\sqrt{\sum_{i=1}^{10}(x_{ij}-\bar{x}_j)^2\sum_{i=1}^{10}(x_{ik}-\bar{x}_k)^2}}, \tag{19.2.1}$$

其中, $\bar{x}_j=\frac{1}{10}\sum_{i=1}^{10}x_{ij}, j=1, 2, \cdots, 10.$

在对以上变量(指标)进行聚类时,可以利用相关系数矩阵 $\boldsymbol{R}=(r_{jk})_{10\times 10}$.

根据式(19.2.1)中给出的 $r_{jk}(j, k=1, 2, \cdots, 10)$, r_{jk} 有如下性质:

(1) $|r_{jk}|\leqslant 1$,对于一切 j, k,并且 $|r_{jk}|$ 越接近1, x_j 和 x_k 越相关(或越相似), $|r_{jk}|$ 越接近0, x_j 和 x_k 的相关性(或相似性)越弱.

(2) $r_{jk}=r_{kj}$,对于一切 j, k,特别地 $r_{jj}=1$. 这说明相关系数矩阵 $\boldsymbol{R}$ 是对称矩阵.

2. 变量聚类法——类平均法

在变量聚类问题中,常用的方法之一是类平均法(group average method).

类平均法定义两类变量 G_1, G_2 的距离为

$$R(G_1, G_2)=\frac{1}{n_1 n_2}\sum_{x_i\in G_1}\sum_{x_j\in G_2}\{d_{ij}\},$$

其中, $d_{ij}=1-|r_{ij}|$, n_1, n_2 分别为 G_1, G_2 中样本的个数.

19.2.2 Q型聚类分析的建模

首先对每个变量的数据分别进行标准化处理,样本点间相似性采用欧氏距离度量,类间距离的计算选用类平均法.

1. 对原始数据进行标准化处理

$x_1, x_2, \cdots, x_{10}$ 为前文的十项评价指标,第 i 个对象的第 j 个指标的取值为 x_{ij},把各 x_{ij} 转换成标准指标值 $\tilde{x}_{ij}$,有

$$\tilde{x}_{ij}=\frac{x_{ij}-\bar{x}_j}{s_j}, \quad i, j=1, 2, \cdots, 10.$$

其中，$\overline{x}_j = \frac{1}{10}\sum_{i=1}^{10} x_{ij}$，$s_j = \sqrt{\frac{1}{10}\sum_{i=1}^{10}(x_{ij} - \overline{x}_j)^2}$，$j = 1, 2, \cdots, 10$. 即 $\overline{x}_j$ 和 s_j 分别为第 j 个指标的样本均值和样本标准差.

相应地，称

$$\tilde{x}_j = \frac{x_j - \overline{x}_j}{s_j}, \quad j = 1, 2, \cdots, 10$$

为标准化指标变量.

2. 样本点间相似性采用欧氏距离度量

如果对于一群有待分类的样本点需用 p 个变量描述，则每个样本点可以看成是 $\mathbb{R}^p$ 空间中的一个点. 因此，很自然地想到可以用距离来度量样本点间的相似程度.

欧氏(Euclid)距离的定义为

$$d(x, y) = \sqrt{\sum_{i=1}^{p} |x_i - y_i|^2}.$$

欧氏距离的主要优点是当坐标轴进行正交旋转时，欧氏距离是保持不变的. 因此，如果对原坐标系进行平移和旋转变换，则变换后样本点间的距离和变换前完全相同.

3. 类间距离的计算选用类平均法

类平均法定义两个样本类 G_1，G_2 的距离为

$$D(G_1, G_2) = \frac{1}{n_1 n_2}\sum_{x_i \in G_1}\sum_{x_j \in G_2} d(x_i, x_j),$$

它等于 G_1，G_2 中两样本点距离的平均，其中，n_1，n_2 分别为 G_1，G_2 中样本点的个数.

应该注意，这里的类平均法与 R 型聚类中的类平均法有所不同.

19.3 问题(1)的求解

19.3.1 R 型聚类分析的求解

应用 MATLAB 计算 10 个指标之间的相关系数(计算程序附后)，相关系数矩阵见表 19-2.

表 19-2　　相关系数矩阵

	x_1	x_2	x_3	x_4	x_5	x_6	x_7	x_8	x_9	x_{10}
x_1	1.000 0	0.943 4	0.952 8	0.959 1	0.974 6	0.979 8	0.406 5	0.066 3	0.868 0	0.660 9
x_2	0.943 4	1.000 0	0.994 6	0.994 6	0.974 3	0.970 2	0.613 6	0.350 0	0.803 9	0.599 8

续 表

	x_1	x_2	x_3	x_4	x_5	x_6	x_7	x_8	x_9	x_{10}
x_3	0.952 8	0.994 6	1.000 0	0.998 7	0.983 1	0.980 7	0.626 1	0.344 5	0.823 1	0.617 1
x_4	0.959 1	0.994 6	0.998 7	1.000 0	0.987 8	0.985 6	0.609 6	0.325 6	0.827 6	0.612 4
x_5	0.974 6	0.974 3	0.983 1	0.987 8	1.000 0	0.998 6	0.559 9	0.241 1	0.859 0	0.617 4
x_6	0.979 8	0.970 2	0.980 7	0.985 6	0.998 6	1.000 0	0.550 0	0.222 2	0.869 1	0.616 4
x_7	0.406 5	0.613 6	0.626 1	0.609 6	0.559 9	0.550 0	1.000 0	0.778 9	0.365 5	0.151 0
x_8	0.066 3	0.350 0	0.344 5	0.325 6	0.241 1	0.222 2	0.778 9	1.000 0	0.112 2	0.048 2
x_9	0.868 0	0.803 9	0.823 1	0.827 6	0.859 0	0.869 1	0.365 5	0.112 2	1.000 0	0.683 3
x_{10}	0.660 9	0.599 8	0.617 1	0.612 4	0.617 4	0.616 4	0.151 0	0.048 2	0.683 3	1.000 0

从表 19-2 可以看出，某些指标之间确实存在很强的相关性，因此可以考虑从这些指标中选取几个有代表性的指标进行聚类分析. 为此，把 10 个指标根据其相关性进行 R 型聚类，再从每个类中选取代表性的指标. 首先对每个变量(指标)的数据分别进行标准化处理. 变量间相近性度量采用相关系数，类间相近性度量的计算选用类平均法.

应用 MATLAB 画指标聚类树型图(有关程序附后)，如图 19-2 所示.

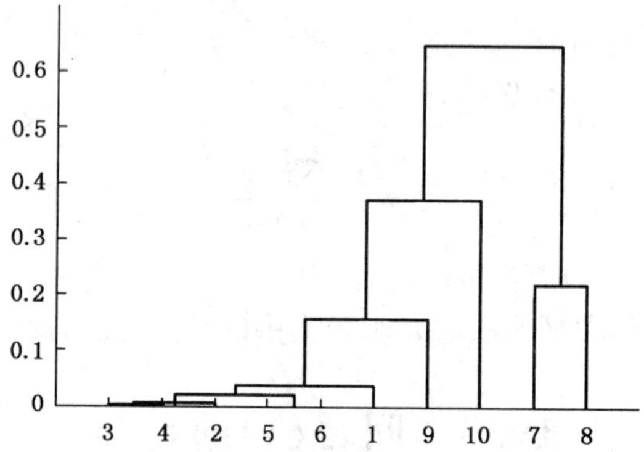

图 19-2　指标聚类树型图

应用 MATLAB 软件计算指标分类(计算程序附后)，指标分类结果如下：

第 1 类的有 1

第 2 类的有 2　3　4　5　6

第 3 类的有 9

第 4 类的有 7

第 5 类的有 8

第 6 类的有 10

应用 MATLAB 软件计算相关系数、画聚类树型图、计算分类结果，其 MAT-

LAB程序如下：

```
clc, clear
load gj.txt                     %把原始数据保存在纯文本文件 gj.txt 中
r = corrcoef(gj)                %计算相关系数矩阵
d = 1 - r;                      %进行数据变换,把相关系数转化为距离
d = tril(d);                    %取出矩阵 D 的下三角元素
d = nonzeros(d);                %取出非零元素
d = d';                         %化成行向量
z = linkage(d,'average');       %按类平均法聚类
dendrogram(z);                  %画聚类图
T = cluster(z,'maxclust', 6)    %把变量划分成 6 类
for i = 1:6
  tm = find(T = = i);           %求第 i 类的对象
    tm = reshape(tm, 1,length(tm));
  fprintf('第 % d 类的有 % s\n',i,int2str(tm));
                                %显示分类结果
end
```

从图 19-2 中可以看出,每十万人口高等院校招生数、每十万人口高等院校在校生数、每十万人口高等院校教职工数、每十万人口高等院校专职教师数、每十万人口高等院校毕业生数五个指标之间有较大的相关性,最先被聚到一起. 如果将 10 个指标分为六类,其他五个指标各自为一类. 这样就从 10 个指标中选定了 6 个指标：

x_1：每百万人口高等院校数；

x_2：每十万人口高等院校毕业生数；

x_7：高级职称占专职教师的比例；

x_8：平均每所高等院校的在校生数；

x_9：国家财政预算内普通高教经费占国内生产总值的比重；

x_{10}：生均教育经费.

可以根据这六个指标对 30 个地区进行聚类分析.

19.3.2 Q 型聚类分析的求解

根据以上 6 个指标对 30 个地区进行聚类分析. 首先对每个变量的数据分别进行标准化处理，样本间相似性采用欧氏距离度量,类间距离的计算选用类平均法.

应用 MATLAB 画各地区聚类树型图(有关程序附后),如图 19-3 所示.

应用 MATLAB 计算各地区分类结果（计算程序附后),各地区分类结果如下：

(1) 划分成 3 类的结果如下：

第 1 类的有 25

第2类的有 2　3　4　5　6　7　8　9　10　11　12　13　14　15　16　17　18　19　20　21　22　23　24　26　27　28　29　30

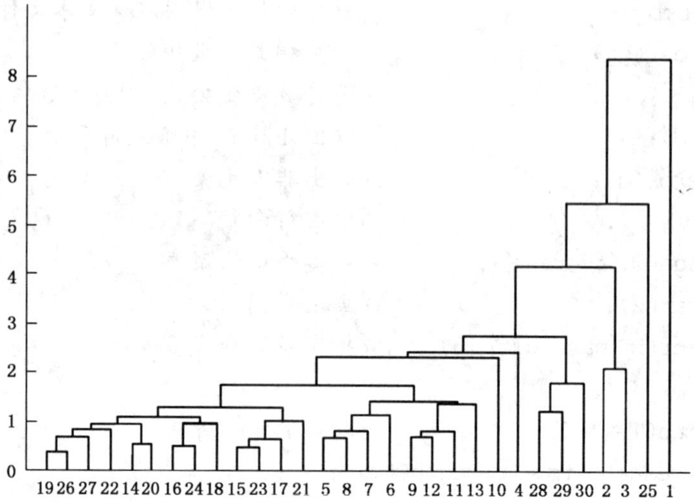

图 19-3　各地区聚类树型图

第3类的有 1

(2) 划分成4类的结果如下：

第1类的有 2　3

第2类的有 4　5　6　7　8　9　10　11　12　13　14　15　16　17　18　19　20　21　22　23　24　26　27　28　29　30

第3类的有 25

第4类的有 1

(3) 划分成5类的结果如下：

第1类的有 28　29　30

第2类的有 4　5　6　7　8　9　10　11　12　13　14　15　16　17　18　19　20　21　22　23　24　26　27

第3类的有 2　3

第4类的有 25

第5类的有 1

以上有关计算和画图的 MATLAB 程序如下：

```
clc,clear
load gj.txt          %把原始数据保存在纯文本文件 gj.txt 中
gj(:,3:6) = [];
                     %删除数据矩阵的第 3 至第 6 列,即使用变量 1, 2, 7, 8, 9, 10
gj = zscore(gj); %数据标准化
```

```
y = pdist(gj);                         %求对象间的欧氏距离,每行是一个对象
z = linkage(y,'average');              %按类平均法聚类
dendrogram(z);                         %画聚类图
for k = 3:5
  fprintf('划分成                       %d类的结果如下:\n',k
     T = cluster(z,'maxclust',k);      %把样本点划分成k类
     for i = 1:k
       tm = find(T = = i);             %求第i类的对象
       tm = reshape(tm, 1,length(tm));
                                       %变成行向量
     fprintf('第 % d类的有% s\n',i,int2str(tm));
                                       % 显示分类结果
    end
    if k = = 5
      break
    end
    fprintf('************************************ \n');
end
```

19.4 问题(1)的研究结果

19.4.1 分类的结果

各地区高等教育发展状况存在较大的差异,高教资源的地区分布很不均衡.

(1) 如果根据各地区高等教育发展状况把30个地区分为三类,结果为

第一类:北京;第二类:西藏;第三类:其他地区.

(2) 如果根据各地区高等教育发展状况把30个地区分为四类,结果为

第一类:北京;第二类:西藏;第三类:上海,天津;第四类:其他地区.

(3) 如果根据各地区高等教育发展状况把30个地区分为五类,结果为

第一类:北京;第二类:西藏;第三类:上海,天津;第四类:宁夏,贵州,青海;第五类:其他地区.

19.4.2 各类地区普通高等教育发展状况的差异与特点

从以上结果结合聚类图中的合并距离可以看出:

(1) 北京的高等教育状况与其他地区相比有非常大的不同,主要表现在每百万人口的学校数量和每十万人口的学生数量以及国家财政预算内普通高教经费占国内

生产总值的比重等方面远远高于其他地区，这与北京作为全国的政治、经济与文化中心的地位是吻合的.

(2) 上海和天津作为另外两个较早的直辖市，高等教育状况和北京是类似的状况.

(3) 宁夏、贵州和青海的高等教育状况极为类似,高等教育资源相对匮乏.

(4) 西藏作为一个非常特殊的民族地区,其高等教育状况具有和其他地区不同的情形，被单独聚为一类. 主要表现在每百万人口高等院校数比较高，国家财政预算内普通高教经费占国内生产总值的比重和生均教育经费也相对较高，而高级职称占专职教师的比例与平均每所高等院校的在校生数又都是全国最低的. 这正是西藏高等教育状况的特殊之处:人口相对较少，经费比较充足，高等院校规模较小，师资力量薄弱.

(5) 其他地区(除以上提到的)的高等教育状况较为类似，共同被聚为一类.

针对这种情况，建议有关部门可以采取相应措施对宁夏、贵州、青海和西藏地区进行扶持，促进当地高等教育事业的发展.

19.5　问题(2)的建模

问题(2)是对我国各地区普通高等教育发展水平进行综合评价排序,可以采用多元统计分析中的“主成分分析”(Principal Component Analysis).

对原始数据进行标准化处理、计算相关系数矩阵,同问题(1).

19.5.1　计算特征值和特征向量

计算相关系数矩阵 $\boldsymbol{R}$ 的特征值 $\lambda_1 \geqslant \lambda_2 \geqslant \cdots \geqslant \lambda_{10} \geqslant 0$, 及对应的特征向量 $\boldsymbol{u}_1$, $\boldsymbol{u}_2$, …, $\boldsymbol{u}_{10}$, 其中 $\boldsymbol{u}_j = (u_{1j}, u_{2j}, \cdots, u_{10j})^{\mathrm{T}}$. 由特征向量组成 10 个新的指标变量：

$$
\begin{aligned}
y_1 &= u_{11}\tilde{x}_1 + u_{21}\tilde{x}_2 + \cdots + u_{10,1}\tilde{x}_{10}, \\
y_2 &= u_{12}\tilde{x}_1 + u_{22}\tilde{x}_2 + \cdots + u_{10,2}\tilde{x}_{10}, \\
&\vdots \\
y_{10} &= u_{1,10}\tilde{x}_1 + u_{2,10}\tilde{x}_2 + \cdots + u_{10,10}\tilde{x}_{10}.
\end{aligned}
$$

其中, y_1 是第 1 主成分, y_2 是第 2 主成分, …, y_{10} 是第 10 主成分.

19.5.2　选择主成分与计算综合评价值

(1) 计算特征值 $\lambda_j (j = 1, 2, \cdots, 10)$ 的信息贡献率和累积贡献率.

称
$$b_j = \frac{\lambda_j}{\sum_{j=1}^{10} \lambda_j}, \quad j = 1, 2, \cdots, 10$$

为主成分 y_j 的信息贡献率；

称
$$\alpha_p = \frac{\sum_{j=1}^{p}\lambda_j}{\sum_{j=1}^{10}\lambda_j}$$

为主成分 y_1，y_2，…，y_p 的累积贡献率.

当 α_p 接近 1(一般取 $\alpha_p = 0.85, 0.90, 0.95$ 等)时，则选择前 p 个指标变量 y_1，y_2，…，y_p 作为 p 个主成分，代替原来 10 个指标变量，从而可对 p 个主成分进行综合分析.

(2) 计算综合得分.

称
$$Z = \sum_{j=1}^{p} b_j y_j$$

为综合得分. 其中，b_j 为第 j 个主成分的信息贡献率，根据综合得分值就可进行综合评价——排序.

从以上综合得分的定义，可以看出综合得分是以各主成分的信息贡献率为权重的加权平均.

19.6　问题(2)的求解

19.6.1　相关系数矩阵

定性考察反映高等教育发展状况的五个方面 10 个评价指标，可以看出，某些指标之间可能存在较强的相关性. 从"问题(1)的求解"得到的 10 个指标之间的相关系数矩阵可以看出某些指标之间确实存在很强的相关性，如果直接用这些指标进行综合评价，必然造成信息的重叠，影响评价结果的客观性. 主成分分析方法可以把多个指标转化为少数几个不相关的综合指标，因此，可以利用主成分进行综合评价.

19.6.2　前几个特征根及其贡献率

利用 MATLAB(相关计算程序附后)对 10 个评价指标进行主成分分析，相关系数矩阵的前六个特征根及其贡献率见表 19-3.

表 19-3　　主成分分析结果

序号	特征根	贡献率	累计贡献率
1	7.502 2	75.021 6%	75.021 6%
2	1.577 0	15.769 9%	90.791 5%
3	0.536 2	5.362 1%	96.153 6%

续 表

序号	特征根	贡献率	累计贡献率
4	0.206 4	2.063 8%	98.217 4%
5	0.145 0	1.450 0%	99.667 4%
6	0.022 2	0.221 9%	99.889 3%

从表 19-3 可以看出，前两个特征根的累计贡献率就达到 90%以上，主成分分析效果很好.

19.6.3 前四个特征根对应的特征向量

下面选取前四个主成分(累计贡献率就达到 98%以上)进行综合评价. 利用 MATLAB(相关计算程序附后)计算前四个特征根对应的特征向量，见表 19-4.

表 19-4 标准化变量的前四个主成分对应的特征向量

	$\tilde{x}_1$	$\tilde{x}_2$	$\tilde{x}_3$	$\tilde{x}_4$	$\tilde{x}_5$	$\tilde{x}_6$	$\tilde{x}_7$	$\tilde{x}_8$	$\tilde{x}_9$	$\tilde{x}_{10}$
1	0.349 7	0.359 0	0.362 3	0.362 3	0.360 5	0.360 2	0.224 1	0.120 1	0.319 2	0.245 2
2	−0.197 2	0.034 3	0.029 1	0.013 8	−0.050 7	−0.064 6	0.582 6	0.702 1	−0.194 1	−0.286 5
3	−0.163 9	−0.108 4	−0.090 0	−0.112 8	0.153 4	−0.164 5	−0.039 7	0.357 7	0.120 4	0.863 7
4	−0.102 2	−0.226 6	−0.169 2	−0.160 7	−0.044 2	−0.003 2	0.081 2	0.070 2	0.899 9	0.245 7

由此可得四个主成分，分别为

$$y_1 = 0.3497\tilde{x}_1 + 0.3590\tilde{x}_2 + \cdots + 0.2452\tilde{x}_{10},$$

$$y_2 = -0.1972\tilde{x}_1 + 0.0343\tilde{x}_2 + \cdots - 0.2865\tilde{x}_{10},$$

$$y_3 = -0.1639\tilde{x}_1 - 0.1084\tilde{x}_2 + \cdots + 0.8637\tilde{x}_{10},$$

$$y_4 = -0.1022\tilde{x}_1 - 0.2266\tilde{x}_2 + \cdots + 0.2457\tilde{x}_{10}.$$

从主成分的系数可以看出，第一主成分主要反映了前六个指标(学校数、学生数和教师数方面)的信息，第二主成分主要反映了高校规模和教师中高级职称的比例，第三主成分主要反映了生均教育经费，第四主成分主要反映了国家财政预算内普通高教经费占国内生产总值的比重.

把各地区原始 10 个指标的标准化数据代入四个主成分的表达式，就可以得到各地区的四个主成分值.

19.6.4 构建主成分综合评价模型

利用 MATLAB(相关计算程序附后)，分别以四个主成分的贡献率为权重，构建主成分综合评价模型：

$$Z = 0.7502y_1 + 0.1577y_2 + 0.0536y_3 + 0.0206y_4.$$

利用 MATLAB(相关计算程序附后)，把各地区的四个主成分值代入上式，可以得到各地区高教发展水平的排名和综合评价值的计算结果，见表 19-5.

表 19-5　　　　排名和综合评价值的计算结果

地区	北京	上海	天津	陕西	辽宁	吉林	黑龙江	湖北
名次	1	2	3	4	5	6	7	8
综合评价值	8.604 3	4.473 8	2.788 1	0.811 9	0.762 1	0.588 4	0.297 1	0.245 5
地区	江苏	广东	四川	山东	甘肃	湖南	浙江	新疆
名次	9	10	11	12	13	14	15	16
综合评价值	0.058 1	0.005 8	−0.268	−0.364 5	−0.487 9	−0.506 5	−0.701 6	−0.742 8
地区	福建	山西	河北	安徽	云南	江西	海南	内蒙古
名次	17	18	19	20	21	22	23	24
综合评价值	−0.769 7	−0.796 5	−0.889 5	−0.891 7	−0.955 7	−0.961 0	−1.014 7	−1.124 6
地区	西藏	河南	广西	宁夏	贵州	青海		
名次	25	26	27	28	29	30		
综合评价值	−1.147 0	−1.205 9	−1.225 0	−1.251 3	−1.651 4	−1.680 0		

以上有关计算的 MATLAB 程序如下：

```
clc,clear
load gj.txt                %把原始数据保存在纯文本文件 gj.txt 中
gj = zscore(gj);           %数据标准化
r = corrcoef(gj);          %计算相关系数矩阵
                           %下面利用相关系数矩阵进行主成分分析，x 的列
                             为 r 的特征向量，即主成分的系数
[x, y,z] = pcacov(r)       %y 为 r 的特征值，z 为各个主成分的贡献率
f = repmat(sign(sum(x)),size(x, 1), 1);
                           %构造与 x 同维数的元素为±1 的矩阵
x = x. * f;                %修改特征向量的正负号，每个特征向量乘以所有
                             分量和的符号函数值
num = 4;                   %num 为选取的主成分的个数
df = gj * x(:, 1:num);     %计算各个主成分的得分
tf = df * z(1:num)/100;    %计算综合得分
[stf,ind] = sort(tf,'descend');
                           %把得分按照从高到低的次序排列
stf = stf', ind = ind'
```

19.7 问题(2)的研究结果

(1) 对我国各地区普通高等教育发展水平的排名和综合评价值的计算结果见表19-5.

(2) 对以上排名和综合评价值的计算结果进行简要分析,主要有以下四个方面.

① 北京、上海、天津等地区高等教育发展水平遥遥领先,主要表现在每百万人口的学校数量和每十万人口的教师数量、学生数量以及国家财政预算内普通高教经费占国内生产总值的比重等方面.

② 陕西和东北三省高等教育发展水平也比较高.

③ 青海、贵州、宁夏、广西等地区高等教育发展水平比较落后,这些地区的高等教育发展需要政策和资金的扶持.

④ 值得一提的是,新疆、甘肃等经济不发达地区的高等教育发展水平居于中上游水平,可能是由于人口等原因造成的.

20 白血病临床治疗问题

20.1 问题的提出

在一项持续一年的急性白血病治疗的临床试验中,研究者将 42 名急性白血病患者(进入项目的时间有先后)随机地分成两组(各 21 人). 对一组患者用药物 6-MP 治疗以缓解病痛(处理组),而另一组患者用安慰剂(控制组). 安慰剂的外形和颜色与药物 6-MP 完全相同,但不含任何药物. 患者并不知道自己实际服用的究竟是药物还是安慰剂. 研究者记录下每个患者病痛缓解的持续时间(以周为单位),持续时间越长则疗效越好. 数据见表 20-1.

表 20-1　　处理组和控制组各 21 人的病痛缓解的持续时间(周)

处理组 (使用 6-MP) 21 人	6, 6, 6, 7, 10, 13, 16, 22, 23 6+, 9+, 10+, 11+, 17+, 19+, 20+, 25+, 32+, 32+, 34+, 35+
控制组 (使用安慰剂) 21 人	1, 1, 2, 2, 3, 4, 4, 5, 5 8, 8, 8, 8, 11, 11, 12, 12, 15, 17, 22, 23

说明 数据后面带有+号者,表示当项目结束时缓解仍在持续. 这种数据称为**删失数据**(censored data).

医学研究关注的问题是:使用 6-MP 能否显著延长病痛缓解的持续时间? 如果不能得到肯定的结论,则对该药物没有必要作进一步研究;反之,如果结论是肯定的,则研究者希望进一步对以后的患者在使用 6-MP 后的效果进行量化的研究.

20.2 问题的分析

用统计学的术语,白血病的缓解效果的分析是一个"两样本比较"问题. 在初等统计教科书中通常都介绍两样本均值比较的 t 检验. 但是我们现在面临的是一个复杂得多的问题. 首先,样本的分布是未知的,而且在时间数据的分析中,由于数据分布有很大的偏度,正态分布是一个"坏"的模型. 其次,数据是不完全的(有删失数据),常规的、用于完全数据的分析方法不能简单套用. 初学者最容易犯的一个错误是生搬硬套,这在建模中是最忌讳的.

统计学本身是一门科学,但在实际应用中,它更像是艺术. 通常对一个实际问题,有很多模型和方法可以采用，每种模型或方法各有其特性和使用条件. 统计的模型（方法）大致可以分成两大类：非参数模型和参数模型. 非参数模型对样本分布施加最少的限制，从而为模型的选择提供最大的自由. 但是非参数模型下采用的分析方法的效率不高，要求较大的样本容量. 参数模型若选择得恰当，则相应的分析方法的效率高，只需要较小的样本容量. 但是，参数模型若选择得不当，则不能很好地拟合数据，其分析结果反而可能产生误导. 在本案例中，样本容量不大. 我们将首先采用参数模型的分析方法.

第一步：分别对处理组和控制组的数据拟合一个满意的参数分布（最好是同一个分布族）.

第二步：用参数假设检验来判断处理组和控制组的缓解时间分布是否有显著差别，从而回答医学研究中“6-MP 能否显著延长病痛缓解的持续时间”的问题. 如果回答是否定的，则可以认为本项目得不出有意义的结果；如果回答是肯定的，则进入下一步.

第三步：预测以后的病人在使用 6-MP 后的缓解持续时间的有关参数，对 6-MP 的效果给出有足够置信度的量化评估.

20.3　对完全数据拟合分布

在表 20-1 的数据中，控制组（使用安慰剂）的数据是完全的，没有删失数据. 我们的第一步目标是要选择一个参数分布来拟合数据. 常用的拟合时间数据的参数模型（分布）有：指数分布，Weibull 分布，Gamma 分布，对数正态分布等. 在选择参数模型（分布）时，需要遵循以下三个原则：

(1) 合理性：每个实际问题都有一定的“背景机理”. 一般来说，统计模型的选择应该考虑背景机理.

(2) 适合性：模型应该能够较好地拟合数据.

(3) 简单性：当简单的模型可以相当满意地拟合数据时，不要采用复杂的模型.

在刻画时间分布模型的特征方面，“生存函数”（survivor function）和“危险率”（hazard rate）是两个重要的函数. 生存函数在可靠性统计中又称为“可靠度函数”（reliability function），它是寿命超过某个时刻的概率. 用 X 表示寿命，生存函数的定义是

$$S(t) = P\{X > t\}. \tag{20.3.1}$$

危险率在可靠性统计中又称为“失效率”（failure rate），它的定义是

$$h(t) = \lim_{\Delta t \to 0} \frac{P\{t < X \leqslant t + \Delta t \mid X > t\}}{\Delta t}. \tag{20.3.2}$$

根据生存函数的定义(20.3.1)，按照条件概率和导数的定义，由式(20.3.2)可得

$$
\begin{aligned}
h(t) &= \lim_{\Delta t \to 0} \frac{P\{t < X \leqslant t + \Delta t \mid X > t\}}{\Delta t} \\
&= \lim_{\Delta t \to 0} \frac{P\{t < X \leqslant t + \Delta t\}}{\Delta t\, P\{X > t\}} \\
&= \lim_{\Delta t \to 0} \frac{P\{X \leqslant t + \Delta t\} - P\{X \leqslant t\}}{\Delta t\, P\{X > t\}} \\
&= \lim_{\Delta t \to 0} \frac{(1 - P\{X > t + \Delta t\}) - (1 - P\{X > t\})}{\Delta t\, P\{X > t\}} \\
&= -\frac{1}{S(t)} \lim_{\Delta t \to 0} \frac{S(t + \Delta t) - S(t)}{\Delta t} \\
&= -\frac{S'(t)}{S(t)} \\
&= \frac{\mathrm{d}}{\mathrm{d}t}[-\ln S(t)].
\end{aligned} \tag{20.3.3}
$$

根据危险率 $h(t)$ 的发展趋势,“生存”模型可以分成以下三类:

(1) $h(t)$ 单调下降(成长阶段);

(2) $h(t)$ 保持不变(成熟阶段);

(3) $h(t)$ 单调上升(衰老阶段).

上述三类中,“$h(t)$ 保持不变”等价于指数分布,刻画在任何时刻随机(等可能)发生的死亡风险. 指数分布的生存函数 $S(t) = \mathrm{e}^{-\lambda t}$,其中参数 $\lambda = h(t) = \frac{1}{E(X)}$,$E(X)$ 是寿命 X 的数学期望.

在本案例中,由于缓解持续的时间不长(不超过一年),因此年龄、体质等可以影响缓解持续时间的因素作用不大,可以认为在任何时刻缓解持续的结束是随机的,故用指数分布刻画缓解持续时间是比较合理的. 此外,指数分布也满足简单性. 问题是,这种背景机理的考虑是否真的合理? 需要经受数据的考验.

首先,图方法是统计分析中借助直观帮助选择分布模型的重要方法. 对于指数分布,我们考察它的“累积危险率”(cumulative hazard rate):

$$
H(t) = \int_0^t h(u)\,\mathrm{d}u = -\ln S(t) = \lambda t. \tag{20.3.4}
$$

式(20.3.4)说明,对于指数分布,$H(t)$ 是关于时间变量 t 的直线(线性函数).

应用表 20-1 的数据,可以得到 $H(t)$ 的“经验估计” $H_n(t)$. 若 $H_n(t)$ 大致呈直线趋势,则可以直观地认为数据的拟合比较满意.

$H_n(t)$ 的获得是基于“经验分布”. 对于一组数据 $x_1, x_2, \cdots, x_n$,经验分布是对每一个数据赋予概率 $\frac{1}{n}$ $\left(\text{当有 } m \text{ 个数据等于同一个值时,则该值上的概率为} \frac{m}{n}\right)$.

生存函数 $S(t)$ 的经验估计为 $S_n(t) =$ “大于 t 的数据的个数” $\times \frac{1}{n}$. 这是一个单

调下降的阶梯函数，而 $H_n(t)=-\ln S_n(t)$.

对于控制组的 21 个数据，计算其经验生存函数 $S_n(t)$ 和经验累积危险率 $H_n(t)$ 在数据点上的值，其结果见表 20-2.

表 20-2　控制组（使用安慰剂）数据的 $S_n(t)$ 和 $H_n(t)$ 的值

t_i（数据值）	k_i（重复数）	$S_n(t_i)$	$H_n(t_i)$
1	2	0.905	0.100
2	2	0.810	0.211
3	1	0.762	0.272
4	2	0.667	0.405
5	2	0.571	0.560
8	4	0.381	0.965
11	2	0.286	1.252
12	2	0.190	1.661
15	1	0.143	1.945
17	1	0.095	2.354
22	1	0.048	3.037
23	1	0.000	—

根据表 20-2，画经验累积危险率 $H_n(t)$ 的 MATLAB 程序如下：

```
clear
x=[1, 2, 3, 4, 5, 8, 11, 12, 15, 17, 22];
y=[0.1, 0.211, 0.272, 0.405, 0.560, 0.965, 1.252, 1.661, 1.945, 2.354,
3.037];
plot(x, y, 'r*')
xlabel('t')
ylabel('Hn(t)')
```

结果如图 20-1 所示.

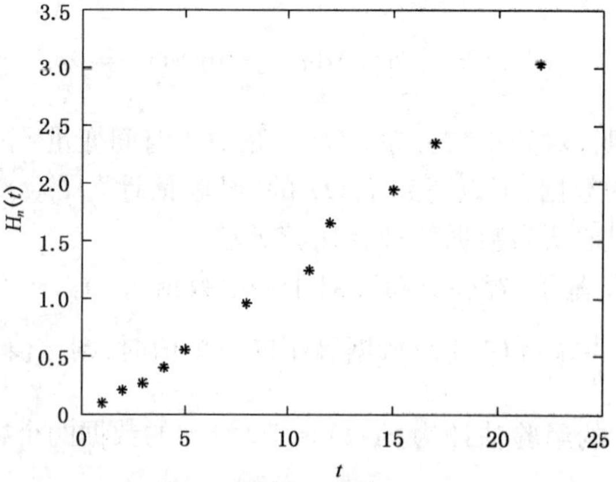

图 20-1　控制组（使用安慰剂）数据的 $H_n(t)$ 的图形

图 20-1 的图形非常接近于一条直线,因此可以认为指数分布很好地拟合了控制组数据.

指数分布只有一个参数 λ,其极大似然估计为 $\hat{\lambda} = \dfrac{1}{\overline{x}}$,其中 $\overline{x}$ 为样本均值. 对于控制组,根据表 20-1,$\overline{x} = 182/21 = 8.667$,$\hat{\lambda} = 0.115$. 因此,我们用数学期望 $E(X) = 8.667$ 的指数分布来拟合控制组数据.

以下我们可以用控制组数据的"经验分布函数" $F_n(t) = 1 - S_n(t)$ [其中 $S_n(t)$ 为经验生存函数]和数学期望 $E(X) = 8.667$ 的指数分布的"分布函数" $F(t)$ 来看拟合情况.

根据表 20-1 的数据,控制组数据的经验分布函数 $F_n(t)$ 图形,如图 20-2 所示(MATLAB 程序附后).

数学期望 $E(X) = 8.667$ 的指数分布的分布函数 $F(t)$ 图形,如图 20-3 所示(MATLAB 程序附后).

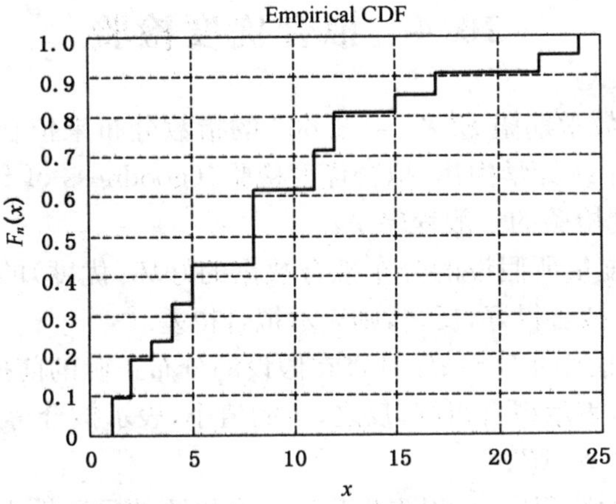

图 20-2 $F_n(t)$ 的图形

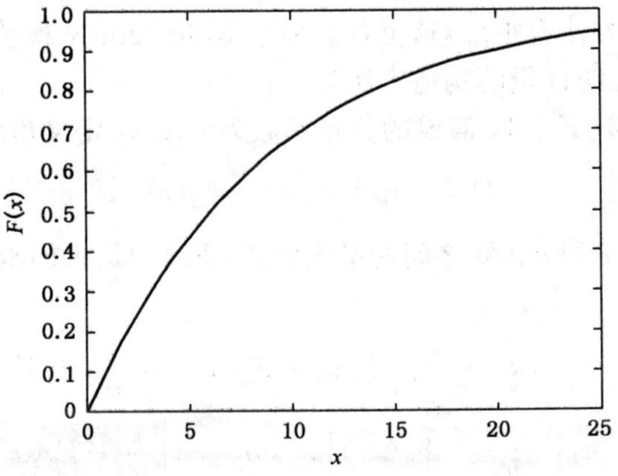

图 20-3 $F(t)$ 的图形

根据表 20-1,画 $F_n(t)$(经验分布函数)的 MATLAB 程序如下:

```
x=[1, 1, 2, 2, 3, 4, 4, 5, 5, 8, 8, 8, 8, 11, 11, 12, 12, 15, 17, 22, 23];
cdfplot(x)
```

结果如图 20-2 所示.

画 $F(t)$[数学期望为 $E(X)=8.667$ 的指数分布的分布函数]的 MATLAB 程序如下:

```
x=0:0.01:25;
y=expcdf(x, 8.667);
plot(x, y)
```

结果如图 20-3 所示.

从图 20-2 和图 20-3 可以看出,$F_n(t)$ 和 $F(t)$ 比较接近.但它们究竟接近程度如何,还要用下面的拟合优度来检验.

20.4 拟合优度检验

在前面我们用数学期望 $E(X)=8.667$ 的指数分布来拟合控制组数据.这个拟合的效果究竟如何?统计学中用"拟合优度检验"(goodness-of-fit test)对拟合的效果进行评估.拟合优度检验的一般程序是:

(1) 构造一个度量所假设的分布拟合数据的好坏(优度)的检验统计量 $D(D\geqslant 0)$. D 的值小,表示拟合得好;反之,则表示拟合得差.

(2) 根据计算得到的 $D=d$,计算在假设的分布正确的前提下的概率 $p=P(D\geqslant d)$,则 p 的值大,表示拟合得好;反之,p 的值小,表示拟合得差.这里的 p 就是"**拟合优度**",常简称为"p-值".

(3) 作为正式检验程序,可以事先指定一个检验的显著性水平 α,当 $p\geqslant\alpha$ 时,就接受所假设的分布;反之,当 $p<\alpha$ 时,就拒绝所假设的分布.

拟合优度检验方法有很多,这里我们采用 Kolmogorov 检验法,特别适用于单一分布的检验,其检验统计量的构造方法如下:

记经验分布函数 $F_n(t)$,假设的分布函数为 $F_0(t)$,定义检验统计量

$$D=\sup\mid F_n(t)-F_0(t)\mid,$$

D 是两个函数 $F_n(t)$ 和 $F_0(t)$ 之间的最大距离,$F_n(t)$ 是阶梯函数[其图形如图 20-2 所示].

对于一组数据 $x_1, x_2, \cdots, x_n$,注意到 $F_n(x_i)=\dfrac{i}{n}$,计算

$$d_{1i}=\left|\frac{i-1}{n}-F_0(x_i)\right|,\quad d_{2i}=\left|\frac{i}{n}-F_0(x_i)\right|,$$

则 $D=\max\{d_{1i}, d_{2i}\}$.

对于控制组数据，假设的分布为数学期望 $E(X)=8.667$ 的指数分布，经计算 $D=0.170$，相应的 p-值$=0.5$. 由于 p-值相当大，可以认为此分布对数据拟合得相当满意.

20.5 数据有删失时拟合分布的方法

对于处理组(使用 6-MP)，由于数据有删失，其经验分布不能如完全数据的场合那样简单. 另外，如果因为控制组的数据用指数分布拟合得相当满意，从而认为处理组的数据也可以用指数分布拟合，这种想法虽然有一定的道理，但理由并不充分. 对于处理组的数据，我们将采取如下的思路来拟合分布：

(1) 建立有删失数据的经验分布——乘积限估计(product limit estimator)；

(2) 用图方法直观选取一个看起来比较满意的分布族(当然，最好也是指数分布)；

(3) 对选取的分布族估计参数，选定一个分布.

首先说明有删失数据的经验分布——乘积限估计. 假定 n 个数据中有 d 个不同的"死亡"时间，按从小到大的顺序排列，记为 $0<t_1<t_2<\cdots<t_d$，并记 $t_0=0$. 在死亡时间 t_i 上的重复数据个数记为 k_i，$i=1, 2, \cdots, d(k_0=0)$，对于死亡时间 t_i，满足大于等于 t_i 的数据(包括死亡，删失和重复)个数记为 n_i，$i=1, 2, \cdots, d(n_0=n)$. 特别指出，在 t_i 和 k_i 的统计中不含删失数据，而 n_i 的统计中包含删失数据.

乘积限估计基于条件概率的思想来建立经验分布，但是需要一个关于死亡时间和删失时间之间的假定：

在区间 $[t_i, t_{i+1})$ 上的删失时间其实际死亡时间不早于 t_{i+1}.

在死亡时间 t_i 前一瞬间向未来观测，则在 t_i 之前的死亡时间和删失时间数据都已经在视野之外，当前拥有的数据总数是 n_i 个，其中有 k_i 个死亡时间在区间 $[t_i, t_{i+1})$ 内(实际集中在 t_i 上)，因此，当 $x\in[t_i, t_{i+1})$ 时，条件概率 $P\{x\leqslant X \mid t_i\leqslant X\}$ 的经验估计为 $\hat{p}_i=\dfrac{n_i-k_i}{n_i}$，$i=1, 2, \cdots, d$.

在上述基本假设下，由乘积限估计得到经验生存函数 $S_n(t)$ 的定义为

(1) 当 $x\in[t_0, t_1]$ 时，显然有 $S_n(t)=\dfrac{n_0-k_0}{n_0}=1$；

(2) 当 $x\in(t_i, t_{i+1}]$ 时，由 $P\{x\leqslant X\}=P\{t_1\leqslant X\}P\{t_2\leqslant X \mid t_1\leqslant X\}\cdots P\{x\leqslant X \mid t_i\leqslant X\}$，有 $S_n(t)=\hat{p}_1\cdots\hat{p}_i=\prod\limits_{j=1}^{i}\dfrac{n_j-k_j}{n_j}$.

可以验证，如果数据是完全的(没有删失)，则乘积限估计与通常的经验分布一致. 得到经验生存函数 $S_n(t)$ 后，就可以得到经验累积危险率 $H_n(t)=-\ln S_n(t)$.

处理组数据的 $S_n(t)$ 和 $H_n(t)$，见表 20-3.

表 20-3　处理组(使用 6-MP)数据的 $S_n(t)$ 和 $H_n(t)$ 的值

t_i	k_i	n_i	$S_n(t_i)$	$H_n(t_i)$
6	3	21	0.857	0.154
7	1	17	0.807	0.214
10	1	15	0.753	0.284
13	1	12	0.690	0.371
16	1	11	0.627	0.469
22	1	7	0.538	0.620
23	1	6	0.448	0.803

根据表 20-3,画经验累积危险率 $H_n(t)$ 的 MATLAB 程序如下：

```
clear
x=[6, 7, 10, 13, 16, 22, 23];
y=[0.154, 0.214, 0.284, 0.371, 0.469, 0.620, 0.803];
plot(x, y, 'r*')
xlabel('t')
ylabel('Hn(t)')
```

结果如图 20-4 所示.

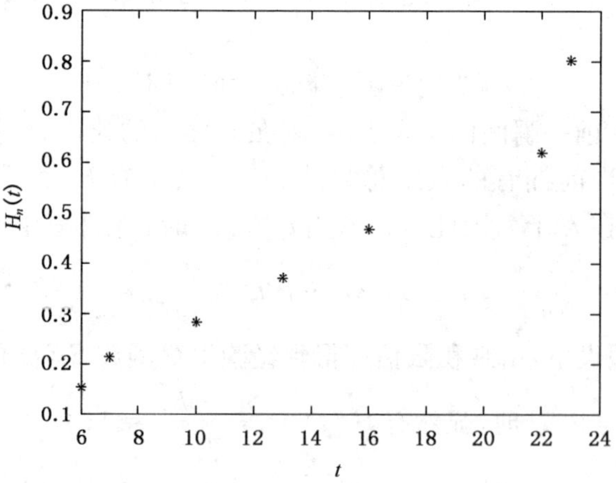

图 20-4　处理组(使用 6-MP)数据的 $H_n(t)$ 的图形

从图 20-4 可以看出,处理组数据的 $H_n(t)$ 的图形接近于直线,因此可以认为处理组的缓解时间也服从指数分布.

20.6 数据有删失时的极大似然估计

如果处理组的缓解时间也服从指数分布，进一步要用极大似然估计法估计其参数 λ. 在删失数据的情况下，似然函数与完全数据场合不同.

对于完全数据 $x_1, x_2, \cdots, x_n$，似然函数为 $L(\lambda)=\prod_{i=1}^{n} f(x_i \mid \lambda)$，其中 $f(x \mid \lambda)$ 为死亡分布的密度函数. 这是因为 n 个独立死亡时间 $x_1, x_2, \cdots, x_n$ 提供了 n 维样本空间中在点 $(x_1, x_2, \cdots, x_n)$ 左右发生的信息，而在此点周围的一个小邻域上的概率与联合密度函数 $\prod_{i=1}^{n} f(x_i \mid \lambda)$ 成正比.

但是一个删失数据 z_i 表示的是死亡发生在 z_i 之后. 所以，它提供的信息不是密度函数值，而是概率值 $S(z_i \mid \lambda)$. 因此，当存在删失数据时，记死亡数据为 $y_1, y_2, \cdots, y_D$（允许重复），删失数据为 $z_1, z_2, \cdots, z_C$（允许重复），则似然函数为

$$L(\lambda)=\prod_{i=1}^{D} f(y_i \mid \lambda) \prod_{i=1}^{C} S(z_i \mid \lambda).$$

对数似然函数为

$$\ln L(\lambda)=D \ln \lambda-\lambda\Big(\sum_{i=1}^{D} y_i+\sum_{j=1}^{C} z_j\Big),$$

则 λ 的极大似然估计为

$$\hat{\lambda}=\frac{D}{\sum_{i=1}^{D} y_i+\sum_{j=1}^{C} z_j}.$$

对于表 20-1 中处理组(使用 6-MP)数据，在指数分布下 λ 的极大似然估计为 $\hat{\lambda}=9/359=0.025$. 这个值明显小于控制组的 λ 的极大似然估计值 0.115. 但是，我们还不能简单地断言使用 6-MP 可以显著地延长缓解时间，需要通过正式的假设检验程序.

对于有删失的数据的拟合优度检验，不能采用完全数据的拟合优度检验方法，限于篇幅，这里从略[有兴趣者可以参考 Lee E T(1992)].

20.7 一种具有普遍性的参数假设检验方法

前面我们已经用指数分布分别较好地拟合了控制组和处理组的数据，两个指数分布可能有相同或不同的分布参数 λ. 为了回答 6-MP 是否可以显著地延长缓解时间问题，标准的统计程序就是进行参数的假设检验. 用 λ_1 和 λ_2 分别表示控制组和处理组所对应的参数，则假设检验问题：

$$H_0: \lambda_1 = \lambda_2, \quad H_1: \lambda_1 \neq \lambda_2.$$

其中，H_0 表示原假设；H_1 表示备择假设.

参数假设检验的一般程序：

(1) 构造一个检验统计量 T，满足：

① T 的值越大对原假设越不利(越支持拒绝原假设)；

② 在原假设为真时，T 有已知的分布(或渐近分布).

(2) 由数据计算出 T 的值 t，并算出原假设为真时的概率 $p = P\{T \geqslant t\}$. p-值越小就对原假设越不利(越支持拒绝原假设).

(3) 作为正式程序，可以事先指定一个检验的显著性水平 α，当 $p < \alpha$ 时就拒绝原假设(接受备择假设:6-MP 可以显著地延长缓解时间)；反之，当 $p \geqslant \alpha$ 时就不拒绝原假设(不接受备择假设:没有足够证据证明 6-MP 可以显著地延长缓解时间).

在上述的检验程序中，关键是要构造一个好的检验统计量 T. 这里，判断检验的好坏是基于一个称为"功效"(power)的量. 功效越高则犯第二类错误的概率越小. "似然比检验"是一种具有普遍性、高效率的参数检验方法，基于一个检验统计量，称为"负二倍对数似然比"，其一般构造方法如下：

(1) 计算在原假设约束下似然函数的最大值，记为 L_0；

(2) 计算在不接受原假设约束时似然函数的全局最大值，记为 L_1；

(3) 似然比 $= \dfrac{L_0}{L_1}$；

(4) 负二倍对数似然比 $\Lambda = -2\ln\left(\dfrac{L_0}{L_1}\right) = 2[\ln(L_1) - \ln(L_0)]$；

(5) 当样本容量足够大时，Λ 在原假设下的分布可以用自由度为 1 的卡方分布 $\chi^2_{(1)}$ 近似.

似然比的值在 0 和 1 之间，且越小就对原假设越不利(越支持拒绝原假设).

负二倍对数似然比 Λ 取正值，且越大就对原假设越不利. 关于似然比检验，见陆璇(1998).

对于本案例，当原假设 $H_0: \lambda_1 = \lambda_2$ 为真时，即控制组和处理组的数据看作是来自同一个指数分布的样本，其似然函数如前所描述. 根据合并的数据算出极大似然估计，得到 $\ln(L_0) = -116.77$.

当备择假设 $H_1: \lambda_1 \neq \lambda_2$ 为真时，即控制组和处理组的数据是来自不同指数分布的样本，其似然函数是两组样本似然函数的乘积. 分别计算两组数据的极大似然估计和对数似然值，再求和得到 $\ln(L_1) = -108.62$.

最后得到 $\Lambda = 16.30$，其 p-值为 0.000 03 比较小. 因此，假设检验的结果显示两组样本的分布有非常显著的差别. 这个结果在统计意义上十分肯定地回答了本案例开头提出的问题:6-MP 能够显著地延长缓解的持续时间.

需要指出的是:统计意义上的显著性并不就意味着实际意义上的显著性. 对本案

例来说，使用 6-MP 能够延长缓解的持续时间不超过一年，这对于医学研究者或国家药物管理者来说，这样的治疗效果是否令人满意呢？对这个问题的判断超出了统计学的范围.

20.8 置 信 区 间

前面我们得到了"6-MP 能够显著地延长缓解的持续时间"的结论. 在此基础上，医学研究者希望对未来病人使用 6-MP 的效果进行评估. 例如，研究者关心如下问题：

(1) 未来病人使用 6-MP 后的期望缓解持续时间；

(2) 未来病人使用 6-MP 后的缓解持续时间超过半年(26 周)的概率；

(3) 未来病人使用 6-MP 后有 80%的可能性缓解持续时间不小于某个下限.

用 X 来表示未来患者使用 6-MP 后的期望缓解持续时间，这是一个随机变量. 上述三个问题分别对应如下三个统计推断问题：

(1) 估计 $E(X)$；

(2) 估计 $P\{X \geqslant 26\}$；

(3) 估计分位数 $x_{0.2}$，满足 $P\{X \geqslant x_{0.2}\} = 1 - P\{X < x_{0.2}\} = 0.8$.

前面我们已经用指数分布很好地拟合了使用 6-MP 的缓解持续时间分布，并且得到了参数 λ 的极大似然估计为 $\hat{\lambda} = 0.025$.

由于上述三个量都是 λ 的函数，因此将 λ 的极大似然估计 $\hat{\lambda}$ 代入函数即可(根据极大似然估计的不变性)：

(1) 由于 $E(X) = \dfrac{1}{\lambda}$，所以 $\hat{E}(X) = \dfrac{1}{\hat{\lambda}} = \dfrac{1}{0.025} = 40$；

(2) 由于 $P\{X \geqslant 26\} = \mathrm{e}^{-26\lambda}$，所以 $\hat{P}\{X \geqslant 26\} = \mathrm{e}^{-26\hat{\lambda}} = 0.522$；

(3) 由于 $P\{X \geqslant x_{0.2}\} = \mathrm{e}^{-x_{0.2}\lambda} = 0.8$，所以 $x_{0.2} = \dfrac{-\ln 0.8}{\lambda}$，于是 $\hat{x}_{0.2} = \dfrac{-\ln 0.8}{\hat{\lambda}} = 8.93$.

但是参数的点估计作为对上述问题的最终答案并不十分理想，因为点估计没有回答估计的精度问题. 要解决估计的精度问题，还要用到置信区间——以相当大的概率保证真实参数在某个范围内. 这个范围可以是一个区间，也可以是一个下限(上限).

现在我们重新考虑以上三个问题：

(1) $E(X)$ 的 95%置信下限；

(2) $P\{X \geqslant 26\}$ 的 95%置信下限；

(3) 分位数 $x_{0.2}$ 的 95%置信下限.

我们首先从估计 $\mu = E(X) = \frac{1}{\lambda}$ 的 95%置信区间入手. 极大似然估计 $\hat{\mu}$ 有一个重要性质：

记 $I(\mu) = -\frac{\partial^2}{\partial \mu^2}\ln L(\mu)$，则 $\frac{\hat{\mu} - \mu}{\sqrt{I(\hat{\mu})}}$ 近似服从标准正态分布[陆璇(1998)].

对于指数分布，有 $I(\mu) = \frac{k}{\mu^2}$. 根据上述性质，得到

$$P\left\{-z_{0.025} < \frac{\hat{\mu} - \mu}{\sqrt{I(\hat{\mu})}} < z_{0.025}\right\} = 0.95,$$

因此，有

(1) $E(X)$ 的 95%置信区间为

$$\left(\hat{\mu} - z_{0.025}\sqrt{I(\hat{\mu})},\ \hat{\mu} + z_{0.025}\sqrt{I(\hat{\mu})}\ \right) = (39.853,\ 40.147).$$

由于 $P\{X \geqslant 26\} = \mathrm{e}^{-26\lambda} = \mathrm{e}^{-26/\mu}$ 和 $x_{0.2} = \frac{-\ln 0.8}{\lambda} = (-\ln 0.8)\mu$ 都是 μ 的单调递增函数，所以只要得到 μ 的 95%的单测置信下限就可以得到另外两个量的 95%的单测置信下限.

(2) 应用 $\hat{\mu}$ 的近似正态性可以得到 μ 的 95%的单测置信下限为 $\hat{\mu} - z_{0.05}\sqrt{I(\hat{\mu})} = 39.87$；

(3) $P\{X \geqslant 26\} = \mathrm{e}^{-26/\mu}$ 的 95%的单测置信下限为 $\mathrm{e}^{-26/39.87} = 0.52$；

(4) 分位数 $x_{0.2} = (-\ln 0.8)\mu$ 的 95%的单测置信下限为 $(-\ln 0.8)39.87 = 8.90$.

20.9 结　束　语

本案例通过对一组实际数据，从问题的提出到解答，给出了一个完整的统计分析过程，力求对统计思想、方法及在实际问题中的应用有一个系统连贯的了解.

需要指出的是，对于同一组数据、同一组问题，可以用不同的模型和方法进行分析. 相信通过本案例的学习，如果能认真研究分析过程，并能参阅有关文献，可以得到很大的收获.

21 电力市场的输电阻塞管理

21.1 问题的提出

我国电力系统的市场化改革正在积极、稳步地进行. 2003 年 3 月国家电力监管委员会成立,2003 年 6 月该委员会发文列出了组建东北区域电力市场和进行华东区域电力市场试点的时间表,标志着电力市场化改革已经进入实质性阶段. 可以预计,随着我国用电紧张的缓解,电力市场化将进入新一轮的发展,这给有关产业和研究部门带来了可预期的机遇和挑战.

电力从生产到使用的四大环节——发电、输电、配电和用电是瞬间完成的. 我国电力市场初期是发电侧电力市场,采取交易与调度一体化的模式. 电网公司在组织交易、调度和配送时,必须遵循电网"安全第一"的原则,同时要制定一个电力市场交易规则,按照购电费用最小的经济目标来运作. 市场交易-调度中心根据负荷预报和交易规则制订满足电网安全运行的调度计划——各发电机组的出力(发电功率)分配方案;在执行调度计划的过程中,还需实时调度承担 AGC(自动发电控制)辅助服务的机组出力,以跟踪电网中实时变化的负荷.

设某电网有若干台发电机组和若干条主要线路,每条线路上的有功潮流(输电功率和方向)取决于电网结构和各发电机组的出力. 电网每条线路上的有功潮流的绝对值有一安全限值,限值还具有一定的相对安全裕度(即在应急情况下潮流绝对值可以超过限值的百分比的上限). 如果各机组出力分配方案使某条线路上的有功潮流的绝对值超出限值,称为输电阻塞. 当发生输电阻塞时,需要研究如何制订既安全又经济的调度计划.

电力市场交易规则:

(1) 以 15 min 为一个时段组织交易,每台机组在当前时段开始时刻前给出下一个时段的报价. 各机组将可用出力由低到高分成至多 10 段报价,每个段的长度称为段容量,每个段容量报一个价(称为段价),段价按段序数单调不减. 在最低技术出力以下的报价一般为负值,表示愿意付费维持发电以避免停机带来更大的损失.

(2) 在当前时段内,市场交易-调度中心根据下一个时段的负荷预报,每台机组的报价、当前出力和出力改变速率,按段价从低到高选取各机组的段容量或其部分(见下文注释),直到它们之和等于预报的负荷,这时每个机组被选入的段容量或其部分之和形成该时段该机组的出力分配预案(初始交易结果). 最后一个被选入的段价(最高段价)称为该时段的清算价,该时段全部机组的所有出力均按清算价结算.

注释:

(1) 每个时段的负荷预报和机组出力分配计划的参照时刻均为该时段结束时刻.

(2) 机组当前出力是对机组在当前时段结束时刻实际出力的预测值.

(3) 假设每台机组单位时间内能增加或减少的出力相同,该出力值称为该机组的爬坡速率.由于机组爬坡速率的约束,可能导致选取它的某个段容量的部分.

(4) 为了使得各机组计划出力之和等于预报的负荷需求,清算价对应的段容量可能只选取部分.

市场交易一调度中心在当前时段内要完成的具体操作过程如下:

(1) 监控当前时段各机组出力分配方案的执行,调度 AGC 辅助服务,在此基础上给出各机组的当前出力值.

(2) 作出下一个时段的负荷需求预报.

(3) 根据电力市场交易规则得到下一个时段各机组出力分配预案.

(4) 计算当执行各机组出力分配预案时电网各主要线路上的有功潮流,判断是否会出现输电阻塞.如果不出现,接受各机组出力分配预案;否则,按照如下原则实施阻塞管理.

输电阻塞管理原则:

(1) 调整各机组出力分配方案使得输电阻塞消除.

(2) 如果(1)做不到,还可以使用线路的安全裕度输电,以避免拉闸限电(强制减少负荷需求),但要使每条线路上潮流的绝对值超过限值的百分比尽量小.

(3) 如果无论怎样分配机组出力都无法使每条线路上的潮流绝对值超过限值的百分比小于相对安全裕度,则必须在用电侧拉闸限电.

(4) 当改变根据电力市场交易规则得到的各机组出力分配预案时,一些通过竞价取得发电权的发电容量(称序内容量)不能出力;而一些在竞价中未取得发电权的发电容量(称序外容量)要在低于对应报价的清算价上出力.因此,发电商和网方将产生经济利益冲突.网方应该为因输电阻塞而不能执行初始交易结果付出代价,网方在结算时应该适当地给发电商以经济补偿,由此引起的费用称之为阻塞费用.网方在电网安全运行的保证下应当同时考虑尽量减少阻塞费用.

需要做的工作如下:

(1) 某电网有 8 台发电机组,6 条主要线路,表 21-1 和表 21-2 中的方案 0 给出了各机组的当前出力和各线路上对应的有功潮流值,方案 1～32 给出了围绕方案 0 的一些实验数据,试用这些数据确定各线路上有功潮流关于各发电机组出力的近似表达式.

表 21-1 各机组出力方案 单位：MW

方案/机组	1	2	3	4	5	6	7	8
0	120	73	180	80	125	125	81.1	90
1	133.02	73	180	80	125	125	81.1	90
2	129.63	73	180	80	125	125	81.1	90
3	158.77	73	180	80	125	125	81.1	90
4	145.32	73	180	80	125	125	81.1	90
5	120	78.596	180	80	125	125	81.1	90
6	120	75.45	180	80	125	125	81.1	90
7	120	90.487	180	80	125	125	81.1	90
8	120	83.848	180	80	125	125	81.1	90
9	120	73	231.39	80	125	125	81.1	90
10	120	73	198.48	80	125	125	81.1	90
11	120	73	212.64	80	125	125	81.1	90
12	120	73	190.55	80	125	125	81.1	90
13	120	73	180	75.857	125	125	81.1	90
14	120	73	180	65.958	125	125	81.1	90
15	120	73	180	87.258	125	125	81.1	90
16	120	73	180	97.824	125	125	81.1	90
17	120	73	180	80	150.71	125	81.1	90
18	120	73	180	80	141.58	125	81.1	90
19	120	73	180	80	132.37	125	81.1	90
20	120	73	180	80	156.93	125	81.1	90
21	120	73	180	80	125	138.88	81.1	90
22	120	73	180	80	125	131.21	81.1	90
23	120	73	180	80	125	141.71	81.1	90
24	120	73	180	80	125	149.29	81.1	90
25	120	73	180	80	125	125	60.582	90
26	120	73	180	80	125	125	70.962	90
27	120	73	180	80	125	125	64.854	90
28	120	73	180	80	125	125	75.529	90
29	120	73	180	80	125	125	81.1	104.84
30	120	73	180	80	125	125	81.1	111.22
31	120	73	180	80	125	125	81.1	98.092
32	120	73	180	80	125	125	81.1	120.44

表 21-2　　　　各线路的潮流值（各方案与表 21-1 相对应，单位：MW）

方案/线路	1	2	3	4	5	6
0	164.78	140.87	−144.25	119.09	135.44	157.69
1	165.81	140.13	−145.14	118.63	135.37	160.76
2	165.51	140.25	−144.92	118.7	135.33	159.98
3	167.93	138.71	−146.91	117.72	135.41	166.81
4	166.79	139.45	−145.92	118.13	135.41	163.64
5	164.94	141.5	−143.84	118.43	136.72	157.22
6	164.8	141.13	−144.07	118.82	136.02	157.5
7	165.59	143.03	−143.16	117.24	139.66	156.59
8	165.21	142.28	−143.49	117.96	137.98	156.96
9	167.43	140.82	−152.26	129.58	132.04	153.6
10	165.71	140.82	−147.08	122.85	134.21	156.23
11	166.45	140.82	−149.33	125.75	133.28	155.09
12	165.23	140.85	−145.82	121.16	134.75	156.77
13	164.23	140.73	−144.18	119.12	135.57	157.2
14	163.04	140.34	−144.03	119.31	135.97	156.31
15	165.54	141.1	−144.32	118.84	135.06	158.26
16	166.88	141.4	−144.34	118.67	134.67	159.28
17	164.07	143.03	−140.97	118.75	133.75	158.83
18	164.27	142.29	−142.15	118.85	134.27	158.37
19	164.57	141.44	−143.3	119	134.88	158.01
20	163.89	143.61	−140.25	118.64	133.28	159.12
21	166.35	139.29	−144.2	119.1	136.33	157.59
22	165.54	140.14	−144.19	119.09	135.81	157.67
23	166.75	138.95	−144.17	119.15	136.55	157.59
24	167.69	138.07	−144.14	119.19	137.11	157.65
25	162.21	141.21	−144.13	116.03	135.5	154.26
26	163.54	141	−144.16	117.56	135.44	155.93
27	162.7	141.14	−144.21	116.74	135.4	154.88
28	164.06	140.94	−144.18	118.24	135.4	156.68
29	164.66	142.27	−147.2	120.21	135.28	157.65
30	164.7	142.94	−148.45	120.68	135.16	157.63
31	164.67	141.56	−145.88	119.68	135.29	157.61
32	164.69	143.84	−150.34	121.34	135.12	157.64

(2) 设计一种简明、合理的阻塞费用计算规则，除考虑上述电力市场规则外，还需注意：在输电阻塞发生时公平地对待序内容量不能出力的部分和报价高于清算价的序外容量出力的部分.

(3) 假设下一个时段预报的负荷需求是 982.4 MW，表 21-3、表 21-4 和表 21-5 分别给出了各机组的段容量、段价和爬坡速率的数据，试按照电力市场规则给出下一个时段各机组的出力分配预案.

表 21-3 **各机组的段容量** 单位：MW

机组/段	1	2	3	4	5	6	7	8	9	10
1	70	0	50	0	0	30	0	0	0	40
2	30	0	20	8	15	6	2	0	0	8
3	110	0	40	0	30	0	20	40	0	40
4	55	5	10	10	10	10	15	0	0	1
5	75	5	15	0	15	15	0	10	10	10
6	95	0	10	20	0	15	10	20	0	10
7	50	15	5	15	10	10	5	10	3	2
8	70	0	20	0	20	0	20	10	15	5

表 21-4 **各机组的段价** 单位：元/MW · h

机组/段	1	2	3	4	5	6	7	8	9	10
1	−505	0	124	168	210	252	312	330	363	489
2	−560	0	182	203	245	300	320	360	410	495
3	−610	0	152	189	233	258	308	356	415	500
4	−500	150	170	200	255	302	325	380	435	800
5	−590	0	116	146	188	215	250	310	396	510
6	−607	0	159	173	205	252	305	380	405	520
7	−500	120	180	251	260	306	315	335	348	548
8	−800	153	183	233	253	283	303	318	400	800

表 21-5 **各机组的爬坡速率** 单位：MW/min

机组	1	2	3	4	5	6	7	8
速率	2.2	1	3.2	1.3	1.8	2	1.4	1.8

(4) 按照表 21-6 给出的潮流限值，检查得到的出力分配预案是否会引起输电阻塞，并在发生输电阻塞时，根据安全且经济的原则，调整各机组出力分配方案，并给出与该方案相应的阻塞费用.

表 21-6　各线路的潮流限值和相对安全裕度

线路	1	2	3	4	5	6
限值/MW	165	150	160	155	132	162
安全裕度	13%	18%	9%	11%	15%	14%

说明　本问题是"全国大学生数学建模竞赛"2004 年 B 题.

(5) 假设下一个时段预报的负荷需求是 1 052.8 MW，重复(3)—(4)的工作.

21.2 模型假设

(1) 假设每个时间段的负荷预报和机组出力分配计划的参照时刻均为该时段结束时刻.

(2) 假设机组当前出力是对机组在当前时段结束时刻实际出力的预测值.

(3) 假设当前出力技术很低的时候，发电商愿意付电费以避免停机带来更大的损失.

(4) 在解决输电阻塞问题过程中，当安全问题和经济利益发生冲突时，假设只要调度方案符合安全性即可，而以经济利益作为优化目标.

(5) 8 个电机组的出力是相互独立的.

(6) 不考虑输电损失问题，即对于每个方案，机组的出力之和等于负荷.

(7) 仅考虑局域网，而不计外部对这个网络的影响.

21.3 问题分析

问题(1)要确定各线路上有功潮流关于各发电机组出力的近似表达式. 根据表 21-1 和表 21-2 的数据特点，经简单分析初步判断是线性关系.

问题(2)要设计出既安全又合理的阻塞费用计算规则，也要兼顾网方和发电商的利益，体现公平原则.

电力调度过程是一个有条不紊的逻辑过程，总体上分为发电、输电、配电和用电四大环节，其中的配电又是最重要的，它关系到网络的安全性和发电商、电网公司以及用户的经济利益，因此，调度方案的合理性是模型优劣的重要判断标准.

21.4 符号说明

x_{0i} ——时段开始初的第 i 个发电机组的当前出力值 ($i = 1, 2, \cdots, 8$)；

x_i ——预案中第 i 个发电机组出力 ($i = 1, 2, \cdots, 8$)；

x'_i ——调整后第 i 个发电机组出力；

Δx_i ——第 i 个机组出力值的变化量；

y_j ——预案中第 j 条线路上有功潮流值（$j=1, 2, \cdots, 6$）；

y'_j ——调整后第 j 条线路上有功潮流值；

W ——下一个时段预报的负荷需求；

v_i ——第 i 个机组的爬坡速率；

N_j ——第 j 条线路上有功潮流限值；

M_j ——第 j 条线路上的有功潮流的绝对值的安全裕度；

m_j ——第 j 条线路上有功潮流的绝对值超过限值的百分比，即阻塞程度；

M ——阻塞线路上的阻塞程度之和；

F ——阻塞费用的总和；

p ——清算价格；

p' ——经过调整后序外容量所对应的段价；

q ——每个时段的负荷要求；

t_i ——预案中第 i 个发电机组所能达到的最大或最小出力值所需的爬坡时间；

t'_i ——经过调整后第 i 个发电机组所能达到的最大或最小出力值所需的爬坡时间；

z_i ——调整后第 i 个发电机组的收价与预案中的收价之差；

a_i ——经过调整后收到的费用.

21.5 模型的建立与求解

21.5.1 问题(1)模型的建立与求解

表 21-1 的方案 1～32 是围绕方案 0 做的一系列实验，并给出了相应的实验数据，由数据可以看出这些数据是通过每次先固定 7 个发电机的出力，而只改变一个发电机的出力而得到的，并且每次都做了四个实验. 从数据可以看出，当某个机组出力单调变化时，每条传输线上的有功潮流的变化成单调性，若以实验数据为坐标点作图，发现这些点的分布具有明显的线性关系，同时考虑实际电路中的线性叠加原理，我们猜想输电线上的有功潮流与各个机组出力之间是多元线性关系.

根据以上分析，我们可用

$$y_j=\alpha_j+\sum_{i=1}^{8}\beta_{ij}x_i \quad (i=1, 2, \cdots, 8; j=1, 2, \cdots, 6) \qquad (21.5.1)$$

来表示有功潮流 y 与发电机组出力 x 之间的线性关系，其中 α_j，β_{ij} 是回归系数.

以下是求回归系数 α_j，β_{ij} 的 MATLAB 程序：

```
x=[133.02  73  180  80  125  125  81.1  90
```

```
129.63  73  180  80  125  125  81.1  90
158.77  73  180  80  125  125  81.1  90
145.32  73  180  80  125  125  81.1  90
120  78.596  180  80  125  125  81.1  90
120  75.45  180  80  125  125  81.1  90
120  90.487  180  80  125  125  81.1  90
120  83.848  180  80  125  125  81.1  90
120  73  231.39  80  125  125  81.1  90
120  73  198.48  80  125  125  81.1  90
120  73  212.64  80  125  125  81.1  90
120  73  190.55  80  125  125  81.1  90
120  73  180  75.857  125  125  81.1  90
120  73  180  65.958  125  125  81.1  90
120  73  180  87.258  125  125  81.1  90
120  73  180  97.824  125  125  81.1  90
120  73  180  80  150.71  125  81.1  90
120  73  180  80  141.58  125  81.1  90
120  73  180  80  132.37  125  81.1  90
120  73  180  80  156.93  125  81.1  90
120  73  180  80  125  138.88  81.1  90
120  73  180  80  125  131.21  81.1  90
120  73  180  80  125  141.71  81.1  90
120  73  180  80  125  149.29  81.1  90
120  73  180  80  125  125  60.582  90
120  73  180  80  125  125  70.962  90
120  73  180  80  125  125  64.854  90
120  73  180  80  125  125  75.529  90
120  73  180  80  125  125  81.1  104.84
120  73  180  80  125  125  81.1  111.22
120  73  180  80  125  125  81.1  98.092
120  73  180  80  125  125  81.1  120.44];
                              %围绕方案0的32组实验数据(6条线路的潮流值)
y=[165.81  140.13  -145.14  118.63  135.37  160.76
165.51  140.25  -144.92  118.7  135.33  159.98
167.93  138.71  -146.91  117.72  135.41  166.81
166.79  139.45  -145.92  118.13  135.41  163.64
```

```
164.94  141.5   -143.84  118.43  136.72  157.22
164.8   141.13  -144.07  118.82  136.02  157.5
165.59  143.03  -143.16  117.24  139.66  156.59
165.21  142.28  -143.49  117.96  137.98  156.96
167.43  140.82  -152.26  129.58  132.04  153.6
165.71  140.82  -147.08  122.85  134.21  156.23
166.45  140.82  -149.33  125.75  133.28  155.09
165.23  140.85  -145.82  121.16  134.75  156.77
164.23  140.73  -144.18  119.12  135.57  157.2
163.04  140.34  -144.03  119.31  135.97  156.31
165.54  141.1   -144.32  118.84  135.06  158.26
166.88  141.4   -144.34  118.67  134.67  159.28
164.07  143.03  -140.97  118.75  133.75  158.83
164.27  142.29  -142.15  118.85  134.27  158.37
164.57  141.44  -143.3   119  134.88  158.01
163.89  143.61  -140.25  118.64  133.28  159.12
166.35  139.29  -144.2   119.1  136.33  157.59
165.54  140.14  -144.19  119.09  135.81  157.67
166.75  138.95  -144.17  119.15  136.55  157.59
167.69  138.07  -144.14  119.19  137.11  157.65
162.21  141.21  -144.13  116.03  135.5  154.26
163.54  141  -144.16  117.56  135.44  155.93
162.7   141.14  -144.21  116.74  135.4  154.88
164.06  140.94  -144.18  118.24  135.4  156.68
164.66  142.27  -147.2   120.21  135.28  157.65
164.7   142.94  -148.45  120.68  135.16  157.63
164.67  141.56  -145.88  119.68  135.29  157.61
164.69  143.84  -150.34  121.34  135.12  157.64];
x0 = [120  73  180  80  125  125  81.1  90]';
                                    %方案0的8台机组出力
y0 = [164.78  140.87  -144.25  119.09  135.44  157.69]';
                                    %方案0的6条线路的潮流值
yp = zeros(6, 1);
err = zeros(6, 1);
X = [ones(32, 1),x];
alpha = 0.05;
```

```
for i = 1:6                                  %考虑6条线路分别进行回归分析
    Y = y(:,i)                               %获得第i条线路潮流值
[b, bint,r,rint,stats] = regress(Y,X, alpha);   %回归函数
fprintf('第%2d条线路回归方程参数:\n',i);
fprintf('系数:');
for k = 1:9  fprintf('% 8.5f',b(k)); end; fprintf('\ n');
fprintf('统计量值 R^2 = %8.4f, F = %8.4f, p = %8.5f n', stats(1), stats(2), stats(3));
temp = b(2:9);
yp(i) = b(1) + sum(temp. * x0);
err(i) = abs(yp(i) - y0(i))/abs(y0(i)) * 100;
endfprintf('方案0的原始数据,预测值,相对误差百分比:\n');
for i = 1:6
  fprintf('%8.4f  %8.4f  %8.4f n', y0(i), yp(i),err(i));
end
```

结果为

第1条线路回归方程参数:

系数:110.296 51 0.082 84 0.048 28 0.052 97 0.119 93 −0.025 44 0.122 01 0.121 58 −0.001 23

统计量值 $R^2 = 0.999\,5$,$F = 5\,861.519\,4$,$p = 0.000\,00$

第2条线路回归方程参数:

系数:131.228 92 −0.054 56 0.127 85 −0.000 03 0.033 28 0.086 85 −0.112 44 −0.018 93 0.098 73

统计量值 $R^2 = 0.999\,6$,$F = 7\,228.677\,8$,$p = 0.000\,00$

第3条线路回归方程参数:

系数:−108.873 16 −0.069 54 0.061 65 −0.156 62 −0.009 92 0.124 49 0.002 12 −0.002 51 −0.201 39

统计量值 $R^2 - 0.999\,9$,$F = 22\,351.741\,3$,$p = 0.000\,00$

第4条线路回归方程参数:

系数:77.481 68 −0.034 46 −0.102 41 0.205 16 −0.020 83 −0.011 83 0.005 95 0.144 92 0.076 55

统计量值 $R^2 = 0.999\,9$,$F = 25\,582.579\,7$,$p = 0.000\,00$

第5条线路回归方程参数:

系数:132.974 47 0.000 53 0.243 29 −0.064 55 −0.041 13 −0.065 22 0.070 34 −0.004 26 −0.008 91

统计量值 $R^2 = 0.999\,6$,$F = 6\,971.800\,4$,$p = 0.000\,00$

第 6 条线路回归方程参数：

系数：120.663 28　0.237 81　−0.060 17　−0.077 87　0.092 98　0.046 90　0.000 08　0.165 93　0.000 69

统计量值 $R^2 = 0.9998$，$F = 17454.5479$，$p = 0.00000$

方案 0 的原始数据，预测值，相对误差百分比：

164.780 0	164.712 0	0.041 3
140.870 0	140.823 8	0.0328
−144.250 0	−144.205 1	0.031 2
119.090 0	119.041 2	0.041 0
135.440 0	135.380 3	0.044 1
157.690 0	157.620 6	0.044 0

把上述 6 条线路回归方程参数估计的计算结果列在表 21-7 中.

表 21-7　　线路回归方程参数估计的计算结果

α_j	β_{1j}	β_{2j}	β_{3j}	β_{4j}	β_{5j}	β_{6j}	β_{7j}	β_{8j}
110.296 51	0.082 84	0.048 28	0.052 97	0.119 93	−0.025 44	0.122 01	0.121 58	−0.001 23
131.228 92	−0.054 56	0.127 85	−0.000 03	0.033 28	0.086 85	−0.112 44	−0.018 93	0.098 73
−108.873 16	−0.069 54	0.061 65	−0.156 62	−0.009 92	0.124 49	0.002 12	−0.002 51	−0.201 39
77.481 68	−0.034 46	−0.102 41	0.205 16	−0.020 83	−0.011 83	0.005 95	0.144 92	0.076 55
132.974 47	0.000 53	0.243 29	−0.064 55	−0.041 13	−0.065 22	0.070 34	−0.004 26	−0.008 91
120.663 28	0.237 81	−0.060 17	−0.077 87	0.092 98	0.046 90	0.000 08	0.165 93	0.000 69

从以上的统计量值看，R^2 都非常接近 1，F 都比较大，$p = 0.00000 < 0.01$，因此经检验，线性关系都成立. 可以得到各线路上有功潮流关于各发电机组出力的近似表达式如下：

$$y_1 = 110.29651 + 0.08284x_1 + 0.04828x_2 + 0.05297x_3 + 0.11993x_4 - 0.02544x_5 + 0.12201x_6 + 0.12158x_7 - 0.00123x_8;$$

$$y_2 = 131.22892 - 0.05456x_1 + 0.12785x_2 - 0.00003x_3 + 0.03328x_4 + 0.08685x_5 - 0.11244x_6 - 0.01893x_7 + 0.09873x_8;$$

$$y_3 = -108.87316 - 0.06954x_1 + 0.06165x_2 - 0.15662x_3 - 0.00992x_4 + 0.12449x_5 + 0.00212x_6 - 0.00251x_7 - 0.20139x_8;$$

$$y_4 = 77.48168 - 0.03446x_1 - 0.10241x_2 + 0.20516x_3 - 0.02083x_4 - 0.01183x_5 + 0.00595x_6 + 0.14492x_7 + 0.07655x_8;$$

$$y_5 = 132.97447 + 0.00053x_1 + 0.24329x_2 - 0.06455x_3 - 0.04113x_4 - 0.06522x_5 + 0.07034x_6 - 0.00426x_7 - 0.00891x_8;$$

$$y_6 = 120.66328 + 0.23781x_1 - 0.06017x_2 - 0.07787x_3 + 0.09298x_4 + 0.04690x_5 + 0.00008x_6 + 0.16593x_7 + 0.00069x_8.$$

21.5.2 问题(2)模型的建立与求解

当发电商和网方将产生经济利益冲突时，网方应该为因输电阻塞而不能执行初始交易结果付出代价，网方在结算时应该适当地给发电商经济补偿，由此引起的费用称之为阻塞费用. 网方在电网安全运行的保证下，应当同时考虑尽量减少阻塞费用. 在减少阻塞费用时，必须对各线路及各发电机的有功潮流进行调度. 在调度时，除了按照题目中的输电阻塞管理外，还必须遵守以下三个原则：

(1) 低的竞价优先并网发电原则. 按照竞价由小到大的顺序来安排发电厂并网发电，从而体现了竞争性和公平性.

(2) 电力交易成交量极大化原则. 在一个特定的输电网络内，在保证输电网络安全可靠运行的条件下，尽可能地实现交易，使输电网络在总成交量最大的情况下运行.

(3) 输电网络安全可靠运行原则. 为了减少阻塞费用，我们给出一种简明、合理的计算规则来减少阻塞费用. 如果按照收费差来赔偿发电商的损失，对于网方来说，是绝对不划算的，也是绝对不会同意的，所以我们来寻找补偿赔率. 我们取收费差与实际收费的比值作为补偿赔率. 对于收费差越大相对损失越大的发电商来说，赔率也会相对地增高，也算对网方没有遵守预案的惩罚，是比较合理的. 因此，有阻塞费用计算公式：

$$F = \sum_{i=1}^{8} \frac{{z_i}^2}{a_i}. \tag{21.5.2}$$

其中，

$$a_i = p\left[\int_0^{t'_i} (x_{0i} \pm v_i t)\mathrm{d}t + x'_i(0.25 - t'_i)\right],$$

$$z_i = \begin{cases} p\left[\int_0^{t_i} (x_{0i} \pm v_i t)\mathrm{d}t + x_i(0.25 - t_i)\right] - \\ \qquad p\left[\int_0^{t'_i} (x_{0i} \pm v_i t)\mathrm{d}t + x'_i(0.25 - t'_i)\right], & x_i - x'_i > 0, \\ \left[\int_0^{t'_i} (x_{0i} \pm v_i t)\mathrm{d}t + x'_i(0.25 - t'_i)\right](p' - p), & x_i - x'_i < 0. \end{cases}$$

其中，“+”表示出力值比初始出力值高，即爬坡；“−”表示出力值比初始出力值低，即下坡.

21.5.3 问题(3)模型的建立与求解

为了便于分析，我们可以假定题目中所给的下一时段的预报的负荷需求 982.4 MW是在方案 0 的基础上预报的，即方案 0 的下一时段就是负荷 982.4 MW

所对应的时段.

电网公司在组织交易、调度和配送时，必须遵循电网"安全第一"的原则，同时要制订一个电力市场交易规则，按照购电费用最小的经济目标来运作. 在分配各机组的出力预案时，我们只考虑经济问题，而不考虑安全问题，但是我们在第(4)个问题中再进行判断是否会引起输电阻塞，并再对预案进行调度.

调度步骤如下：

若下一个时段预报的负荷需求比该时段的负荷大，则

(1) 确定各机组的当前出力值所处的时段.

(2) 如果当前出力值不是该时段的全部容量，则从该时段开始竞价，否则从下一个时段开始竞价.

(3) 按段价从低到高选取各机组的段容量或其部分，是选取整个段容量还是其部分，受到该机组爬坡速率和预报负荷的影响，如果该机组历史累积爬坡时间与此时所选时段容量所需爬坡时间之和大于 15 min，则只能选取此时段的部分容量；如果该机组的出力值之和与此时所选时段容量的和大于预报负荷值，则只能选取此时段的部分容量.

(4) 直到它们之和等于预报的负荷.

(5) 各机组的出力值之和等于预报的负荷值之后，若有机组的初始时段处的段价大于此时初步确定的清算价，则需要对其进行下坡处理，同时要考虑爬坡速率的影响，然后再重复(3)，(4).

(6) 直到不出现(5)的情况，则这时每个机组被选入的段容量或其部分之和形成该时段该机组的出力分配方案(初始交易结果).

因此，982.4 MW 可以通过以上的步骤分配给 8 个发电机组. 在分配过程中考虑各机组出力的范围. 此外，还要考虑 8 个发电量应满足：

$$\sum_{i=1}^{8} x_i = 982.4. \tag{21.5.3}$$

负荷需求为 982.4 MW 时预案中第 i 个发电机组出力 $x_i(i=1, 2, \cdots, 8)$，计算结果见表 21-8(有关 VC++程序见 21.7 节).

表 21-8　　负荷需求为 982.4 MW 时预案中第 i 个发电机组出力 x_i

x_1	x_2	x_3	x_4	x_5	x_6	x_7	x_8
150	79	180	99.5	125	140	95	113.9

此时可以得到的清算价为 303 元.

21.5.4　问题(4)模型的建立与求解

把表 21-7 的数据代入式(21.5.1)中，可以算出各条线路上的有功潮流值，其计

算结果见表 21-9.

表 21-9　　负荷需求为 982.4 MW 时第 j 条线路上的有功潮流

y_1	y_2	y_3	y_4	y_5	y_6
173.32	141.01	−150.93	120.92	136.84	168.53

把表 21-9 与表 21-6 比较，可以得出线路 1，5 和 6 上的有功潮流超过了各自对应线路上的潮流限值，因此线路 1，5 和 6 会引起输电阻塞，相应的阻塞程度分别为

$$m_1 = 5.04\%,\quad m_5 = 3.67\%,\quad m_6 = 4.03\%.$$

总阻塞程度 $M = 5.04\% + 3.67\% + 4.03\% = 12.74\%$.

我们可以尝试重新分配各个发电机组的出力使得相应的阻塞程度减少，甚至消除阻塞现象.

调度的原则是出力的偏差之和最小，即

$$\min\sqrt{\sum_{i=1}^{8}(x'_i - x_i)^2}. \tag{21.5.4}$$

由于受爬坡速率的限制，还必须考虑各机组所能增加或减少的最大容量，其计算结果见表 21-10.

表 21-10　　各机组所能增加或减少的最大容量

Δx_1	Δx_2	Δx_3	Δx_4	Δx_5	Δx_6	Δx_7	Δx_8
±33	±15	±48	±19.5	±27	±30	±21	±27

根据表 21-10，有

$$\begin{cases} x_{01} - 33 \leqslant x_1 \leqslant x_{01} - 33, \\ x_{02} - 15 \leqslant x_2 \leqslant x_{02} + 15, \\ x_{03} - 48 \leqslant x_3 \leqslant x_{03} + 48, \\ x_{04} - 19.5 \leqslant x_4 \leqslant x_{04} + 19.5, \\ x_{05} - 27 \leqslant x_5 \leqslant x_{05} + 27, \\ x_{06} - 30 \leqslant x_6 \leqslant x_{06} + 30, \\ x_{07} - 21 \leqslant x_7 \leqslant x_{07} + 21, \\ x_{08} - 27 \leqslant x_8 \leqslant x_{08} + 27. \end{cases} \tag{21.5.5}$$

根据式(21.5.3)—式(21.5.5)及问题(1)中的近似表达式，得到

$$\min\sqrt{\sum_{i=1}^{8}(x'_i - x_i)^2} = 184.7.$$

此时对应的 x'_i 和 y'_j 的计算结果分别见表 21-11 和表 21-12.

表 21-11　　负荷需求为 982.4 MW 时调整方案中第 i 个发电机组出力 x'_i

x'_1	x'_2	x'_3	x'_4	x'_5	x'_6	x'_7	x'_8
153	86.99	228	70.15	152	95	80.26	117

表 21-12　　负荷需求为 982.4 MW 时第 j 条线路上的有功潮流

y'_1	y'_2	y'_3	y'_4	y'_5	y'_6
165	148.88	−155.19	127.97	132	161.11

调整之后的线路 1，5 和 6 不再引起输电阻塞，其他电路也满足要求，由此可以只通过调整各组的出力分配方案来使得输电阻塞消除.

对应的阻塞费用为

$$F=\frac{\left[\int_0^{0.25}(120+2.2t)\mathrm{d}t(489-303)\right]^2}{303\int_0^{0.25}(120+2.2t)\mathrm{d}t}$$

$$+\frac{\left[\int_0^{0.233}(73+t)\mathrm{d}t+86.99(0.25-0.233)(495-303)\right]^2}{303\left[\int_0^{0.233}(73+t)\mathrm{d}t+86.99(0.25-0.233)\right]}$$

$$+\frac{\left[\int_0^{0.25}(180+3.2t)\mathrm{d}t(356-303)\right]^2}{303\int_0^{0.25}(180+3.2t)\mathrm{d}t}$$

$$+\frac{\left[\int_0^{0.25}(80+1.3t)\mathrm{d}t-\int_0^{0.126}(80-1.3t)\mathrm{d}t-70.14(0.25-0.126)\right]^2}{303\left[\int_0^{0.126}(80-1.3t)\mathrm{d}t+70.14(0.25-0.126)\right]}$$

$$+\frac{\left[\int_0^{0.25}(125+1.8t)\mathrm{d}t(510-303)\right]^2}{303\int_0^{0.25}(125+1.8t)\mathrm{d}t}$$

$$+\frac{\left\{\left[\int_0^{0.125}(125+2t)\mathrm{d}t+140(0.25-0.125)-\int_0^{0.25}(125-2t)\mathrm{d}t\right]303\right\}^2}{303\int_0^{0.25}(125-2t)\mathrm{d}t}$$

$$
+\frac{\left\{\left[\int_0^{0.166}(81.1+1.4t)\mathrm{d}t+95(0.25-0.166)-\int_0^{0.01}(81.1-1.4t)\mathrm{d}t-80.26(0.25-0.01)\right]303\right\}^2}{303\left[\int_0^{0.01}(81.1-1.4t)\mathrm{d}t+80.26(0.25-0.01)\right]}
$$

$$
+\frac{\left[\int_0^{0.25}(90+1.8t)\mathrm{d}t(303-303)\right]^2}{303\int_0^{0.25}(90+1.8t)\mathrm{d}t}
$$

$$
=10\,623.4.
$$

21.5.5 问题(5)模型的建立与求解

当下一个时段预报的负荷是 1 052.8 MW 时，按照题目的要求我们再重复问题(3)—(4)的工作. 计算结果见表 21-13(有关 VC++程序见 21.7 节).

表 21-13　　负荷需求为 1 052.8 MW 时预案中第 i 个发电机组出力 x_i

x_1	x_2	x_3	x_4	x_5	x_6	x_7	x_8
150	81	218.2	99.5	135	150	102.1	117

此时可以得到的清算价为 356 元.

把表 21-13 的数据代入式(21.5.1)中，可以算出各条线路上的有功潮流值，其计算结果见表 21-14.

表 21-14　　负荷需求为 1 052.8 MW 时第 j 条线路上的有功潮流

y_1	y_2	y_3	y_4	y_5	y_6
177.26	141.18	−156.16	129.75	134.85	167.08

把表 21-14 与表 21-6 比较，可以得出线路 1，5 和 6 上的有功潮流超过了各自对应线路上的潮流限值，所以线路 1，5 和 6 会引起输电阻塞，因此需要重新分配各个发电机组的出力.

在潮流限值内进行调整，发现没有可行解，所以我们就要利用输电阻塞管理原则(2)进行调整，即使用线路的安全裕度输电. 考虑到此时线路有安全隐患，为了保证安全性，只能牺牲一些经济利益，为此我们以每条线路上潮流绝对值超过限值的百分比之和的最小值作为目标函数，而线路上的潮流值的上下限也相应地增大到安全裕度以内. 负荷需求为 1 052.8 MW 时调整方案中第 i 个发电机组出力 x'_i 和第 j 条线路上的有功潮流 y'_j 的计算结果见表 21-15 和表 21-16.

表 21-15　负荷需求为 1 052.8 MW 时调整方案中第 i 个发电机组出力 x_i'

x'_1	x'_2	x'_3	x'_4	x'_5	x'_6	x'_7	x'_8
130.25	88.00	228.00	99.50	152.00	135.95	102.10	117.00

表 21-16　负荷需求为 1 052.8 MW 时第 j 条线路上的有功潮流

y'_1	y'_2	y'_3	y'_4	y'_5	y'_6
174.34	146.21	−153.81	131.45	133.81	162.00

调整之后的线路 1，5 和 6 还是引起输电阻塞，所以就要考虑使用线路的安全裕度输电来调整. 且此时存在最优解，即不必拉闸限电. 把上面的数据代入式(21.5.2)，计算得阻塞费用为 $F = 4\,524.92$ 元.

21.6　模型的评价与推广

21.6.1　模型的评价

模型的最大优点就是逻辑性强，条理清晰. 所有的调整和计算过程都是按照电力交易规则和输电阻塞管理规则进行的，误差仅取决于规则的合理性以及计算的精度，而这种误差显然是允许的，即模型具有比较强的合理性和适用性.

问题(1)得到的回归模型与实验数据吻合得比较好，检验系数高，增强了模型的准确性. 问题(2)的计算规则简明、经济，充分考虑到发电商的利益要求，同时尽量减少网方的赔偿. 制定分配预案时，按照低价中标的原则，这完全符合实际情况，体现了竞争性和公平性. 在考虑价格的同时，兼顾当前值和机组的爬坡速率，这样的思路周密而不失条理性，因此有很强的实用性. 另外计算分配预案时，手工操作亦可完成，但为了增强模型的适用性和推广性，在本章最后给出了计算程序. 在调整分配预案时，我们建立了优化模型，在不同情况下建立的不同目标，同时充分考虑约束条件，这种思路是对实际情况的真实反映，体现了模型的科学性.

21.6.2　模型的推广

虽然我们的模型在某些方面不一定是最优的，但还是具有推广意义的. 当下一时段的预报负荷需求量改变时，我们还是可以用模型对其进行求解，特别是在本章最后给出的有关计算程序的推广是方便的.

21.7　有关计算程序

VC＋＋程序：

```
#include <stdio.h>
#define W 942.8
void main()
{
    int i, j, m, n, d[8],price = 0;
    float s = 0, t, y;
    float b[8][2] = {0};
    //记录各个机组所选取的段容量值,其中a[][1]为累计爬坡时间总和
    float b[8][2] = {{120, 0}, {73, 0},{180, 0},{80, 0},{125, 0},{125, 0},
    {81.1, 0},{90, 0}};
    //记录各机组出力值,若累计爬坡时间为15分,r[][10]记为1,下次不再访问
    float r[8][11] = {{70, 0, 50, 0, 0, 30, 0, 0, 0, 40, 0}, {30, 0, 20, 8, 15,
6, 2, 0, 0, 8, 0}, {110, 0, 40, 0, 30, 0, 20, 40, 0, 40, 0}, {55, 5, 10, 10, 10,
10, 15, 0, 0, 1, 0}, {75, 5, 15, 0, 15, 15, 0, 10, 10, 10, 0}, {95, 0, 10, 20, 0,
15, 10, 20, 0, 10, 0}, {50, 15, 5, 15, 10, 10, 5, 10, 3, 2, 0}, {70, 0, 20, 0,
20, 0, 20, 10, 15, 5, 0}},
    //记录各机组的段价
    float p[8][10] = {{-505, 0, 124, 168, 210, 252, 312, 330, 363, 489},
{-560, 0, 182, 203, 245, 300, 320, 360, 410, 495}, {-610, 0, 152, 189, 233,
258, 308, 356, 415, 500}, {-500, 150, 170, 200, 255, 302, 325, 380, 435,
800}, {-590, 0, 116, 146, 188, 215, 250, 310, 396, 510}, {-607, 0, 159, 173,
205, 252, 305, 380, 405, 520}, {-500, 120, 180, 251, 260, 306, 315, 335, 348,
548}, {-800, 153, 183, 233, 253, 283, 303, 318, 400, 800}};
    //记录各机组爬坡速率
    float c[8] = {2.2, 1, 3.2, 1.3, 1.8, 2, 1.4, 1.8}; s = a[0][0] + a[1][0] + a
[2][0] + a[3][0] + a[4][0] + a[5][0] + a[6][0] + a[7][0];
    //选定当前出力值所处的段容量
  for(i = 0; i<8; i++)
     {
       for(j = 0; j<10; j++)
       {
          if(b[i][1]>= a[i][0]);
          }
```

```
            d[i] = j;  break;
        }
        b[i][0] = b[i][0] + r[i][j];
        b[i][1] = b[i][0] + r[i][j + 1];
    }
}
for(i = 0; i<8; i + + )
    if(a[i][0])<b[i][1]) d[i] = d[i] - 1;
t = p[0][d[0] + 1]; m = 0; n = d[0] + 1;
while(s<w)
{ //选择参与竞价中的最小段,以此来决定各机组的出力值
for(i = 0; i<8; i + + )
{
    if(r[i][10] = = 1) continue;
    for(j = d[i] + 1; j<10; j + + )
    {
        if (t>p[i][j])
        {
            t = p[i][j]; m = i;n = j;
        }
    }
}
price = p[m][n];
p[m][n] = 1000;
t = 1001;
//给 t 赋一个较大的值,保证能找到下一段价最小值
// 给各机组的出力值分为两段来处理,一部分为初始出力值
// 只取所处的部分段容量,另一部分为取该时段的全部容量
if (a[m][0]<b[m][1])
{
    y = (b[m][1] - a[m][0])/c[m] + a[m][1];
    if (y<15)
    {
        s = s + b[m][1] - a[m][0];
        if(s<W)
```

```
        {
            a[m][1] = a[m][1] + (b[m][1] - a[m][0])/c[m];
            a[m][0] = b[m][1];
        }
        else
        {
            a[m][1] = a[m][1] + (W - (s - (b[m][1] - a[m][0])))/c[m];
            a[m][0] = a[m][0] + W - (s - (b[m][1] - a[m][0]));
        }
    }
    else
    {
        s = s + c[m] * (15 - a[m][1]);
        if(s<W)
        {
            a[m][0] = a[m][0] + c[m] * (15 - a[m][1]);
            a[m][1] = 15; r[m][10] = 1;
        }
        else
        {
            a[m][0] = a[m][0] + W - (s - c[m] * (15 - a[m][1]));
            a[m][1] = a[m][1] + (W - (s - c[m] * (15 - a[m][1])))/c[m];
        }
    }
}
else
{
    y = r[m][n]/c[m] + a[m][1];
    if(y<15)
    {
        s = s + r[m][n];
        if(s<W)
        {
            a[m][0] = a[m][0] + r[m][n];
            a[m][1] = a[m][1] + r[m][n]/c[m];
            b[m][1] = a[m][0];
```

```
        }
        else
        {
            a[m][0] = a[m][0] + W - (s - r[m][n]);
            a[m][1] = a[m][1] + (W - (s - r[m][n]))/c[m];
        }
    }
    else
    {
        s = s + c[m] * (15 - a[m][1]);
        if (s<W)
        {
            a[m][0] = a[m][0] + c[m] * (15 - a[m][1]);
            a[m][1] = 15; r[m][10] = 1;
        }
        else
        {
            a[m][0] = a[m][0] + W - (s - c[m] * (15 - a[m][1]));
            a[m][1] = a[m][1] + (W - (s - c[m] * (15 - a[m][1])))/c[m];
        }
    }
}
//以下是对当初始出力值所处时段所对应的段价大于清算价时的处理
//分取全部或部分容量两个部分
  for(i = 0; i<8; i+ + )
  {
     if(r[i][10] = = 1) break;
     if(a[i][1] = = 0  && s>W && p[i]d[i]>price)
     {
        s = W;
        for(j = d[i]; ; j-  - )\
        {
           if(p[i][j]< = price) break;
           if(a[i][0]<b[i][1])
           {
```

```
                y=a[i][1]+(a[i][0]-b[i][0])/c[i];
                if(y<15)
                {
                    s=s-(a[i][0]-b[i][0]);
                    a[i][1]=a[i][1]-(a[i][0]-b[i][0])/c[i];
                    a[i][0]=b[i][0]; b[i][1]=a[i][0];
                }
                else
                {
                    s=s-c[i]*(15-a[i][1]);
                    a[i][0]=a[i][0]-c[i]*(15-a[i][1]);
                    a[i][1]=15; r[i][10]=1;
                }
            }
            else
            {
                 y=a[i][1]+r[i][j]/c[i];
                 if(y<15)
                 {
                    s=s-r[i][j]
                    a[i][0]=a[i][0]-r[i][j];
                    a[i][1]=a[i][1]+r[i][j]/c[i];
                    b[i][1]=a[i][0];
                 }
                 else
                 {
                    s=s-c[i]*(15-a[i][1]);
                    a[i][0]=a[i][0]-c[i]*(15-a[i][1]);
                    a[i][1]=15; r[i][10]=1;
                 }
              }
            }
          }
        }
    }
  printf("各机组的出力值为:\n");
```

```
  for(i = 0; i<8; i + + )
      printf( "%d: %4.2f\n", i + 1, a[i][0]);
  printf(" 清算价为:%d\n", price);
}
```

22 中国高等教育收费问题

22.1 问题的提出

高等教育事关高素质人才培养、国家创新能力增强、和谐社会建设的大局，因此受到党和政府及社会各方面的高度重视和广泛关注. 培养质量是高等教育的一个核心指标，不同的学科、专业在设定不同的培养目标后，其质量需要有相应的经费保障. 高等教育属于非义务教育，其经费在世界各国都由政府财政拨款、学校自筹、社会捐赠和学费收入等几部分组成. 对适合接受高等教育的经济困难的学生，一般可通过贷款和学费减、免、补等方式获得资助，品学兼优者还能享受政府、学校、企业等给予的奖学金.

学费问题涉及到每一个大学生及其家庭，是一个敏感而又复杂的问题：过高的学费会使很多学生无力支付，过低的学费又使学校财力不足而无法保证教学质量. 学费问题近来在各种媒体上引起了热烈的讨论.

根据中国国情，收集诸如国家生均拨款、培养费用、家庭收入等相关数据，并据此通过数学建模的方法，就几类学校或专业的学费标准进行定量分析，得出明确、有说服力的结论. 数据的收集和分析是建模分析的基础和重要组成部分.

说明　本题是“全国大学生数学建模竞赛”2008 年 B 题.

22.2 问题的分析

高校学费收费是关系到国家教育质量以及民生的重大问题，在当前全面建设和谐社会的关键时期，如何确定合理的学费标准是一个关键而紧迫的课题. 因为合理的学费标准有利于促进学生与学校、家庭、家长与学校的和谐关系的建立与保持. 一直以来高等学校的收费标准也是许多学者研究的热点问题，同时也是社会关注的焦点，是一个敏感而又复杂的问题.

根据分析，当前我国的大多数高等学校中，培养一名大学生所需要的费用主要是来源于国家的拨款与学费收入，而学生所交的学费仅够支付教师的工资. 且在我国，大多数高等学校经费来源渠道比较单一，而这些投入对于一个学校高水平人才的培养是远远不够的，目前我国学校现在仍处于一个很低的层次. 因此确立一个合理的学费标准成为当前的重中之重. 因此，要建立合理科学的数学模型来评价我国的学费标准的合理性，同时该模型应该对影响学费标准的诸因素具有比较综合的解释能力.

为了对学费标准进行定量分析. 先要深入分析大学生培养经费的来源渠道，根据查阅相关文献资料得

大学生的培养费＝国家拨款＋学校自筹＋社会捐赠＋学费收入＋其他.

在分析影响因素及经费来源渠道的基础上，我们从以下两个方面来研究该学费标准合理性问题：

（1）建立学费标准的经济计量模型，并运用统计方法对模型参数进行估计. 对估计结果进行统计分析与经济计量分析.

（2）对模型结果进行横向与纵向分析比较：

① 横向比较. 我们用发达国家在工业化中期的学费标准与人均 GDP 以及家庭人均收入的关系作为评价我国学费标准合理性的参照物.

② 纵向比较. 通过考察我国从 1995 年至今的学费增长率、人均 GDP 的增长率、人均家庭收入的增长率、教育投入占 GDP 的比例增长率来分析合理性.

③ 在横向与纵向分析的结果上，结合我国国情及未来经济发展速度与家庭收入变化趋势对我国的学费标准及其相关问题提出政策建议.

22.3 数据处理及分析

从《中国统计年鉴》等工具书中可以查到表 22-1 中的数据，从数据中可以看出，由于 1999 年后国家对教育政策实行了改变（扩大招生），因此 1999 年前后的数据相差比较大，所以我们采用 2000—2005 年之间的数据进行回归分析建模.

表 22-1　　1996—2005 年普通高校教育经费支出相关情况表

年份	1996	1997	1998	1999	2000	2001	2002	2003	2004	2005
E_1	1 319	1 620	1 974	2 769	3 550	3 895	4 224	4 419	4 785	5 000
E_2	1 707 886	2 122 853	2 995 574	3 327 046	3 829 913	4 652 311	5 430 308	6 466 249	7 334 699	6 874 530
E_3	1 484 536	1 781 595	2 186 788	3 316 177	4 837 685	6 548 712	8 551 319	10 656 176	10 369 322	13 059 131
E_4	3 192 421	3 904 448	5 182 363	6 643 223	8 667 598	11 201 023	13 981 627	17 122 425	17 704 021	19 933 660
E_5	10 567.43	12 301.35	15 202	16 069.72	15 586.4	15 576.45	15 476.67	15 445.09	13 276.36	12 763.26
E_6	1 289 207	1 574 408	2 305 775	2 502 507	3 006 107	3 736 835	4 518 855	5 387 294	6 040 184	6 325 085
E_7	1 224 032	1 484 408	1 776 077	2 667 592	3 947 397	5 248 857	6 942 639	8 513 819	10 369 322	11 443 310
E_8	2 513 239	3 058 816	4 081 851	5 170 099	6 953 505	8 985 691	11 461 493	13 901 113	16 409 506	17 768 395
E_9	7 788.29	8 776.5	13 187.16	15 487.18	18 445.39	19 756.06	19 875.8	20 061.81	20 461.9	17 179.04
E_{10}	10 326.07	11 848.56	17 132.25	20 589.98	23 500.23	24 596.04	23 884.75	24 079.74	24 847.23	
E_{11}	302.1	317.4	340.9	413.4	556.1	719.1	903.4	1 108.6	1 333.5	1 561.8

说明　①表中数据是根据各年的《中国教育经费统计年鉴》及《国家统计年鉴》计算得到的；②生均教育经费支出包括生均事业性经费支出和生均基建支出两部分；③空格的地方表示数据缺失；④ E_1表示生均学费（元），E_2表示中央部门教育经费支出（万元），E_3表示地方部门教育经费支出（万元），E_4表示总教育经费支出，E_5表示生均国家经费（元），E_6表示中央事业性经费支出（万元），E_7表示地方事业性经费支出，E_8表示总事业性经费支出，E_9表示生均事业性经费支出（元），E_{10}表示生均教育经费支出（元），E_{11}表示在校大学生数（人）.

1996—2005 年人均 GDP、城镇人口、乡村人口相关情况，1996—2005 年标准学费、人均 GDP、人均纯收入的增长情况，分别见表 22-2 和图 22-1.

表 22-2　　1996—2005 年人均 GDP、城镇人口、乡村人口相关情况

年份	人均 GDP/元	城镇 人口	城镇人 口比重	城镇人均可 支配收入/元	乡村 人口	乡村人 口比重	乡村人均可 支配收入/元
1996	5 846	37 304	30.48	4 838.9	85 085	69.52	1 926.1
1997	6 420	39 449	31.91	5 160.3	84 177	68.09	2 090.1
1998	6 796	41 608	33.35	5 425.1	83 153	66.65	2 162
1999	7 159	43 748	34.78	5 854	82 038	65.22	2 210.3
2000	7 858	45 906	36.22	6 280	80 837	63.78	2 253.4
2001	8 622	48 064	37.66	6 859.6	79 563	62.34	2 366.4
2002	9 398	50 212	39.09	7 702.8	78 241	60.91	2 475.6
2003	10 542	52 376	40.53	8 472.2	76 851	59.47	2 622.2
2004	12 336	54 283	41.76	9 421.6	75 705	58.24	2 936.4
2005	14 103	56 212	42.99	10 493	74 544	57.01	3 254.9

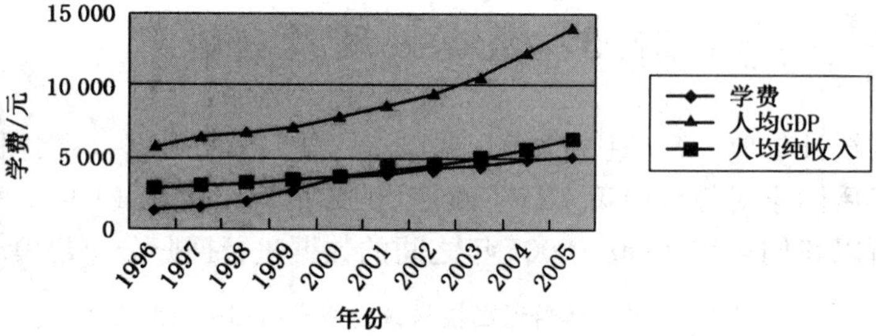

图 22-1　1996—2005 年标准学费、人均 GDP、人均纯收入的增长情况

由图 22-1 可以得出：从 1996 到 2005 年，标准学费、人均 GDP 和人均纯收入都有不同程度的增长，并且具有相同的增长方向.

22.4　模型建立与求解

22.4.1　模型假设

由于一个国家或者地区的学费的影响因素众多且复杂，为了建立标准学费的模型，我们做如下假设：

(1) 假设每个家庭收入是均等的；

(2) 由于数据统计原因，假设每个大学生的国家生均拨款数额均等；

(3) 模型就普通高等学校的学费进行分析讨论(由于数据的原因,从国家统计局等相关网站上只能查到普通高等学校的学费数据,而没有区分重点、非重点或者新建本科院校,也并没有查到具体分专业的学费及其相关数据);

(4) 近年来我国的政治是稳定的,经济发展速度是稳定的.

22.4.2 模型的建立和筛选

(1) 多因素模型:根据对我国学费收费标准与生均国家教育经费支出 x_1、人均 GDP x_2、人均家庭收入 x_3、生均国家事业性教育经费支出 x_4 之间的关系的分析,建立以人均 GDP、人均家庭收入、生均国家教育经费支出、生均国家事业性教育经费支出为解释变量的学费拟合的经济计量模型:

$$y = \beta_0 + \sum_{i=1}^{4} \beta_i x_i + \varepsilon,$$

其中,随机误差 $\varepsilon \sim N(0, \sigma^2)$, 而 $\beta_i \ (i = 0, 1, 2, 3, 4)$ 表示模型参数.

针对上述的模型及我们收集筛选得到的相关数据,利用 MATLAB 程序分别进行求解得到如下关系式以及回归方程的置信度 R^2、残差平方和 Q 及 F 统计量相对应的概率 p. 其中,具体模型结果为

$$y = -6\,147.5 + 0.211\,28\,x_1 - 1.163\,6\,x_2 + 3.713\,6\,x_3 + 0.106\,53\,x_4.$$

对应参数 β_1, β_2, β_3, β_4, β_0 的置信区间为$[-3.200\,2, 3.622\,7]$, $[-7.010\,4, 4.683\,3]$, $[-9.144\,8, 16.572]$, $[-4.583\,1, 4.796\,1]$, $[-11\,089, -1\,206.1]$,且 $R^2 = 0.979\,71$, $p = 0.007\,137\,2$.

相关的残差图如图 22-2 所示.

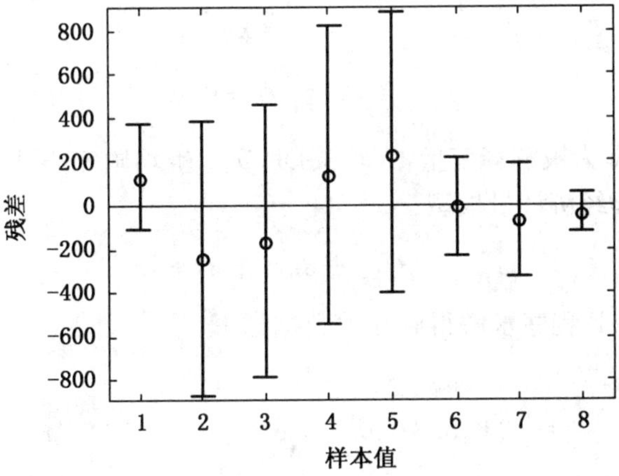

图 22-2 残差图

考虑到人均纯收入和人均 GDP 存在一定的线性关系，生均国家教育经费和生均事业性教育经费也存在一定的线性关系，同时将四个变量加入到一个模型中，势必会导致结果的不准确，因此，我们分别选取人均纯收入和人均 GDP 中的一个变量，和生均国家教育经费和生均事业性教育经费中的一个变量，两两组合建立模型，并比较它们的优劣性，以确定更加优化的模型.

考虑到 1999 年之后学费的变化很大，因此在剔除 1999 年和 1999 年之前的数据，保留 2000—2005 年这六年的数据后建立了如下模型：

$$y = -1\,691.9 - 0.013\,462\,x_1 - 0.144\,5\,x_2 + 0.954\,67\,x_3 + 0.247\,98\,x_4.$$

参数 β_1，β_2，β_3，β_4，β_0 对应的置信区间为$[-2.51, 2.483\,1]$，$[-11.205, 10.916]$，$[-21.629, 23.538]$，$[-3.283\,5, 3.779\,5]$，$[-79\,528, 76\,144]$，且 $R^2 = 0.993\,39$，$p = 0.121\,68$.

相关的残差图如图 22-3 所示.

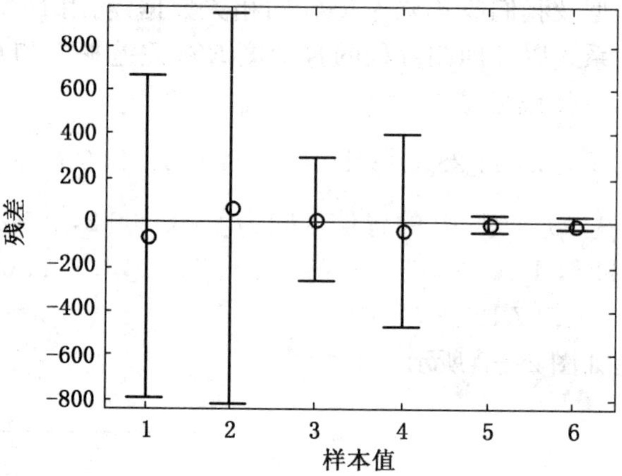

图 22-3　残差图

(2) 以学费 y 为被解释变量，人均 GDP x_2、生均国家事业性教育经费支出 x_4 为解释变量建立起经济计量模型：

$$y = \beta_2 x_2 + \beta_4 x_4 + \beta_0 + \varepsilon.$$

利用 MATLAB 程序求解得到相关数据如下：

其中模型为

$$y = -3\,818.3 + 0.290\,65\,x_2 + 0.412\,85\,x_4,$$

且 β_2，β_4，β_0 对应的置信区间为$[0.208\,9, 0.372\,41]$，$[0.006\,665\,5, 0.819\,03]$，$[-9\,546.3, 1\,909.7]$，且 $R^2 = 0.987\,66$，$p = 0.001\,371\,6$.

相关的残差图如图 22-4 所示.

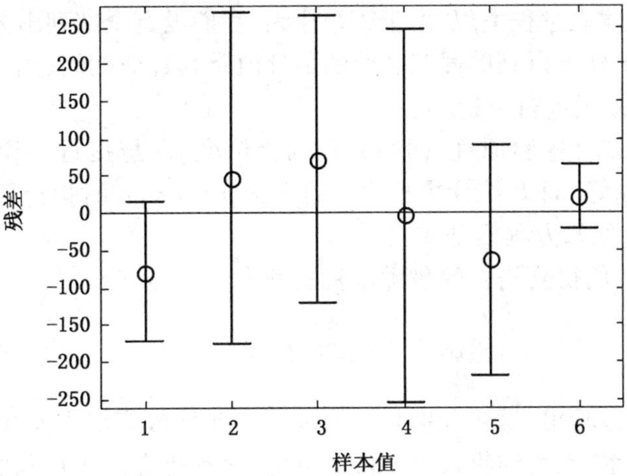

图 22-4　残差图

(3) 以学费 y 为被解释变量,以人均家庭收入 x_3、生均国家事业性教育经费支出 x_4 为解释变量建立起经济计量模型:

$$y=\beta_3x_3+\beta_4x_4+\beta_0+\varepsilon.$$

利用 MATLAB 程序求解得到相关数据如下:

其中模型为

$$y=-2\,514.2+0.647\,1\,x_3+0.297\,69\,x_4,$$

且 β_3, β_4, β_0 对应的置信区间为[0.511 04, 0.783 17], [0.013 059, 0.582 33], [−6 566.5, 1 538.1], 且 $R^2=0.993\,03$, $p=0.000\,581\,69$.

相关的残差图如图 22-5 所示.

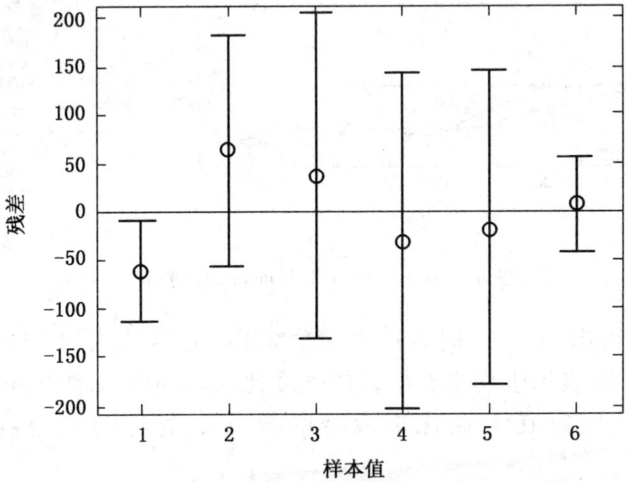

图 22-5　残差图

其他模型的建立过程类似，由于篇幅原因，我们没有全部列出分析.

对上述 10 个模型得到的回归系数的估计值及其置信区间、同时检验统计量 R^2，p 的结果以及残差图进行分析.

回归模型的统计检验原理：回归方程的置信度 R^2 越接近 1 说明回归方程越显著，即线性关系越好. 而 F 统计量相对应的概率 p，$p < a$ 时拒绝原假设即回归方程系数不为 0，线性回归方程模型成立.

因此，最终我们得到需要的最优学费模型为

$$y = -3\,818.3 + 0.290\,65\, x_2 + 0.412\,85\, x_4.$$

由该模型可以看出，学费分别与生均国家事业性教育经费支出和人均纯收入存在一定的线性关系. 人均纯收入每增长 1 单位，学费相应地增长 0.290 65 单位；生均国家事业性教育经费支出每增长 1 单位，学费相应地增长 0.412 85 单位.

22.5　构建评价学费合理性指标

根据有关学者的研究，我们采用如下指标对学费的合理性进行评价：

$$k_1 = \frac{t_i - t_{i-1}}{(g_i - g_{i-1})\beta_2}, \qquad k_2 = \frac{t_i - t_{i-1}}{(r_i - r_{i-1})\beta_3},$$

其中，t_i 表示第 i 年的学费；g_i 表示第 i 年的人均 GDP；r_i 表示第 i 年的人均纯收入；β_2 表示人均 GDP 与生均学费的系数；β_3 表示人均纯收入与生均学费的系数.

2001—2005 年两项合理性指标的关系，如图 22-6 所示.

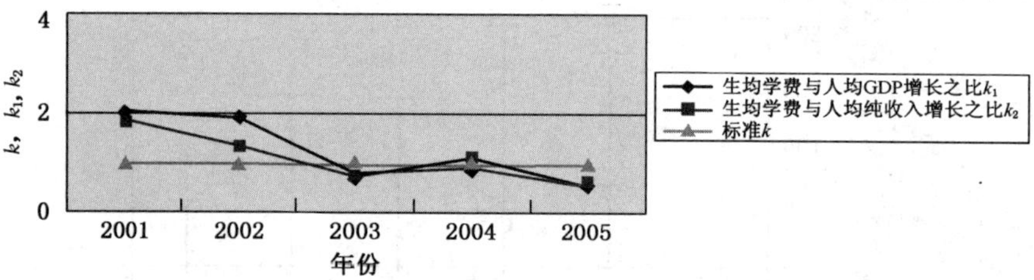

图 22-6　2001—2005 年两项合理性指标的关系

由图 22-6 得出，$k_1 > 1$ 时表示生均学费增长速度比人均 GDP 增长速度快，反之则慢；$k_2 > 1$ 时表示生均学费增长的速度比人均纯收入增长速度快，反之则慢.

由其他发达国家在工业化中期时的教育经费与国民经济总值的比例见表 22-3.

表 22-3　　发达国家教育经费占 GDP 比例

国家或地区	公共教育经费/GDP	大学生人均公共教育支出/人均 GDP
世界平均	4.4%	—
中国	2.1%	85.8%
德国	4.6%	41.2%
日本	3.6%	17.1%
美国	5.7%	31.7%
法国	5.7%	29.3%
英国	4.7%	23.2%
澳大利亚	4.9%	25.4%

综上所述，合理的学费应当是与人均 GDP 增长成正相关，并且占人均 GDP 的比例逐渐减小，同时占人均国家教育经费的比例也逐渐减小. 然而对比表 22-3 中发达国家的生均学费来源，我国的教育经费只有在国家投入、社会捐赠和学校自筹方面有待提高，最终才能使生均学费趋向平衡、稳定.

22.6　模型的分析与检验

通过模型的建立与求解，我们得到两部分结果：

(1) 我国普通高等学校的学费标准与人均纯收入和生均国家事业型教育经费支出之间的关系为

$$y=-3\,818.3+0.290\,65\,x_2+0.412\,85\,x_4.$$

因此，由第一部分的模型可以看出，学费分别与生均国家事业性教育经费支出和人均纯收入存在一定的线性关系. 人均纯收入每增长 1 单位，学费相应地增长 0.290 65单位；生均国家事业性教育经费支出每增长 1 单位，学费相应地增长 0.412 85单位.

为了检验模型的准确性，我们将模型 $y=-3\,818.3+0.290\,65\,x_2+0.412\,85\,x_4$ 拟合的结果与原始数据进行比较. 学费模型拟合结果比较和拟合效果图分别见表 22-4 和图 22-7.

表 22-4　　学费模型拟合结果比较

年份	拟合结果	原始学费	差额	差额与原始数据的比
2000	3 627.927	3 550	77.926 59	0.021 951
2001	3 846.553	3 895	−48.446 9	−0.012 44
2002	4 151.083	4 224	−72.917 1	−0.017 26
2003	4 422.599	4 419	3.599 145	0.000 814
2004	4 847.522	4 785	62.521 74	0.013 066
2005	4 977.678	5 000	−22.322 4	−0.004 46

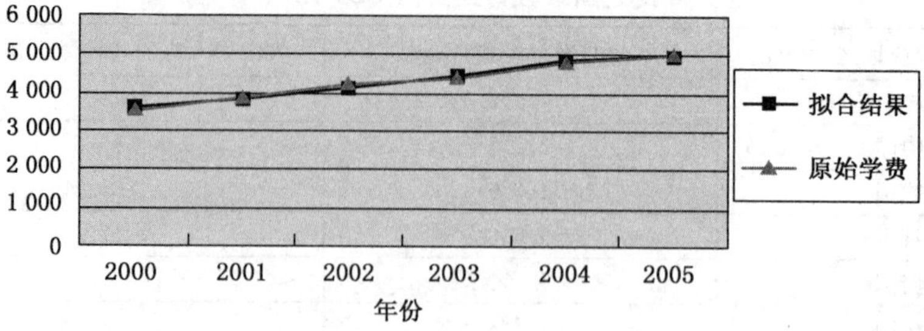

图 22-7　拟合效果图

由以表 22-4 和图 22-7 可以看出，拟合的结果与原始数据吻合得相当好. 因此，我们有理由相信，我们所建立的模型可以反映中国目前的普通高等学校标准学费与人均纯收入、生均国家事业性教育经费支出之间的关系.

（2）构建评价学费合理性的指标

由合理性指标分析可知：2001 年和 2002 年学费增长速度明显快于人均纯收入和人均 GDP 的增长速度；2003 年和 2005 年学费的增长速度略低于人均纯收入和人均 GDP 的增长速度；2004 年学费的增长速度基本和人均纯收入和人均 GDP 的增长速度持平.

通过我国与其他发达国家在工业化中期时的学费与国民经济各项指标的比较可知：我国在国家教育经费的支出、学校经费的自筹能力、社会人士的捐赠等方面与其他国家存在较大差距. 特别是学校经费的自筹能力和社会人士的捐赠方面相差尤为明显. 在人均方面，学费占家庭平均收入和人均 GDP 的比例也高于国际惯例 25%.

因此，通过对第二部分结果的分析得到，导致我国普通高等学校学费偏高的原因主要包括：

① 学校经费的自筹能力不强；

② 社会人士对学校的捐赠不足；

③ 家庭平均收入的增长速度赶不上标准学费的增长速度.

22.7　模型的评价与推广

22.7.1　模型优点

（1）本章中的五个模型的建立是在对影响学费的若干主要因素进行深入分析的基础上，因此具有比较坚实的客观基础.

（2）本模型基于数据的特性，在某些年份出现异常点，为了平滑样本数据给拟合结果带来的误差，本章采用了滑动数据重心法对原始数据进行了处理，使得数据更加符合模型.

(3) 本章建立的经济计量模型具有单因素与多因素相结合，既考虑到单个因素对学费的影响，也考虑到诸因素对学费的综合影响，因此模型结果比较稳健.

(4) 该模型不管是从求解方法还是模型的建立都是一个全新的考虑.

(5) 本章将经济模型与数学模型相结合，使得解题过程更加全面、通俗易懂.

(6) 本章所建立的模型具有比较广泛的应用价值，可以应用到其他领域的研究.

22.7.2 模型缺点

(1) 由于知识面有限我们虽然通过多渠道收集数据，但始终无法找到更细的数据，以至于我们无法做到更精确合理的收费标准；同时得到的数据，如 2005 年中的缺失的数据我们是根据以往得到的数据来进行回归拟合最终得到的值，这和实际数据也必然存在着一定的误差.

(2) 由于时间和资源的限制，很多数据都很难查询到，因此本模型得到的解还不够优化，无法面面俱到.

(3) 由于生均学费的定制概念比较宽泛，没有一个确定参照指标，本文只是通过其他发达国家以往的数据作为一项指标进行参照，结果比较模糊.

22.7.3 模型的推广

(1) 本案例只是针对全国总平均水平(如高校收费、生均国家教育经费、人均 GDP)进行一个总体的分析，如果能够有关于各个地区经济发展水平、不同类型学校以及不同专业的收费情况，我们相信可以制定一个更合理的标准.

(2) 我们可以将本模型推广到每个地区各类学校的各个专业学费的拟定，只要通过了解各个地区各类学校获得的国家教育经费的比重，以及各个专业学费占平均学费的比例，就可以进行学费的判定.

比如，可以用相对值法. 这里有一个各专业的收益排行榜如图 22-8 所示，可以为制订各个专业的学费所占的权重，如我们将位于最中间的新闻学设为 1；向右顺次为 1.15，1.30，…，1.60；向左顺次为 0.85，0.7，…，0.4；等等. 对于生均培养成本的相对值的计算也可采用类似的方法.

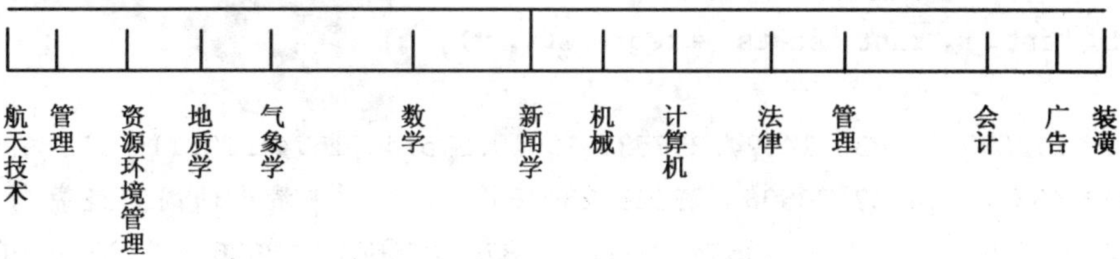

图 22-8　各专业收益排行榜

同时,可以查找到四种类型学校获得的生均国家事业性经费支出的权重,见表 22-5.

表 22-5　　不同类型学校的生均国家事业性经费支出

学校类别	理工类	文史类	医学类	艺术类
权重	0.212 5	0.125	0.262 5	0.4

由以上模型可得到最优的学费关系式为

$$y=-3\,818.3+0.290\,65\,x_2+0.412\,85\,x_4,$$

各类学校生均学费

$$y_1=-3\,818.3+0.290\,65\,x_2+0.412\,85\,x_4\times 4\times 权重,$$

各类学校各专业生均学费=权重×各类学校生均学费 y_1.

22.8　MATLAB 程序

```
x0 = ones(10, 1);
x1 = [10567.43231   12301.34814   15202.00205   16069.72254   15586.40083
15576.44695   15476.6739   15445.08822   13276.35606   12763.26066]';
                                                   %国家生均经费
x2 = [5846   6420   6796   7159   7858   8622   9398   10542   12336
14103]';   %人均 GDP
x3 = [2813.92144   3069.80082   3250.24385   3477.57886   3711.83452
4058.53912   4518.91248   4993.205   5644.61952   6366.55919]';
                                                   %人均纯收入
x4 = [8319.227739   9637.100189   11973.75007   12506.28713   12504.05449
 12495.74621   12687.06354   12539.34079   12305.59123   11376.86964]';
                                                   %生均事业性经费
y = [1319   1620   1974   2769   3550   3895   4224   4419   4785   5000]';
x = [x1, x2, x3, x4, x0];
[b, bint, r, rint, stats] = regress(y, x)

x1 = [12690.26083   14524.35758   15619.37514   15744.19011   15546.50722
 15499.40302   14732.70606   13828.23498]';        %平滑生均国家经费
x2 = [6354   6791.666667   7271   7879.666667   8626   9520.666667
10758.66667   12327]';                             %平滑人均 GDP
x3 = [3044.65537   3265.87451   3479.885743   3749.3175   4096.428707
```

```
4523.5522   5052.245667   5668.127903]';              %平滑人均纯收入
    x4 = [9976.692667   11372.37913   12328.03056   12502.02928   12562.28808
  12574.05018   12510.66518   12073.93388]';          %平滑人均事业性经费
    y = [1637.666667    2121    2764.333333    3404.666667    3889.666667
4179.333333   4476   4734.666667]';                   %平滑学费
    x0 = ones(8, 1);
    x = [x1, x2, x3, x4, x0];
    %x = [x1, x2, x0];  %模型:生均国家教育经费支出和人均 GDP
    %x = [x1, x3, x0];  %模型:生均国家教育经费和人均纯收入
    %x = [x2, x3, x0];  %模型:生均国家事业性教育经费支出和人均纯收入
    %x = [x2, x4, x0];  %模型:生均国家事业性教育经费支出和人均 GDP
    [b, bint, r, rint, stats] = regress(y, x)

    x0 = ones(6, 1);
    x1 = [15586.40083   15576.44695   15476.6739   15445.08822   13276.35606
  12763.26066]';          %生均国家教育经费支出
    x2 = [7858   8622   9398   10542   12336   14103]';
                          %人均 GDP
    x3 = [3711.83452    4058.53912    4518.91248    4993.205    5644.61952
6366.55919]';             %人均纯收入
    x4 = [12504.05449   12495.74621   12687.06354   12539.34079   12305.59123
  11376.86964]';          %生均国家事业性教育经费支出
    y = [3550   3895   4224   4419   4785   5000]'; %学费
    x = [x1, x2, x3, x4, x0];
    %x = [x1, x2, x0];  %模型:生均国家教育经费支出和人均 GDP
    %x = [x1, x3, x0];  %模型:生均国家教育经费和人均纯收入
    %x = [x2, x3, x0];  %模型:生均国家事业性教育经费支出和人均纯收入
    %x = [x2, x4, x0];  %模型:生均国家事业性教育经费支出和人均 GDP
    [b, bint, r, rint, stats] = regress(y, x)
```

23 中国钢材消费总量预测问题

23.1 问题的提出

随着中国经济从计划经济走向市场经济、从短缺走向过剩、从封闭走向开放，钢铁市场已由过去的生产拉动型转变为市场拉动型.经济增长是供给与需求共同作用的结果.短缺经济时代，经济增长主要由生产能力决定；过剩经济时代，市场需求是主要矛盾. 20 世纪 90 年代后，决定国内经济增长的主要因素由生产能力转为市场需求.

钢材是钢铁工业的最终产品，也是国民经济发展各个部门不可缺少的重要的基础原材料.因此对我国钢材消费需求的研究是判断我国未来钢铁工业发展的前景如何的一个主要的依据.纵观我国的钢铁工业发展历程，从 1996 年钢产量达到 1 亿 t 到 2006 年的 4.2 亿 t；钢材消费量也从 2001 年的 1.5 亿 t，成为世界钢材消费的第一大国以来，到 2010 年，我国的钢材消费量达到 6.37 亿 t(表 23-1).回顾我国钢铁工业的发展历程，我们不难发现，钢产量及消费量的快速增长确实是市场需求拉动的结果.

那么，中国在未来的经济发展和工业化、城镇化进程中到底需要多少钢？这是一个关系到中国钢铁工业发展的总量供需平衡的问题，直接影响钢铁工业本身的发展和结构.因此，客观、准确地预测未来中国的钢材消费量，分析钢材消费结构对于指导钢铁工业适度、健康、持续、稳定地发展具有重要的指导意义.

钢材需求预测是研究钢铁工业发展战略，确定钢铁工业发展目标和制定钢铁工业发展规划的重要基础，对我国钢铁工业实现从数量到品质、从规模到效益、从钢铁大国走向钢铁强国具有重要的理论指导和参考价值.

表 23-1　　1985—2010 年中国钢材消费量及 GDP 数据

年　份	钢材表观消费量/万 t	GDP /亿元	第一产业 /亿元	第二产业 /亿元	第三产业 /亿元	消　费 /亿元	投　资 /亿元	出　口 /亿元
1985	5 477	9 040.7	2 541.6	3 866.6	2 607.8	5 986.3	3 457.5	−367.1
1986	5 872	10 274.4	2 763.9	4 492.7	3 018.6	6 821.8	3 941.9	−255.2
1987	5 588	12 050.6	3 204.3	5 251.6	3 602.7	7 804.6	4 462	10.8
1988	5 521	15 036.8	3 831	6 587.2	4 624.6	9 839.5	5 700.2	−151.1
1989	5 725	17 000.9	4 228	7 278	5 486.3	11 164.2	6 332.7	−185.6

续 表

年 份	钢材表观消费量/万 t	GDP /亿元	第一产业 /亿元	第二产业 /亿元	第三产业 /亿元	消 费 /亿元	投 资 /亿元	出 口 /亿元
1990	5 361	18 718.3	5 017	7 717.4	5 933.4	12 090.5	6 747	510.3
1991	5 713	21 826.2	5 288.6	9 102.2	7 390.7	14 091.9	7 868	617.5
1992	7 209	26 937.3	5 800	11 699.5	9 424	17 203.3	10 086.3	275.6
1993	10 621	35 260	6 887.3	16 454.4	11 992.2	21 899.9	15 717.7	−679.5
1994	10 537	48 108.5	9 471.4	22 445.4	16 281.1	29 242.2	20 341.1	634.1
1995	9 784	59 810.5	12 020	28 679.5	20 094.3	36 748.2	25 470.1	998.6
1996	10 514	70 142.5	13 885.8	33 835	23 455.8	43 919.5	28 784.9	1 459.2
1997	10 847	77 653.1	14 264.6	37 543	27 165.4	48 140.6	29 968	3 549.9
1998	11 623	83 024.3	14 618	39 004	30 780.1	51 588.2	31 314.2	3 629.2
1999	13 220	88 189	14 548.1	41 033.6	34 095.3	55 636.9	32 951.5	2 375.7
2000	14 121	98 000.5	14 716.2	45 555.9	38 942.5	61 516	34 842	2 390.2
2001	17 316	108 068.2	15 516.2	49 512.3	44 626.7	66 878.3	39 769.4	2 324.7
2002	21 154	119 095.7	16 238.6	53 896.8	50 197.3	71 691.2	45 565	3 094.1
2003	27 129	135 174	17 068.3	62 436.3	56 318.1	77 449.5	55 963	2 986.3
2004	31 230	159 586.7	20 955.8	73 904.3	65 018.2	87 032.9	69 168.4	4 079.1
2005	38 301	183 956.1	23 070.4	87 046.7	72 967.7	96 918.1	79 559.8	10 223
2006	44 235	216 314	24 040	103 719.5	88 554.9	112 631	92 954	16 654
2007	43 436	265 810	28 627	125 831	111 351	131 510	110 943	23 380
2008	50 305	314 045	33 702	149 003	131 340	152 346	138 325	24 229
2009	57 218	340 902	35 226	157 638	148 038	166 820	164 463	15 033
2010	63 722	401 202	40 533	187 581	173 087	186 905	191 690	15 711

数据来源:《中国统计年鉴》,《中国钢铁统计》,中国统计局网站.

23.2 模型假设及数据来源分析

23.2.1 模型假设

为了使建立的模型具有连续性,在建立钢材消费预测模型前作如下假定.

(1) 模型中所建立的钢材消费量与各个解释变量的相关关系,在未来仍然保持主要的相关关系.

(2) 预测中所采用的历年的中国钢材消费总量、国内生产总值(GDP)、资本形成总额、最终消费需求及净出口等一系列国民经济数据是准确的.

(3) 国内宏观经济按照正常的发展计划平稳运行,不发生大的国内、国际战争或政治动荡.

23.2.2 数据来源及处理

本章研究所用的原始数据主要来自历年的《中国统计年鉴》《中国钢铁工业年鉴》及《中国钢铁统计》. 其中,历年的国内生产总值,第一、第二、第三产业值及最终消费需求,资本形成总额与净出口的数据来自历年《中国统计年鉴》;历年钢材消费量及各主要品种的产量及消费量来自历年《中国钢铁工业年鉴》与《中国钢铁统计》.

由于统计方面的原因,我国钢材产量统计中存在较多的重复,使得国内钢材实际产量情况统计并不准确,这不利于准确反映出国内钢材市场消费情况. 目前国内拥有许多钢材加工企业,比如许多企业通过外购或是进口冷热薄板、中厚宽带钢生产冷热轧薄板,用外购热轧中厚宽带钢、窄带钢生产焊管,用外购冷板或镀锌板等进行冷板、镀锡板、镀锌板、彩涂板的生产等,这是造成钢材产量重复统计的主要来源. 为此,本章采用钢材表观消费量(表观消费量=产量+进口量-出口量)进行计算. 在实际运用 MATLAB 程序计算时,为了避免数字位数过多而引起误差,因此本文对输入程序的计算数据进行了必要的处理. 另外,对输入程序的数据顺序也要做一定的处理.

23.3 模型建立

以国内生产总值(GDP)为解释变量的钢材消费预测.

23.3.1 钢材消费预测模型的建立

选择国内生产总值(GDP)作为解释变量是基于以下几点考虑:

(1) 国内生产总值(GDP)是代表一个国家的国民经济发展状况的综合的基本经济指标,通过数据的分析,表明钢材消费量与 GDP 存在密切的相关关系.

(2) 目前我国正处于城镇化和工业化的进程中,基础建设和固定资产投资还将处于稳定的增长态势,而这些指标的增长正好是促进钢材消费增长的主要因素.

(3) 发达国家经济发展的经验表明,在 GDP 保持 4%以上的增长率水平时,一个国家或地区的钢材消费量和 GDP 具有很好的相关性. 而根据国家的发展战略,我国到 2020 年的 GDP 要比 2000 年翻两番,因此 GDP 的增长率将会继续保持在 4%以上.

通过已经获得的钢材消费量与 GDP 的统计数据建立预测模型,经过数据重心法的 MATLAB 程序筛选(验证到 5 次多项式),并通过描绘散点图或计算差分值法进行检验,基本判断钢材消费量与国内生产总值(GDP)的相关关系呈二次多项式关系.

经过分析和筛选,我们建立如下的以 GDP 为解释变量的二次曲线计量模型:

$$Y_{G_t} = \beta_{G_0} + \beta_{G_1} G_t + \beta_{G_2} G_t^2 + \varepsilon,$$

其中，Y_{G_t} 表示 t 年的钢材表观消费量；G_t 是 t 年的国内生产总值；β_{G_0}，β_{G_1}，β_{G_2} 是模型系数；ε 是随机干扰项.

23.3.2 模型参数估计及其统计检验

运用中国 1985—2010 年的钢材消费量及国内生产总值(GDP)数据作为历史数据(表 23-1)，经过数据重心法的 MATLAB 程序计算获得模型的估计参数及相关统计指标见表 23-2.

表 23-2　　GDP 为解释变量二次多项式估计结果

变量	估计值	t 统计量	R^2	F 值	MPE	MAPE	Theils-U 系数
常数项	0.523 764	48.303 71					
一次项系数	0.031 685	11.075 45	0.985 421	565.881	−1.089 8%	0.085%	0.038 8
二次项系数	0.007 861	54.980 94					

根据表 23-2 估计结果，得到以 GDP 为解释变量的钢材消费预测拟合模型如下：

$$Y_{G_t} = 0.523\,764 + 0.031\,685 G_t + 0.007\,861 G_t^2.$$

经过检验，对于 $\alpha = 0.05$，查表得 $t_{0.025}(21) = 2.079\,6$，由表 23-2 可知，模型中所有变量都是显著的. 对于 $\alpha = 0.05$，查表得 $F_{0.05}(1, 20) = 4.35$，$F = 565.881 > F_{0.05}(1, 20)$，表明以 GDP 为解释变量的钢材消费预测二次计量模型是显著的. 拟合度 $R^2 = 0.985\,421$，接近于 1，拟合效果良好. 平均百分误差及平均百分绝对误差也很小，说明拟合结果较稳健. 拟合结果如图 23-1 所示.

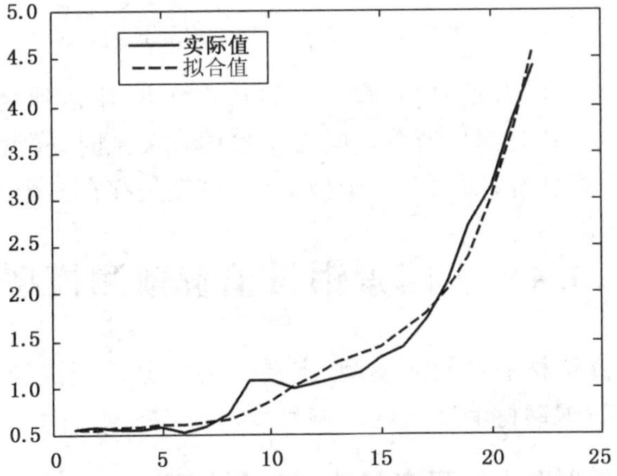

图 23-1　GDP 为解释变量的二次多项式拟合图

说明　纵坐标为钢材消费量(单位：亿 t)；横坐标为年份，从 1985—2010 年.

此外，本模型在计算分析的过程中发现一个现象：对我国在 1980—2000 年的时间段的 GDP 数据用二次模型拟合钢材消费量的相关关系时，拟合度为 0.919 626；而对 1985—2003 年的数据进行拟合回归，得到的模型的拟合度为 0.954 23；对 1996—2010 年的数据对同样模型进行拟合回归，得到的模型的拟合度竟然达到 0.991 461.

从这些数据结果分析表明：第一，表明近期内中国的钢铁工业发展与国民经济发展确实存在着密切的相关关系，国民经济发展水平是钢材消费量的显著影响因素. 第二，拟合度随着时间的推移不断增大，充分说明随着我国近些年来经济的快速发展，特别是 2002 年以来的高速发展的国民经济对钢材消费的依赖度在不断增大.

23.3.3 模型验证

通过对以上模型的统计检验，表明 GDP 与钢材消费量存在显著的二次多项式关系. 为了进一步验证这种相关关系的可靠性，我们选取美国、法国及英国在各个国家达到钢材消费峰值前 15 年的 GDP 与钢材消费量进行了回归分析，由于作者查阅到的资料都不能获得很全面的上述三个国家的钢材消费量的准确数据，因此，只能借用各国各年的钢铁产量的数据代替其消费量，考虑到在 20 世纪 60—70 年代，钢铁产品的国际贸易量占消费量的比例还比较小，因此这种代替是基本可行的.

(1) 法国的回归模型为

$$Y = 482.037 + 0.017\,82\,X - 0.000\,000\,042\,7\,X^2,\ R^2 = 0.967.$$

(2) 美国的回归模型为

$$Y = 4\,120.371 + 0.015\,X - 0.000\,000\,004\,7\,X^2,\ R^2 = 0.767.$$

(3) 英国的回归模型为

$$Y = 749.181 + 0.026\,X - 0.000\,000\,079\,8\,X^2,\ R^2 = 0.913.$$

从以上三个模型可以看出，它们有一个共同的特点，用达到钢材消费峰值的前若干年的数据来拟合 GDP 与钢材消费量的二次多项式关系时，模型的二次项系数都为负的，从模型的数学意义看，即存在一个极大值，也就是存在一个区间峰值.

23.4 多因素钢材消费预测模型

运用多因素建立钢材消费预测模型，主要是为了分析国民经济发展中各产业以及各个组成部分对我国钢材消费量的影响程度.

23.4.1 以三次产业作为解释变量建立计量模型

1. 模型的建立

从产业结构来看，GDP 是由第一产业，第二产业及第三产业的产值构成的. 而从前面的分析知道，国家在不同的经济发展阶段，不同产业的钢材消费强度是不一样的.因此,从理论上说,将 GDP 细分成第一产业产值,第二产业产值和第三产业产值作为经济计量模型的解释变量,可以从定量的角度,了解不同的产业对钢材消费的拉动的变化趋势.

以第一产业产值、第二产业产值及第三产业产值作为解释变量建立如下模型:

$$Y_t = \beta_1 I_{t1} + \beta_2 I_{t2} + \beta_3 I_{t3} ++ \beta_0 + \varepsilon.$$

其中, I_{t1}, I_{t2}, I_{t3} 分别表示 t 年的第一产业产值、第二产业产值、第三产业产值; Y_t 表示 t 年的钢材表观消费量.

2. 模型拟合与评价

经过 MATLAB 程序计算,得到模型估计结果,见表 23-3.

表 23-3　　三次产业为解释变量回归估计结果

变量	估计值	t 统计量	R^2	F 值	MPE	MAPE	Theils—U 系数
常数项	0.779 446 5	8.158 11	0.984 1	373.295 6	−0.164 1%	0.092 1%	0.038 1
第一产业	−1.909 669	−7.643 9					
第二产业	0.917 089 5	6.073 59					
第三产业	−0.102 100	−0.722 8					

从表中的估计结果,得到以三次产业为解释变量的预测模型如下:

$$y_t = -1.909\,669\,x_{t1} + 0.917\,089\,58\,x_{t2} - 0.102\,100\,16\,x_{t3} + 0.779\,446\,58.$$

从表 23-3 中的估计结果可知,模型第一产业,第二产业在考察期间与钢材消费的相关关系是显著的,但是第三产业是不显著的,表明考察阶段(1985—2010),我国的第三产业对钢材的消费拉动还很不明显,尤其是与第二产业对比而言.

对于 $\alpha = 0.05$, 查表得 $F_{0.05}(1, 20) = 4.35$, $F = 438.166\,7 > F_{0.05}(1,20)$, 所以建立的模型的总体是显著的.拟合度 $R^2 = 0.984\,1$, 接近于 1,拟合效果良好.平均百分误差和平均百分绝对误差都比较小,说明拟合结果较稳定.拟合结果如图 23-2 所示.

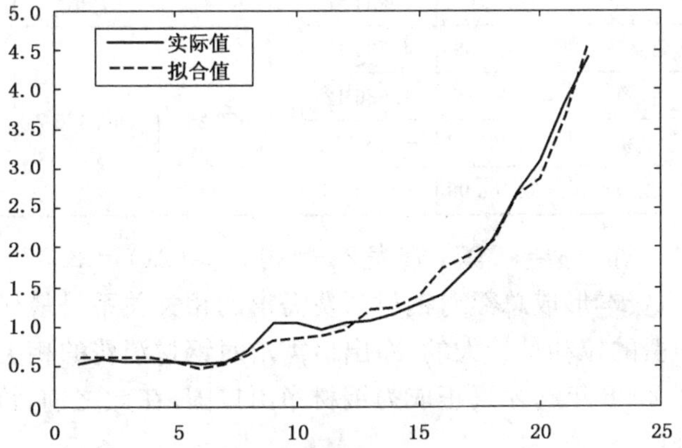

图 23-2　三次产业为解释变量的拟合图

说明　纵坐标为钢材消费量(单位:亿 t);横坐标为年份

23.4.2 基于支出法计算的GDP组成部分建立钢材消费预测模型

1. 模型建立

以支出法计算的 GDP 构成结构，GDP 可分解为资本形成总额、最终消费需求和净出口. 以此三个变量建立钢材消费预测模型也是很有意义的尝试，为分析我国在不同的经济发展阶段，GDP 中的各个组成部分对钢材消费的拉动程度提供参考.

建立的模型：

$$Y_t = \beta_I I_t + \beta_C C_t + \beta_E E_t + \beta_0 + \varepsilon,$$

其中，Y_t 表示第 t 年的钢材消费总量；I_t 表示第 t 年的资本形成总额；C_t 表示第 t 年的最终消费需求；E_t 表示第 t 年的净出口；β_0 为常数项；ε 为模型误差项.

从经济学的角度分析模型参数的意义，β_I 表示每亿元的投资需求拉动的钢材消费量；β_C 表示每亿元的消费需求拉动的钢材消费量；β_E 表示每亿元的出口需求拉动的钢材消费量.

2. 模型的估计与评价

经过 MATLAB 程序计算，估计结果见表 23-4.

根据表 23-4 的估计结果，得到模型：

$$Y_t = 0.763\,075 I_t - 0.261\,57 C_t - 0.166\,98 E_t + 3.399\,389.$$

表 23-4　　投资、消费及出口为解释变量回归估计结果

变量	估计值	t 统计量	R^2	F 值	MPE	MAPE	Theils-U 系数
常数项	3.399 389	4.794 18	0.972 24	198.495 7	0.354 9%	0.109 11%	0.047 6
投资	0.763 075	7.886 12					
消费	−0.261 57	−3.977 2					
出口	−0.166 98	−0.502 1					

对于 $\alpha = 0.05$，查表 23-4 得 $t_{0.025}(21) = 2.079\,6$，从上述指标看，三个组成部分中，资本形成总额对钢材消费需求的相关关系是最显著的，表明资本形成总额对钢材消费的拉动是最大的. 净出口需求对钢材消费的相关关系是不显著的，主要因为我国从 2006 年起才真正成为钢材净出口国，在此之前，许多高附加值的钢材品种都需要进口补充.

对于 $\alpha = 0.05$，查表得 $F_{0.05}(1, 20) = 4.35$，$F = 198.495\,7 > F_{0.05}(1, 20)$，所以建立的模型的总体是显著的. 拟合度 $R^2 = 0.972\,24$，接近于 1，拟合效果良好. 平均百分误差和平均百分绝对误差都比较小，说明拟合结果较稳定. 拟合结果如图 23-3 所示.

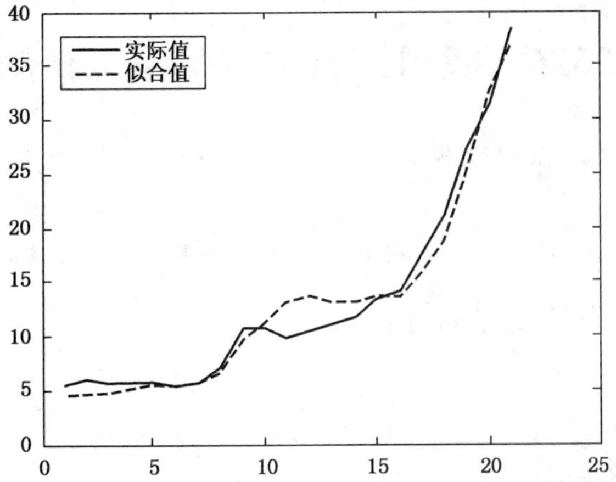

图 23-3　资本形成总额、消费、出口为解释变量的拟合图

说明　纵坐标为钢材消费量(单位:千亿 t);横坐标为年份,从 1985—2010 年.

23.5　预测模型拟合效果比较

在上述的分析中,分别选择不同的解释变量建立了三个不同的钢材消费需求预测模型,并运用数据重心法对各个模型进行回归估计与拟合,从回归的结果看,各个模型都有各自的优缺点.下面通过对几个主要统计指标的估计结果对比各个模型的优劣势.

从表 23-5 的比较中可以看出,对于本研究选择的三个不同的模型,各个模型的统计指标差异各有优劣.从模型中自变量对因变量的解释能力来看,三个模型的解释能力都在 97%以上,说明三个模型中选择的解释变量(自变量)对因变量具有很强的解释能力,或者说具有很强的相关关系.从评价模型预测精确度来看,三个模型各有不同.但是从中我们可以看出,多因素模型的稳定性略优于单因素模型,即多因素模型具有调节的功能,受某一异常年份的数据的影响较小.

表 23-5　　**不同钢材消费预测模型统计指标比较情况**

模　型	GDP 二次多模型	三次产业模型	消费、投资及出口模型
常数项	0.523 764	0.779 446 5	3.399 389
一次项系数/I_1/I_t	0.031 685	−1.909 669	0.763 075
二次项系数/I_2/C_t	0.007 861	0.917 089 5	−0.261 57
I_3/E_t		−0.102 100	−0.166 98
R^2	0.985 421	0.984 1	0.972 24
MPE	−1.089 8	−0.164 1	0.354 9
MAPE	0.085	0.092 1	0.109 11

23.6 我国钢材消费量组合预测

组合预测的基本含义是把两个或两个以上的预测模型采用加权平均的方法组合成一个模型.

建模过程如下:对于一个预测问题有 n 种预测模型,设 k_i 为第 i 种预测模型的加权系数,$\sum_{i=1}^{n} k_i = 1$,则组合预测模型为

$$f = \sum_{i=1}^{n} k_i f_i.$$

由上式可知,组合预测的关键是要确定加权系数,根据广义二乘法思想,对于二模型组合预测,最优加权系数具有如下公式:

$$k_i = \frac{\sum_{t=1}^{n} e_{it}^2 + \sum_{t=1}^{n} e_{it} e_{jt}}{\sum_{t=1}^{n} e_{it}^2 + \sum_{t=1}^{n} e_{jt}^2 + 2\sum_{t=1}^{n} e_{it} e_{jt}}, \quad i = 1, 2. \tag{23.6.1}$$

运用上述计算权重的公式(23.6.1),以 GDP 为解释变量的二次模型的权重为 0.455 331;以三次产业为解释变量的二次曲线模型的权重为 0.544 69. 利用权重对上述两个模型的预测结果进行加权组合预测,预测结果见表 23-6.

正如前文所述由于钢材的消费受诸多因素的影响,尤其是宏观经济环境和国家产业政策对其影响较大. 随着经济的发展和产业结构的调整,钢材的消费强度等也在发生着不断的变化. 因此,本研究通过建立的动态经济计量模型所获得的预测数据只是作为了解和分析未来几年我国钢材消费情况和趋势的一种参考.

表 23-6　　我国钢材消费量组合预测值

年份	2007	2008	2009	2010	2011	2012	2013
预测值	4.923 431	5.527 539	6.193 186	6.793 053	7.161 9	7.829 371	8.302 942
年份	2014	2015	2016	2017	2018	2019	2020
预测值	9.006 329	9.385 455	9.899 768	10.406 77	10.807 7	11.235	11.954 03

23.7 MATLAB 程序

```
function
[l_coef, l_yhat, l_res, l_LScoef, l_LSyhat, l_LSres] = loadandcompute
```

```
(fullfilepath, sheet)
    fullfilepath = input('请输入完整的路径名,包括后缀名:','s');
    if strcmp(fullfilepath,'') = =1   fullfilepath = 'e:\matlabtest.xls'
    end
    sheet = input('请输入完整的 Excel 文件工作表名,如 Sheet1 则输入 sheet1:',
's');
    if strcmp(sheet,'') = =1 sheet = 'sheet2'
    end
    disp('如果保存的文件相同,请打开该文件将内容清空或先删除该文件!')
    savefilepath = input('请输入要保存结果的路径名,包括后缀名:','s');
    if strcmp(savefilepath,'') = =1 savefilepath = 'e:\test.xls'
    end
    disp('初始变量设置成功,正在计算,请稍候...');
    disp
        range = input('请输入包含数据的单元格范围,如 A2:D16:','s')
    rawdata = xlsread(fullfilepath, sheet);            %读取原始数据
    [mline, ncol] = size(rawdata);                     %读取行数、列数
    Xdata1 = rawdata(:, 1:ncol - 1);                   %读取自变量观测值
    Ydata1 = rawdata(:, ncol);                         %读取因变量观测值
    [l_coef, l_yhat, l_res, l_LScoef, l_LSyhat, l_LSres] = GravityRegression
(Xdata1, Ydata1);
    l_Rsquare = 1 - l_res' * l_res/((Ydata1 - sum(Ydata1(:, 1))/mline)' * (Yda-
ta1 - sum(Ydata1(:, 1))/mline));   %RSquare
    Fvalue = l_Rsquare * (mline - ncol + 1)/(1 - l_Rsquare)/(ncol - 2); l_LSR-
square = 1 - l_LSres' * l_LSres/((Ydata1 - sum(Ydata1(:, 1))/mline)' * (Ydata1
- sum(Ydata1(:, 1))/mline));
    LSFvalue = l_LSRsquare * (mline - ncol + 1)/(1 - l_LSRsquare)/(ncol - 2);
        tstat = l_coef./((l_res' * l_res/(mline - ncol + 1)).* diag(inv(Xda-
        ta1' * Xdata1)).^.5);
        %t—statistics
        LStstat = l_LScoef./((l_LSres' * l_LSres/(mline - ncol + 1)).* diag
        (inv(Xdata1' * Xdata1))).^.5;
        bounds1 = tinv(1 - 0.01/2, mline - ncol + 1).* ((l_res' * l_res/(mline
        - ncol + 1)).* diag(inv(Xdata1' * Xdata1))).^.5;
        bounds5 = tinv(1 - 0.05/2, mline - ncol + 1).* ((l_res' * l_res/(mline
        - ncol + 1)).* diag(inv(Xdata1' * Xdata1))).^.5;
```

```
        bounds10 = tinv(1 - 0.10/2, mline - ncol + 1). * ((l_res' * l_res/
        (mline - ncol + 1)). * diag(inv(Xdata1' * Xdata1))).^.5;
        LSbounds1 = tinv(1 - 0.01/2, mline - ncol + 1). * ((l_LSres' * l_LSres/
        (mline - ncol + 1)). * diag(inv(Xdata1' * Xdata1))).^.5;
        LSbounds5 = tinv(1 - 0.05/2, mline - ncol + 1). * ((l_LSres' * l_LSres/
        (mline - ncol + 1)). * diag(inv(Xdata1' * Xdata1))).^.5;
        LSbounds10 = tinv(1 - 0.10/2, mline - ncol + 1). * ((l_LSres' * l_
        LSres/(mline - ncol + 1)). * diag(inv(Xdata1' * Xdata1))).^.5;
    upper1 = l_coef + bounds1;lower1 = l_coef - bounds1;
    upper5 = l_coef + bounds5;lower5 = l_coef - bounds5;
    upper10 = l_coef + bounds10;lower10 = l_coef - bounds10;
    LSupper1 = l_LScoef + LSbounds1;LSlower1 = l_LScoef - LSbounds1;
    LSupper5 = l_LScoef + LSbounds5;LSlower5 = l_LScoef - LSbounds5;
    LSupper10 = l_LScoef + LSbounds10;LSlower10 = l_LScoef - LSbounds10;
    SAE = sum(abs(l_res))/mline;
    %cumulative absolute error
    LSSAE = sum(abs(l_LSres))/mline;
    MPE = sum(l_res./Ydata1 * 100)/mline;
    LSMPE = sum(l_LSres./Ydata1 * 100)/mline;
    MAPE = sum(abs(l_res./Ydata1))/mline;
    LSMAPE = sum(abs(l_LSres./Ydata1))/mline;
    RMSE = (l_res' * l_res/mline).^.5;
    LSRMSE = (l_LSres' * l_LSres/mline).^.5;
    TheilU = ((Ydata1 - l_yhat)' * (Ydata1 - l_yhat)/mline).^.5/((Ydata1' *
Ydata1/mline).^.5 + (l_yhat' * l_yhat/mline).^.5);
    LSTheilU = ((Ydata1 - l_LSyhat)' * (Ydata1 - l_LSyhat)/mline).^.5/((Yda-
ta1' * Ydata1/mline).^.5 + (l_LSyhat' * l_LSyhat/mline).^.5);
    statlabel = {'拟合优度;'LS 拟合优度;'平均绝对误差';'LS 平均绝对误差';
'平均百分误差(%)';'LS 平均百分误差(%)';'平均绝对百分误差(%)';'LS 平均绝
对百分误差(%)';'F 值';'LSF 值';'RMSE';'LSRMSE';'TheilU';'LSTheilU'};
    xlswrite(savefilepath, statlabel,'stat','A1')
    stat = [l_Rsquare; l_LSRsquare; SAE; LSSAE; MPE; LSMPE; MAPE; LSMAPE;
Fvalue; LSFvalue;RMSE;LSRMSE;TheilU;LSTheilU];
    xlswrite(savefilepath, stat,'stat','B1')
    ttestlabel = {'t 统计量','LSt 统计量','系数的估计值','LS 系数的估计值',
'1% lower', '1% upper', '5% lower', '5% upper', '10% lower', '10% upper', '1%
```

```
LSlower','1%LSupper','5%LSlower','5%LSupper','10%LSlower','10%LSupper'};
    xlswrite(savefilepath, ttestlabel,'stat','C1')

    ttest=[tstat,LStstat, l_coef, l_LScoef, lower1, upper1, lower5, up-
per5, lower10, upper10,LSlower1,LSupper1,LSlower5,LSupper5,LSlower10,LSup-
per10];
    xlswrite(savefilepath, ttest,'stat','C2')
    Mlabel={'残差,'LS残差','Y估计值','Y原始值','LSY估计值'};
    xlswrite(savefilepath,Mlabel,'RES and Pred','A1')
    M=[l_res, l_LSres, l_yhat, Ydata1, l_LSyhat];
    xlswrite(savefilepath,M,'RES and Pred','A2')
    disp('…………………………………………')
    disp('…………………………………………')
    disp(strcat('已经将结果成功保存至', savefilepath))
    disp('如果保存的文件相同,下次计算之前最好将保存的结果清空')
    disp('…………………………………………')
    disp('…………………………………………')

    function [coef, yhat, res,LScoef,LSyhat,LSres]=GravityRegression(Xda-
ta, Ydata)
          %    rawdata=xlsread('e:\matlabtest.xls', 2,'A2:D18')
           [m, n]=size(Xdata);
           left=zeros(n, n);
           for j=1:n
                for k=1:n
                     temp=0;temp1=0;
                     for i=1:m
                          temp=temp+factorial(m-i+k-1)/factorial(m-i)
                           *Xdata(i, j);
                          temp1=temp1+factorial(m-i+k-1)/factorial(m-
                          i);
                     end
                     left(k, j)=temp/temp1;
                end
           end
          right=zeros(n, 1);
```

```
            for j = 1:n
                for k = 1:n
                    temp = 0;temp1 = 0;
                    for i = 1:m
                        temp = temp + factorial(m - i + k - 1)/factorial(m - i)
                        * Ydata(i, 1);
                        temp1 = temp1 + factorial(m - i + k - 1)/factorial(m -
                        i);
                    end
                    right(k, 1) = temp/temp1;
                end
            end
            t = 1:m;
            coef = inv(left) * right;
            yhat = Xdata * coef;
            res = Ydata - yhat;
            LScoef = inv(Xdata' * Xdata) * Xdata' * Ydata;
            LSyhat = Xdata * LScoef;
            LSres = Ydata - LSyhat;
            Y = [Ydata, LSyhat];

            subplot(1, 2, 1), plot(t, LSres), title('残差')
            subplot(1, 2, 2), plot(t, Y), title('Predicted and Actual') , leg-
            end('实际值','拟合值');
            plot(t, Y), axis([1, m, 5400, 40000]), title('Predicted and
            Actual')
            xlswrite('e:\matlabtest1.xls', Y)
        end
    end
```

24　交巡警服务平台的设置与调度

24.1　问题的提出

“有困难找警察”，是家喻户晓的一句流行语. 警察肩负着刑事执法、治安管理、交通管理、服务群众四大职能. 为了更有效地贯彻实施这些职能，需要在市区的一些交通要道和重要部位设置交巡警服务平台. 每个交巡警服务平台的职能和警力配备基本相同. 由于警务资源是有限的，如何根据城市的实际情况与需求合理地设置交巡警服务平台、分配各平台的管辖范围、调度警务资源是警务部门面临的一个实际课题.

试就某市设置交巡警服务平台的相关情况，建立数学模型分析研究下面的问题：

问题(1)　附件 1 中的附图 1 给出了该市中心城区 A 的交通网络和现有的 20 个交巡警服务平台的设置情况示意图，相关的数据信息见附件 2. 请为各交巡警服务平台分配管辖范围，使其在所管辖的范围内出现突发事件时，尽量能在 3 min 内有交巡警(警车的时速为 60 km/h)到达事发地.

对于重大突发事件，需要调度全区 20 个交巡警服务平台的警力资源，对进出该区的 13 条交通要道实现快速全封锁. 实际中一个平台的警力最多封锁一个路口，请给出该区交巡警服务平台警力合理的调度方案.

根据现有交巡警服务平台的工作量不均衡和有些地方出警时间过长的实际情况，拟在该区内再增加 2 至 5 个平台，请确定需要增加平台的具体个数和位置.

问题(2)　针对全市(主城六区 A, B, C, D, E, F)的具体情况，按照设置交巡警服务平台的原则和任务，分析研究该市现有交巡警服务平台设置方案(参见附件)的合理性. 如果有明显不合理，请给出解决方案.

如果该市地点 P(第 32 个节点)处发生了重大刑事案件，在案发 3 分钟后接到报警，犯罪嫌疑人已驾车逃跑. 为了快速搜捕嫌疑犯，请给出调度全市交巡警服务平台警力资源的最佳围堵方案.

附件 1　A 区和全市六区交通网络与平台设置的示意图.

附件 2　全市六区交通网络与平台设置的相关数据表(共 5 个工作表).

说明　(1)附件 1 和附件 2(附件数据量很大，所占篇幅也较多，故本书不印制)的具体内容，见 http://www.mcm.edu.cn/；

(2)本问题是“全国大学生数学建模竞赛”2011 年 B 题.

24.2 模型假设

(1) 出警速度不受路况或其他因素影响，为恒值 60 km/h；

(2) 出现重大突发事件，需要紧急封锁进出路口时可以忽略非进出路口的案发率；

(3) 所有的交巡警服务平台均建立在路口上；

(4) 不考虑交巡警在处理警务时遇到的突发状况；

(5) 考虑工作量分配均衡原则时应先考虑全局的工作量分配均衡原则再考虑局部的工作量分配均衡原则.

24.3 符号说明

v——警车出警速度，恒为 60 km/h；

$C(j)$——第 j 个节点的发案率；

$Road(i, j)$——从节点 i 到节点 j 的最短路程；

$c(i, j)$——节点 i 与节点 j 的关联情况，取 0—1；

$work_i$——巡警服务平台 i 的工作量；

var——工作量平衡度；

$contain(n)$——新增 n 个新平台后的覆盖度；

η——平均效率指标；

H_i——第 i 个城区的困难度，$i \in city\{A, B, C, D, E, F\}$.

24.4 问题(1)模型的建立与求解

24.4.1 问题(1)的第一问

1. 问题分析

要求根据附件 1 中的附图 1 给出 A 城市区 20 个交巡警服务平台的分布情况，以尽量使得交巡警能在 3 min 之内到达其所管辖的区域为准则，为该城区分配管辖范围. 建立在假设一的前提之下，认为警车执勤时的车速为 60 km/h(不受城区路况素影响)，基于此设置合理的道路节点分配，使得尽可能多的节点到 20 个交巡警服务平台的最短路径小于 $vt = 30\text{ min} \times 60\text{ km/h}/60 = 3\text{ km}$.

运用 Dijkstra 算法我们可求得任意两点间最短路径 $Road(i, j)$，在此基础之上建立 A 城区的最短道路矩阵. 更加建设性地，我们并非从 20 个服务平台的角度出发考虑平台可能获得的节点，而是从对立面出发，考虑节点离哪个平台最近就把该节点划分归属到哪个平台，由此建立问题(1)第一问的模型如下.

2. 模型建立

运用 MATLAB 实现 Dijkstra 算法，输出为 A 城区的最短路径矩阵 *Road*.

通过算法求解我们可以得到 A 城区的最短路径矩阵 *Road*，其中的每一个元素 $Road(i, j)$ 表示从节点 i 到节点 j 之间的最短路程. 考虑第 j 个节点，$j = 1, 2, 3, 4, \cdots, 92$ 到巡警服务平台 i，$i = 1, 2, 3, \cdots, 20$ 的最短距离. 如果对于第 j_m 个节点存在 $Road(i_m, j_m) = \min\{Road(i, j_m)\}$，$j_m \in j$，那么我们就将节点 j_m 划归到巡警服务平台 i_m，即保证了在有突发事件的情形下，从巡警服务平台 i_m 到事故发生点 j_m 永远是最快的. 由于我们不直接考虑“以平台分节点”节点划分可能不唯一的复杂情况，而是逆向考虑“以节点分平台”，提升了划分方案的唯一性，减小了划归的复杂性，算法流程如图 24-1 所示.

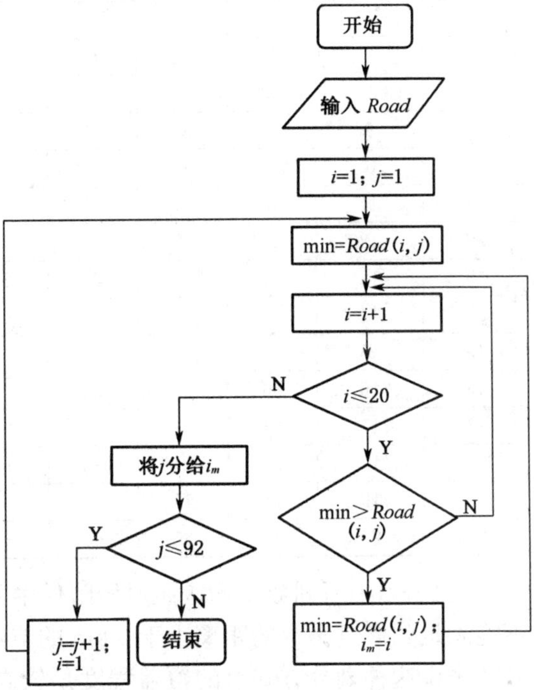

图 24-1　最短路径分配方案流程图

依照上述的分配方式，我们得到了路程或时间最优的分配方案，该方案可以使得不管任何一个节点有事件发生，它都能在第一时间接到距离它最近的巡警服务平台的最快速的援助.

3. 模型求解

利用 MATLAB 对模型进行求解：

(1) Dijkstra 算法求 A 城区最小路径矩阵，算法源程序及 *Road* 输出结果见 24.7节的程序 1.

(2) 利用上述模型分析中的分配方案，设计 MATLAB 程序，算法源程序见 24.7 节的程序 2，最终分配结果见表 24-1.

表 24-1　　最短按路径情况下的划分方案表

服务平台 i	管辖节点 j								
1	1	67	68	69	71	73	74	75	76	78
2	2	39	40	43	44	70	72			
3	3	54	55	65	66					

续　表

服务平台 i	管辖节点 j									
4	4	57	60	62	63	64				
5	5	49	50	51	52	53	56	58	59	
6	6									
7	7	30	32	47	48	*61*				
8	8	33	46							
9	9	31	34	35	45					
10	10									
11	11	26	27							
12	12	25								
13	13	21	22	23	24					
14	14									
15	15	28	29							
16	16	36	37	38						
17	17	41	42							
18	18	80	81	82	83					
19	19	77	79							
20	20	84	85	86	87	88	89	90	91	92

表 24-1 中所列数字均按照原始附件中的节点的标号给出，其中斜体的数字表示不能满足到最近平台的距离小于 3 km 的节点，仅有 6 个，对于节点总数有 72 个的 A 城区来说这种划分方式点的覆盖程度是较高的，可以满足要求 1 的预计. A 区路径最短划分如图 24-2 所示.

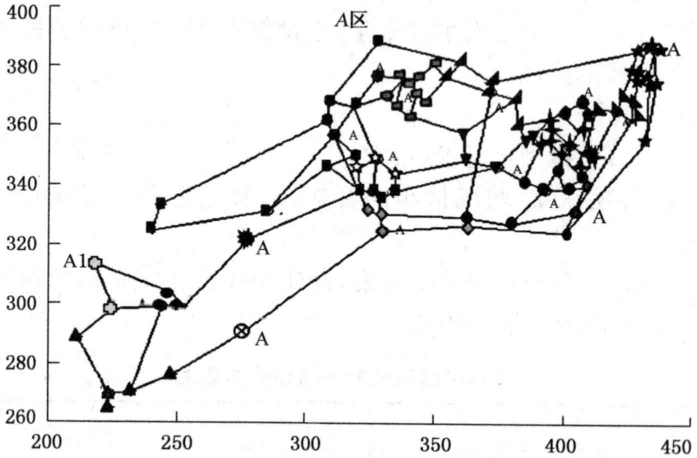

图 24-2　A 区路径最短划分图

说明　· 表示交叉路口的节点，没有的交叉线为道路立体相交；* 表示出入城区的路口节点；○ 表示现有交巡警服务平台的设置点；⊙ 表示在出入城区的路口处设置了交巡警服务平台；图中相同符号标记的是同一个交巡警服务平台出发的节点，这样的平台有 20 个.

24.4.2 问题(1)的第二问

1. 模型分析

第二问需要我们在第一问的基础之上,针对重大突发事件发生的特殊情况,对第一问中的划分实施一定程度的微调,重新建立一个合理的应急调度方案.基于第二问中对 A 城区 13 个交通要道实现快速全封锁的要求,依照题意我们需满足:

(1) 不存在两个或两个以上的交通要道同时被划分给相同的巡警服务平台;

(2) 全封锁的效率由最后到达指定路口的时间决定,所需时间应当尽量小.

综上所述,可以建立相应的规划模型,利用 LINGO 11.0 求解新的划分结果.

2. 模型建立

该问题是一个典型的规划模型,在出现重大突发事件,需要紧急封锁进出路口时可以忽略非进出路口的案发率的假设之下,我们只需考虑此时 A 城区 13 个进出路口的所属的交巡警服务平台.建立规划模型如下:

目标(min)——全封锁的效率由最后到达指定路口的时间决定,所需时间应当尽量小,转化为分配方案中所有主要道路到平台的最短距离之中的最长者要尽量的小,$\min = \max\{Road(i,\ j)\}$.

约束(s.t.)——所有 13 个要道仅唯一对应某一个交巡警平台,而任意一个交巡警平台最多只能对应 1 个交通要道.

$$\text{s.t. } c(i,\ j) = \begin{cases} 1, & i\text{ 和 }j\text{ 之间相连}, \\ 0, & i\text{ 和 }j\text{ 之间不相连}; \end{cases}$$

$$\begin{cases} \sum\limits_{j=1}^{20} c(i,\ j) = 1, & i = 1,\ 2,\ 3,\ \cdots,\ 13(\text{每个要道对应一个平台}), \\ \sum\limits_{i=1}^{13} c(i,\ j) \leqslant 1, & j = 1,\ 2,\ 3,\ \cdots,\ 20(\text{每个平台最多只管辖一个要道}). \end{cases}$$

利用 LINGO 11.0 编程求解,相关源程序见 24.7 节程序 3,由运行结果可知最大最短路径为 8.015 5 km,即在紧急突发事件发生的情况下,该划分可以使得在 8.015 5 km/60 km/s×60=8.015 5 min 内实现 A 城区的最快全封锁.

根据运行结果重新整理此时的划分方案,调整后的调度方案见表 24-2.

表 24-2　　紧急状态下的调度方案表

交通要道	12	14	16	21	22	23	24	28	29	30	38	48	62
服务平台	12	16	2	11	10	14	13	15	7	5	4	6	18

24.4.3 问题(1)的第三问

1. 问题分析

在 24.4.1 的模型划分方案之下，进一步对划分进行优化. 考虑到现有交巡警服务平台的工作量不均衡和有些地方出警时间过长的实际情况，允许在 A 城区增设 2 至 5 个平台以满足实际需要. 根据工作量均衡度和覆盖度(能覆盖小于 3 km 的节点个数)分别建立其量化指标，依次考虑当增设 2，3，4，5 个服务平台时的工作量均衡度指标和覆盖度指标的优度，以此确定增加平台的个数和位置，编写程序求解问题.

2. 模型建立

分析 24.4.1 模型中表 24-1 的分配方案，其覆盖度为 $92-6=86$，其中有 6 个节点无法实现 3 min 内到达. 具体分析这 6 个节点：

$Road(2, 39)$ —— 3.682 2 min；

$Road(7, 61)$ —— 4.190 2 min；

$Road(15, 28)$ —— 4.751 8 min；

$Road(15, 29)$ —— 5.700 5 min；

$Road(16, 38)$ —— 3.405 9 min；

$Road(20, 92)$ —— 3.601 3 min.

发现该方案的最慢到达时间为 5.700 5 min 与 3 min，所以，该问题的首要优化任务就是优化工作量均衡度，使得各平台的工作量均衡度的方差尽量小.

建立工作均衡度的量化指标. 我们可以这样认为，工作量受该平台所辖管节点的发案率和执勤路径的长度有关，并且节点发案率越大、执勤时所需走的路程越长，工作量就越大. 及此，我们首先建立衡量工作量 $work$ 的指标：

$$work = C(j) \cdot Road(i, j), \quad i=1, 2, \cdots, 20, \quad j=1, 2, \cdots, 92.$$

那么，在 A 城区巡警服务平台 i 的工作量为

$$work_i = \sum_{j=V_{i\min}}^{V_{i\max}} C(j) \cdot Road(i, j),$$

其中，V_i 是第 i 个平台所包含的节点的集合.

通过建立工作量指标 $work$，从数学角度一个地区巡警的工作的均衡度就可以以方差的形式表示：

$$\mathrm{var}(work), work = \{work_1, work_2, \cdots, work_L\},$$

其中，L 是服务平台的数量.

分别考虑当增加 $n=0, 2, 3, 4, 5$ 个服务平台时如何设置新平台及新平台的位置使得在以 24.4.1 模型的最短路径划分标准下工作量的均衡度最小，并记录此时的

覆盖度 $contain(n)$. 到这里我们可以得到增加 n 个新平台之后的两组判断优度的指标：

工作量均衡度：$\text{var}=\{\text{var}(0), \text{var}(2), \text{var}(3), \text{var}(4), \text{var}(5)\}$；

覆盖度：$contain=\{contain(0), contain(2), contain(3), contain(4), contain(5)\}$.

综合考虑这两个指标的影响，建立在预计新建 n 个新平台情况下的平均新建每个点的效率指标判定，即平均效率指标：

$$\eta=\frac{[\text{var}(0)-\text{var}(n)]+[contain(n)-contain(0)]}{n},\quad n=2, 3, 4, 5.$$

通过对平均效率指标大小的比较，我们总是选择使得平均效率 η 最大的方案.

3. 模型求解

利用 MATLAB 编程求解，五类情况的源程序详见 24.7 节的程序 4. 求解结果见表 24-3.

表 24-3 新增平台方案表

增加的新平台数 n	新增加平台位置	工作量均衡度 var	覆盖度 η
0	—	18.818	86
2	28, 36	12.763 9	88
3	28, 39, 86	9.772 4	90
4	28, 39, 60, 86	6.993 8	90
5	28, 39, 60, 67, 88	5.548 3	91

四种方案的平均效率指标 η，见表 24-4.

表 24-4 新增平台平均效率指标表

增加的新平台数 n	新增加平台位置	平均效率指标 η	选择
2	28, 36	4.027 05	—
3	28, 39, 86	4.348 53	选择 3
4	38, 39, 60, 86	3.956 05	—
5	28, 39, 60, 67, 88	3.653 94	—

分析计算结果可知，为缓解工作量不均衡和个别地方出警时间过长的实际情况我们应该选择另外新建三个新巡警服务平台，分别建在 28, 39, 86，此时平均效率指标值 η 达到最大 4.348 53.

24.5 问题(2)模型的建立与求解

问题(2)需分为两个小问题解答：

(1) 第一问要求我们按照设置交巡警服务平台的原则和任务，结合占地面积和人口等因素，将城区 A 的划分方案向其他城区推广，分析和理性，并进行进一步的优化.

(2) 第二问属于模型的实际应用，要求我们设计对逃逸嫌疑犯的最佳围堵方案.

24.5.1 问题(2)的第一问

1. 问题分析

问题(2)要求我们针对全市(主城六区 A，B，C，D，E，F)的具体情况，分析该市现有交巡警服务平台设置方案的合理性，找出明显不合理的区并给出解决方案. 首先，确立设置巡警服务平台的原则，基于这些原则，建立平台设置方案合理性的评价体系，在这个体系中，包含有若干个评价指标. 通过这些指标，六个区的平台设置方案的合理程度都能被量化. 继而再将量化后的数据通过综合评价，找出平台设置方案明显不合理的区域，并予以改进.

通过在互联网上收集到的相关资料，交巡警平台的设置主要遵循以下原则：

(1) 快速出警原则. 城区接警后确保快速到达现场.

(2) 工作量分配均衡原则. 即根据管区内人口、区域面积、交通路口数量、发案率高低，科学确定平台管控区域，以保证各平台工作量分配均衡.

(3) 方便与安全原则. 基于假设四，即不考虑交巡警在处理警务时遇到的突发状况，故此原则并不会影响我们对交巡警服务平台的设置.

我们要在工作量分配均衡原则和快速出警原则的指导下，构建一个能够评价交巡警服务平台设置方案合理性的指标，并通过分析该指标提出解决方案.

分析各区的具体情况，即人口、面积、路口个数、发案率之间的不同将导致该区域内每个平台的警力执行警务时的困难程度不同. 用 H_i 来代表该**困难程度**或**困难度**.

元负荷 $L_i(i \in \{A, B, C, D, E, F\})$ 为困难度 H_i 分担到区内每个服务平台的平均值. 由定义可得

$$L_i = \frac{H_i}{a_i}.$$

2. 模型建立

(1) 建立困难度的量化模型

执勤的困难度与管辖区域的人口 P、面积 A、交通路口个数 T、发案数 M 是成正相关的. 据此初步建立困难度的表达式：

$$H_i = KP_i^{\alpha_1}A_i^{\alpha_2}T_i^{\alpha_3}M_i^{\alpha_4} \quad (i \in \{A, B, C, D, E, F\}).$$

为计算的方便，我们简化该模型，只考虑最简单的形式之一，即 $K = 1$ 且 $\alpha_1 = \alpha_2 = \alpha_3 = \alpha_4 = 1$.

将 P_i, A_i, T_i, $M_i(i \in \{A, B, C, D, E, F\})$ 分别除以其均值 $\overline{x_i}$ 便可消去量

纲,转化为量纲为一的数据.

A, B, C, D, E, F 各区具体数据见表 24-5.

表 24-5　　A, B, C, D, E, F 各区相关数据表

指标	各分区						全市
	A	B	C	D	E	F	均值 $\bar{x}$
人口 P/个	60	21	49	73	76	53	55.33
城区面积 A/m^2	22	103	221	383	432	274	239.17
路口数 T/个	92	73	154	52	103	108	97
总发案数 M/个	124.5	66.4	187.2	67.8	119.4	109.2	112.42

量纲化为一之后各区的具体数据见表 24-6.

表 24-6　　各数据的无量纲化表

指标	A	B	C	D	E	F
城区面积 a	0.091 9	0.430 6	0.924 0	1.601 3	1.806 2	1.145 6
人口 P	1.084 3	0.379 5	0.885 5	1.319 2	1.373 4	0.957 8
路口数 T	0.948 4	0.752 5	1.587 6	0.536 0	1.061 8	1.113 4
总发案数 M	1.107 4	0.590 6	1.665 2	0.603 1	1.062 1	0.971 3

根据上表数据可计算各区困难度,从而得到各个区的平台元负荷. 对于 A 城区,考虑它经第一问优化后的情况. 综合以上所有数据得出元负荷数据表和图形,见表 24-7 和图 24-3.

表 24-7　　各城区的元负荷数据表

指标	A	B	C	D	E	F
元负荷	0.004 5	0.009 1	0.127 2	0.075 9	0.186 5	0.107 9

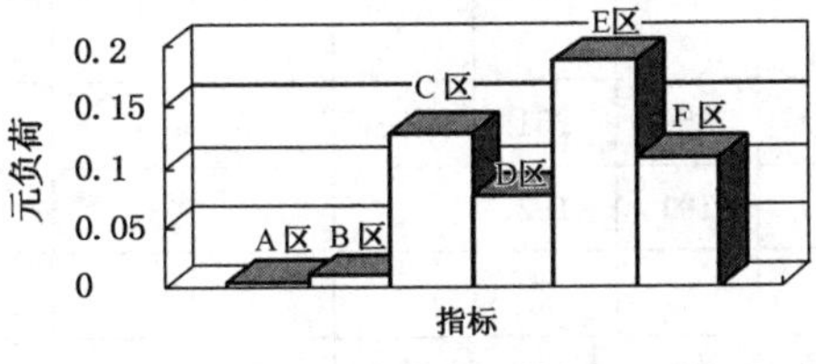

图 24-3　各城区的元负荷数据图

判断该市现有交巡警服务平台设置方案合理与否的标准是:元负荷大于 0.12 就认为是明显不合理的.

由此,只有 C, E 这两个区是明显不合理的. 解决方案就是通过增加这两个区的交巡警服务平台数使得其元负荷下降到 0.12 以内. 这时满足条件的任何一种方案都是可行的.

通过 Excel 子表格分析，我们确定当 C，E 分别新增 3 个平台时能够满足所有区的元负荷值都在 0.12 以下. 具体数值见表 24-8 和图 24-4.

表 24-8　　改进后的元负荷数据表

指标	A	B	C	D	E	F
元负荷	0.005 2	0.009 2	0.108 2	0.075 9	0.119 3	0.098 9

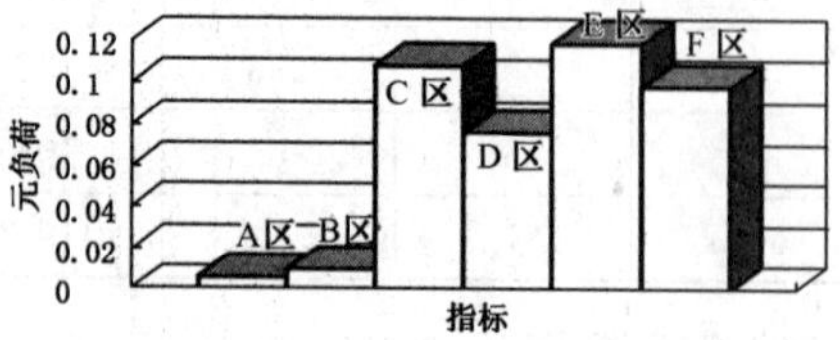

图 24-4　改进后的元负荷数据图

在确定了对 C，E 区进行改进时新增平台的个数后，利用模型 24.3 所用方法遍历寻找使得覆盖率最大的新增平台，确定新增平台的具体位置，使得在该区域内的警力资源配置达到最优化.

3. 模型求解

利用 24.4.1 的模型及算法程序，我们可以建立不需改进的 B，D，F 的路程最优划分. 对于将要改进的城区 C，E 而言，基于上述分析我们应给它们分别增加三个新平台，利用 MATLAB 编程以遍历的方式寻找增加的平台和位置，源程序详见 24.7 节程序 5.

C，E 改进运行结果见表 24-9(这里只列出城区 C 的改造方案，城区 E 同理可得).

表 24-9　　城区 C 的最短路径分配方案

平台	管辖节点											
166	166	265										
167	167	248	249	250	251	252	255					
168	168	189	190	191	192							
169	169	254										
170	170	222	223	224	225	226	273	276	277	283		
171	171	215	216	230	231	240	241	242	243	244	246	253
172	172	217	218	227	228	229						
173	173	232	233	234	235	236	237	238	239	245	247	
174	174	211	212	213	214	219	220	221				
175	175	183	193	194	195	196	197	198				

续　表

平台	管辖节点											
176	176	184	185	186	187	188						
177	177	201	202									
178	178	203	204	284	286							
179	179	274	275	278	279	280	281	282	285	288	289	290
	291	292	295	296								
180	180	268	269	270	297	298	305	306	307	308	309	310
181	181	266	267	319								
182	182	256	257	271	272	293	294					
199	199	200	205	206	207	208	209	210				
258	258	259	260	261	262	263	264					
287	287	299	300	301	302	303	304	311	312	313	314	315
	316	317	318									
工作量的平衡度		87.95			覆盖度比例				83.766%			

24.5.2　问题(2)的第二问

1. 问题分析

犯罪嫌疑人于 A 城区地点 P(第 32 个节点)引发重大刑事案件，驾车逃跑 3 min之后警方闻讯展开围捕，借由 A 城区与周边城区 B, C, D, E 直接相连的 13 条路径犯罪嫌疑人可能会逃出犯罪第一现场，这无疑会给围捕工作造成难度. 基于此点，我们选择能将城区 A 进入城区 B, C, D, E 的道路节点以最快速的方式封锁的调度方案. 另一方面，我们发现城区 A 的主要交通要道具有全封锁的功能，在第一时间内全面控制城区 A 的 13 条要道可使得犯罪嫌疑人再无法自由移动，即此可以说围捕工作获得成功. 以综上所述方式作为紧急调度的分配原则，建立数学模型.

2. 模型建立

利用 Dijstra 算法可分别得到六个城区的最短路径矩阵 $Road_k$，对照各个城区的最短路径矩阵，我们对 A 城区与周边城区 B, C, D, E 直接相连的 13 条路径进行分析，得到从地点 P 出发到达周边城区的最短路程. 根据《交通法》中对城区内机动车的限速条令判断嫌疑人在整个逃逸过程中的平均速度为 $speed = 100$ km/h，由此将从 P 出发到达周边城区的最短路程转化为更为直观的最短时间，详情见表 24-10.

表 24-10　　　　　　　　地点 P 到达周边城区的最短时间表

与 A 区相连区域	与 A 区相连的路径	离开 A 区的最短距离	离开 A 区的最短时间
B	(151, 12)	42.402 26	25.441 36
B	(153, 14)	39.022 48	23.413 49
C	(177, 16)	23.358 52	14.015 11
C	(202, 21)	42.529 91	25.517 95
C	(203, 22)	40.682 42	24.409 45
C	(264, 23)	36.380 9	21.828 54
C	(317, 24)	37.468 11	22.480 87
D	(325, 28)	33.935 46	20.361 28
D	(328, 29)	34.209 54	20.525 73
D	(332, 30)	34.630 75	20.778 45
D	(362, 38)	40.280 05	24.168 03
E	(387, 48)	48.832 66	29.299 6
E	(418, 62)	37.373 18	22.423 91

考虑到实际中一个平台的警力最多只能封锁一个路口，对于城区 A 的调度划分方案(控制主要干道)：

目标(min)——全封锁的效率由最后到达指定路口的时间决定，所需时间应当尽量小，转化为分配方案中所有要道到平台的最短距离之中的最长者要尽量的小：

$$\min = \max\{Road(i,\ j)\}.$$

约束(s. t.)——所有 13 个主要道路仅唯一对应某一个交巡警平台，而任意一个交巡警平台最多只能对应 1 个交通要道.

$$\text{s. t.}\quad c(i,\ j) = \begin{cases} 1, & i\text{ 和 }j\text{ 之间相连}, \\ 0, & i\text{ 和 }j\text{ 之间不相连}; \end{cases}$$

$$\begin{cases} \sum_{j=1}^{20} c(i,\ j) = 1, & i = 1,\ 2,\ 3,\ \cdots,\ 13\text{(每个要道对应一个平台)}, \\ \sum_{i=1}^{13} c(i,\ j) \leqslant 1, & j = 1,\ 2,\ 3,\ \cdots,\ 20\text{(每个平台最多只管辖一个要道)}. \end{cases}$$

对于城区 A 周边城区的调度划分方案(控制进入城区节点)：

目标(min)——全封锁的效率由最后到达指定路口的时间决定,所需时间应当尽量小,转化为分配方案中所有要道到平台的最短距离之中的最长者要尽量的小:

$$\min = \max\{Road(p, q)\}.$$

约束(s. t.)——所有进入城区的节点仅唯一对应某一个交巡警平台,而任意一个交巡警平台最多只能对应 1 个入城节点.

$$\text{s. t.} \quad c(i, j) = \begin{cases} 1, & p \text{ 和 } q \text{ 之间相连}, \\ 0, & p \text{ 和 } q \text{ 之间不相连}; \end{cases}$$

$$\begin{cases} \sum_{j=1}^{V_{\max}} c(p, q) = 1, & p \in U\{\text{入城节点所组成的点集}\}(\text{每个入城节点对应一个平台}), \\ \sum_{i=1}^{U_{\max}} c(i, j) \leqslant 1, & q \in V\{\text{交巡警服务平台所组成的点集}\}(\text{每个平台最多只管辖一个入城要道}). \end{cases}$$

3. 模型求解

利用 LINGO 11.0 对以上规划模型进行求解,源代码见 24.7 节的程序 6.

运行结果如下(A, B, C, D 城区调度方案同理可得):

(1) E 城区调度分配

Local optimal solution found.

Objective value:	19.10500
Objective bound:	19.10500
Infeasibilities:	0.000000
Extended solver steps:	13
Total solver iterations:	5 271

Variable	Value	Reduced Cost
C(387, 380)	1.000 000	19.105 00
C(418, 373)	1.000 000	0.000 000

可以看到在此分配原则下,E 城区最快将在案发之后的 3 + 19.105 = 22.105 min 时间内实现入口封锁,所用时间小于犯罪嫌疑人进入 E 城区的最短时间 22.423 91 min,故在该方式下犯罪嫌疑人不会进入 E 城区.

当与 A 城区的周边警力实施了上述封锁计划后,犯罪嫌疑人便被禁锢在 A 城区无法离开. 此时,犯罪嫌疑人可能逗留在 A 城区的任意一个位置,结合 A 城区警力对主要交通干道的全封锁就实现了对犯罪嫌疑人的彻底围捕,可以看到整个围捕所需时间为 19.105 min. 最终的调度方案见表 24-11.

表 24-11　　围捕犯罪嫌疑人调度方案

调度城区	（调度平台，管辖节点）
A	(12, 12), (16, 14), (2, 16), (11, 21), (10, 22), (14, 23), (13, 24), (15, 28), (7, 29), (5, 30), (4, 38), (6, 48), (18, 62)
B	(100, 151), (99, 153)
C	(175, 177), (177, 202), (179, 203), (166, 264), (317, 181)
D	(323, 325), (327, 328), (328, 332), (326, 362)
E	(380, 387), (373, 418)

在合理假设犯罪嫌疑人逃逸的平均速度不超过 100 km/h 之下，整个围捕所需时间为 19.105 min.

24.6　模　型　评　价

整个模型的建立思路清晰，遵循可操作性强原则、科学性原则、可比性原则，该模型建立了较理想状态下交巡警服务平台的最优设置与调度，减少了出警时间，可给生活中交巡警服务平台的设立和抓捕逃犯提供参考，具有一定的实际应用价值. 交巡警在接到任务后在较短的时间内分配救援力量和选择最佳路径，以争取更多执行任务的时间，以取得更好的结果.

但该模型仍有一定的局限性，因为现实中不能时刻保证道路的畅通，即不能保证出警的时间总是维持在 3 min 之内.

24.7　有关计算程序

程序 1

```
function final = dijkstra(A, x, y)
% A = adjacency matrix of the graph (includes point x and y)
% x = intial node
% y = terminal node
A(A = = 0) = NaN; IN = x; s = zeros(1, length(A));
d = zeros(1, length(A)); d(x) = 0;
for z = 1:length(A)
    if ~isWithin(IN, z)
        d(z) = A(x, z); s(z) = x;
    end
end
while ~isWithin(IN, y)
```

```
    tempMin = [];
    for z = 1:length(A)
        if ~isWithin(IN, z)
            tempMin = [tempMin, d(z)];
        end
    end
    p = min(tempMin); search = find(d = = p);
    for i = 1:length(search)
        search = find(d = = p);
        if(~isWithin(IN, search(i)))
            p = search(i); break;
        end
    end
    IN = [IN, p];
    for z = 1:length(A)
        if ~isWithin(IN, z)
            oldDistance = d(z);
            d(z) = min(d(z),d(p) + A(p, z));
            if ~(d(z) = = oldDistance)
                s(z) = p;
            end
        end
    end
end
final = y; z = y;
while (z = = x) = = 0
    final = [final, s(z)]; z = s(z);
end
final = fliplr(final);

function truth = isWithin(source, search)
truth = 0;
for i = 1:length(source)
    if(source(i) = = search)
        truth = 1;
    end
```

```
end
```

程序 2

```
function y = func2(A, B, X, Y)
% [A, B]为弧表矩阵, [路线起点(节点)标号,路线终点(节点)标号]
% [X, Y]为节点坐标矩阵, [路口的横坐标 X,路口的纵坐标 Y]
tempK = min(min(A), min(B));
A = A' - tempK + 1; B = B' - tempK + 1; X = X'; Y = Y';
m = length(X); Links = zeros(m, m); n = length(A);
for i = 1:n
    Links(A(i), B(i)) = 1; Links(B(i), A(i)) = 1;
end
for i = 1:m
    for j = i:m
        if Links(i, j) = = 0
            Long(i, j) = inf;
        else
            Long(i, j) = sqrt((X(i) - X(j))^2 + (Y(i) - Y(j))^2);
        end
        Long(j, i) = Long(i, j);
    end
end
T = zeros(m);
for x = 1:m
    for y = 1:m
        sum = 0; final = dijkstra(Long, x, y );
        for j = 1:length(final) - 1
            sum =  sum + Long(final(j),final(j + 1));
        end
        T(x, y) = sum;
    end
end
y = T/10;
```

程序 3

```
model:
```

```
sets:
   dots/12, 14, 16, 21, 22, 23, 24, 28, 29, 30, 38, 48, 62/;
   polices/1..20/;
   roads(dots, polices):L, c;
endsets
data:
L = 22.236  20.464  18.352  21.997  17.628  17.659  14.915  14.093
13.011  7.5866  3.7914  0  5.977  11.95  17.03  14.543  21.892  24.247
22.547  26.946
   16.028  14.13  12.767  15.009  12.97  13  10.901  9.4339  8.2742
12.776  8.3373  11.95  5.9733  0  13.298  6.7417  14.903  18.514  16.961
 21.213
   9.2868  7.3881  6.0256  8.2669  6.228  6.2586  4.1596  2.6923
1.5325  6.9567  11.395  14.543  12.715  6.7417  6.5564  0  8.1616
11.773  10.22  14.471
   19.293  17.395  16.032  18.273  16.235  16.265  14.166  12.699
11.539  9.5107  5.0723  8.6853  2.7083  3.265  16.563  10.007  18.168
21.779  20.226  24.478
   21.096  19.197  17.835  20.076  17.75  17.78  15.036  14.214  13.132
 7.7079  3.2696  6.8825  0.90554  5.0677  17.151  11.809  19.971
23.582  22.029  26.281
   22.502  20.603  19.241  21.482  19.155  19.186  16.442  15.619
14.538  9.1135  4.6751  6.477  0.5  6.4733  18.556  13.215  21.377
24.988  23.435  27.686
   22.893  21.121  19.009  22.654  18.285  18.316  15.572  14.75
13.668  8.2436  3.8053  3.5916  2.3854  8.3587  17.687  15.1  22.549
24.904  23.204  27.603
   19.001  17.229  15.117  16.227  11.307  11.337  8.5702  10.228
9.7757  14.195  18.633  21.781  22.808  18.05  4.7518  11.308  18.657
21.012  19.312  23.011
   19.516  17.744  15.632  15.535  10.615  10.646  8.0155  10.493
10.724  15.144  19.582  22.73  23.757  18.917  5.7005  12.175  19.524
21.527  19.826  22.319
   12.083  10.311  8.1996  8.103  3.1829  3.2135  0.5831  3.0608
3.4923  7.9114  12.35  15.498  16.525  11.484  4.4015  4.7427  12.092
14.094  12.394  14.887
```

```
5.8809  3.9822  6.0938  4.861  9.4211  9.4517  7.3527  5.8854
4.7257  10.15  14.588  17.736  16.121  10.148  9.7496  3.4059  4.7557
8.3669  7.6393  11.066
11.85  10.31  8.1979  7.3959  2.4758  2.5064  1.2902  3.0995  4.1994
8.6186  13.057  16.205  17.232  12.191  5.1086  5.4498  12.799  13.699
11.999  14.18
4.8852  6.0351  4.3934  0.35  5.2551  5.3373  7.9917  8.6773  9.3367
14.761  19.199  22.347  21.332  15.359  11.81  8.6169  7.8205  6.7344
5.0337  6.4489;
enddata
@for(roads:@bin(c));
@for(dots(i):@sum(roads(i, j):c(i, j)) = 1);
@for(polices(j):@sum(roads(i, j):c(i, j))<=1);
min = @max(roads(i, j):L(i, j) * c(i, j));
```

程序 4

```
function [y1, y2, y3] = dot1(A, C, jj)
% A是最短路径矩阵，由Dijkstra算法计算所得
% C是各点覆盖度矩阵
% jj是增加的节点数目
wei = length(C);Y = 1:wei;S = A(1:jj,:);nn = 0;
for p = 1:wei
    [~, polices] = min(S(:, p)); X(p) = polices;
    if ~isempty(find(S(:, p)<=3, 1))
        nn = nn + 1;
    end
end
for q = 1:jj
    Z = Y(X == q); m = length(Z); sign(q,:) = [Z, zeros(1, 30 - m)];
end
H = 1:jj;
for t = 1:jj
    sum = 0;
    for u = 1:30
        if sign(t, u)~ = 0
            sum = A(H(t), sign(t, u)) * C(sign(t, u)) + sum;
```

```
            end
        end
        K(t) = sum;
    end
    Va = var(K) * (jj - 1)/jj; y1 = Va; y2 = nn; y3 = sign;
```

程序 5

这里只给出城区 C 的改进方案代码，城区 E 的方案改进代码类似可得，不再赘述.

```
function [y1, y2, y3, y4] = task3_C(A, C)
% A 是最短路径矩阵，由 Dijkstra 算法计算所得
% C 是各点覆盖度矩阵
Y = 1:154;max1 = 0.1;
for i = 18:152
    for j = i + 1:153
        for v = j + 1:154;
            S = A([1:17, i, j, v],:); nn = 0;
            for p = 1:154
                [~, polices] = min(S(:, p)); X(p) = polices;
                if ~isempty(find(S(:, p)<= 3, 1))
                    nn = nn + 1;
                end
            end
            for q = 1:20
                Z = Y(X = = q); m = length(Z);
sign(q,:) = [Z, zeros(1, 20 - m)];
            end
            H = [1:17, i, j, v];
            for t = 1:20
                sum = 0;
                for u = 1:20
                    if sign(t, u)~ = 0
                        sum = A(H(t), sign(t, u)) * C(sign(t, u)) + sum;
                    end
                end
                K(t) = sum;
```

```
            end
            Va = var(K) * 19/20;
            if nn/154>max1
                max1 = nn/154; y1 = max1; y2 = H(18:20);
                y3 = Va; y4 = sign;
            end
        end
    end
end
```

程序 6

这里只给出城区 B 的调度方案代码，其余城区的调度方案代码类似可得，不再赘述.

```
model:
sets:
  dots/151, 153/;
  polices/93, 94, 95, 96, 97, 98, 99, 100/;
  roads(dots, polices):L, c;
endsets
data:
L = 9.9542 7.9168 6.5602 3.1937 3.5335 13.01 4.2602 3.6806
11.255 9.2174 6.9489 4.4943 4.8341 13.399 4.4703 4.9812;
enddata
@for(roads:@bin(c));
@for(dots(i):@sum(roads(i, j):c(i, j)) = 1);
@for(polices(j):@sum(roads(i, j):c(i, j))<= 1);
min = @max(roads(i, j):L(i, j) * c(i, j));
```

25　海豚集团捕食的运动规律问题

25.1　问题的提出

动物的捕食行为，在自然界中无时无刻不在发生着. 有些是个体独自捕食，如狮子老虎捕捉羚羊等食物；也有些是群体集团捕食的，如狼群捕食野牛. 群体智能是源于自然界群居生物系统中的一种涌现智能，是指许多简单个体通过相互合作产生复杂智能行为的特性. 群体智能的产生依赖于个体与环境以及个体之间的交互. 自然界中存在着大量群居生物系统，它们表现出高度的群体智能行为. 群体智能强调个体的简单性、群体的涌现性以及自下而上的研究策略. 生态系统中，动物个体的行为相对简单，但当它们集群后，却能表现出复杂的群体行为. 比如在单个海豚捕捉沙丁鱼群时，由于沙丁鱼群的集群躲避运动，海豚捕食的效率较低，因此通常是多只海豚进行集团捕食沙丁鱼群，提高了捕捉沙丁鱼的效率.

通过数学模型来模拟海豚集团捕食沙丁鱼群的规律来探索海豚捕食运动的规律. 题目要求结合相关资料（见以下说明），分析多只海豚在捕食沙丁鱼群时的运动机理，进而通过建立数学模型来刻画海豚集团捕食沙丁鱼群的运动规律.

本案例主要解决以下问题：

（1）分析单只海豚的特征；

（2）通过建立数学模型来模拟单只海豚捕食运动；

（3）分析并模拟多只海豚的自然集团状态；

（4）通过建立数学模型来模拟多只海豚集团捕食行为的运动规律.

说明　本案例来自：2018 年第十一届“认证杯”数学中国数学建模网络挑战赛——暨 2018 年全球数学建模能力认证赛（A 题），详见 http://www.tzmcm.cn/.

25.2　问题的分析

通过分析视频资料，可以看出海豚是一种有领导且自主的群体，但是群体往往呈现出运动方向有序、运动协调及捕食性等特征，与大自然中的其他群居动物有相似之处.

基于仿真的群集模型无须建立像描述群体分布的费克方程或描述各种吸引力/排斥力作用的牛顿运动方程，而通过为群体中的个体建立模拟实际生物个体动态行为的行为规则来研究群集行为，每个个体制订四条行为规则：

可碰撞规则(现实中的海豚因为存在触觉传递信息的能力，所以个体间是存在接触的)、扩散规则(为个体设计一个随机运动的行为系数，当个体视线内其他个体数目较大时该随机行为发生的概率越小，反之亦然)、速度差值范围限制规则(海豚集团在平时运动时速度是相近的，在捕食时则是大部分速度相近，也有个别游速过快的情况，但一般情况下不会相差太大)、运动惯性规则(个体下一周期的运动受该周期的运动惯性影响)，并在这四种基本行为规则的控制下研究了群集行为的仿真实验.

如果要研究海豚鱼群捕食沙丁鱼的运动规律，必须先从海豚的单一个体的特征着手分析，然后对单只海豚捕食沙丁鱼的群现象模拟，进而分析多只海豚的集群集运规律，最后加入沙丁鱼，构建出海豚捕食沙丁鱼群时的运动模型. 思路分析如图 25-1 所示.

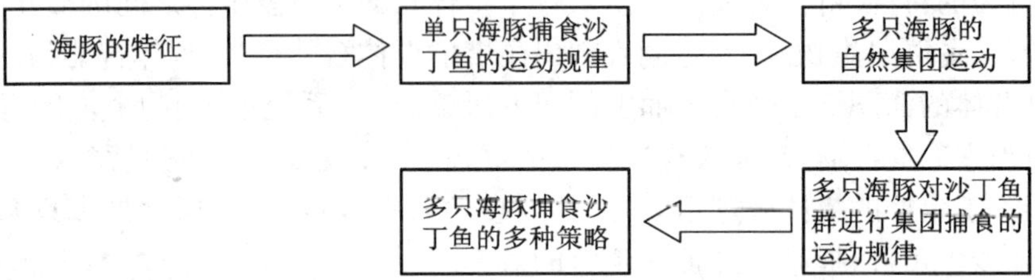

图 25-1　思路分析图

25.3　模 型 假 设

(1) 所有的同种个体遵循相同的原则；

(2) 每个个体能够感知它在群体中的位置；

(3) 忽略海豚和沙丁鱼个体的大小，将其视为质点；

(4) 假设不同相邻个体的相互作用力是累积的；

(5) 假设一对个体间力的大小取决于二者间的距离和它们的相对速度；

(6) 海豚和沙丁鱼行动时调整角度的时间忽略不计；

(7) 假设两个体间距离决定的力是一个平行于连接二者向量的向量，而速度决定力是一个平行于二者速度差向量的向量.

25.4　分析单只海豚的特征

海豚是小到中等尺寸的鲸类. 体长约 1.5～10 m，体重 50～7 000 kg，雄性通常比雌性大. 多数海豚头部特征显著，由于透镜状脂肪的存在，喙前额头隆起，又称"额隆”,此类构造有助于聚集回声定位和觅食发出声音.一些海豚虽有额隆,但喙部较短,隆起的前额仅勾画出方形外观.多数海豚的体型圆滑、流畅,有弯如钩状的背鳍(也存在其他形态).某些海豚体表有醒目的彩色图案,另一些则是较为单调的颜色.

海豚的视角是360°无死角的,海豚可以一只眼睛看前方,一只眼睛看后方.

海豚发射的声音,反射回来后在大脑里形成一个图像,并以此来定位食物的位置.它的声音可以穿透固体物质,几乎就像X线一样,即便鱼儿躲在沙层里也可以知道鱼的位置.海豚的回声定位,如图25-2所示.

构建海豚的感知范围如图25-3所示.

图25-2　海豚的回声定位

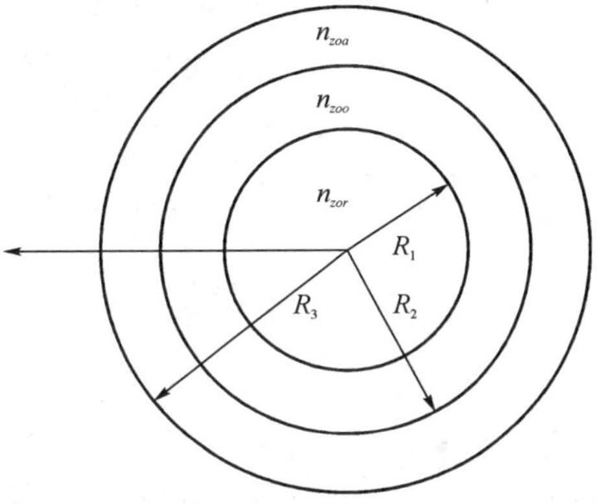

图25-3　感知范围分析图

图25-3中,n_{zor},n_{zoo},n_{zoa}分别代表感知范围有限的情况下,单个个体所能感受到的三个区域中的个体数目;R_1,R_2,R_3分别表示三个区域的半径.现设定该海豚与另一只海豚的距离为r,则有如下情况:

(1) 当$0 < r \leqslant R_1$时,由于距离过近,海豚之间会发生碰撞;

(2) 当$R_1 < r \leqslant R_2$时,距离适中,海豚的运动状态会与它相邻的海豚互动;

(3) 当$R_2 < r \leqslant R_3$时,距离较远,海豚之间会相互感知;

(4) 当$r > R_3$时,距离过远,超出了海豚的感知范围,海豚之间不产生影响.

25.5　模拟单只海豚捕食沙丁鱼运动规律

25.5.1　模型的建立

依据第一阶段中根据Boid模型规则所构建出的沙丁鱼群模型,下面为单只海豚对沙丁鱼群进行捕食的详细具体的二维模型:

将海豚看成一个大粒子,将沙丁鱼群体看成由小粒子组成的集合,通过分析粒子之间的受力,建立矢量运动方程模型,算出加速度矢量,进而求解运动轨迹.之后再根据海豚对沙丁鱼群进行捕食的运动状态,建立海豚捕食沙丁鱼群的模型.

海豚对沙丁鱼群进行捕食时,会依据沙丁鱼群的逃逸方向,改变自身身体的运动方向.从力学的角度以及结合实际情况进行分析,海豚在对沙丁鱼群进行捕食时,沙丁鱼群发现海豚后会改变自身速度矢量的方向,并且与海豚运动的速度矢量形成一定的夹角,改变后能够有利于沙丁鱼群躲避海豚的捕食,而海豚也需要因沙丁鱼群的速度矢量的改变而改变自身的速度矢量,以便追捕上距离它最近的沙丁鱼群.而且沙丁鱼群由于需要避免与同伴相互碰撞,限制了自身身体角度的变化和速度的增加,而单只海豚无此顾虑,使得海豚更加有利于对沙丁鱼群的抓捕.建立模型如下:

$$m_i \frac{\mathrm{d}\boldsymbol{v}(t)}{\mathrm{d}t} = m_i \frac{\boldsymbol{v}_i^e(t)e_i(t) - \boldsymbol{v}_i(t)}{T_i} + \sum_{j=i} \boldsymbol{f}_{ij}, \tag{25.5.1}$$

$$\boldsymbol{v}_i(t) = \frac{\mathrm{d}\boldsymbol{x}_i}{\mathrm{d}t}, \tag{25.5.2}$$

$$m_{1i} \frac{\mathrm{d}\boldsymbol{v}(t)}{\mathrm{d}t} = m_{1i} \frac{\boldsymbol{v}_{1i}^e(t)e_{1i}(t) - \boldsymbol{v}_{1i}(t)}{T_{1i}} + \boldsymbol{f}_{1ij}, \tag{25.5.3}$$

$$\boldsymbol{v}_{1i}(t) = \frac{\mathrm{d}\boldsymbol{x}_{1i}}{\mathrm{d}t} \tag{25.5.4}$$

其中,$e_i(t)$,$e_{1i}(t)$ 表示海豚转动的角度;$\boldsymbol{f}_{ij}$,$\boldsymbol{f}_{1ij}$ 表示相互作用力(矢量);$\boldsymbol{v}(t)$,$\boldsymbol{v}_i(t)$,$\boldsymbol{v}_i^e(t)$ 表示速度矢量;t 表示时间;T_i,T_{1i} 表示所用时间;$\boldsymbol{x}_i$,$\boldsymbol{x}_{1i}$ 表示位置(矢量).

在追捕过程中,海豚会受到离它最近的沙丁鱼的吸引,而沙丁鱼个体会因为与相邻沙丁鱼的距离过近而产生排斥反应,因此海豚被相邻最近的沙丁鱼所吸引的力需要计算,而相邻的沙丁鱼之间相互吸引的力可以忽略不计,因此可以得到

$$\boldsymbol{f}_i = \sum_j g(|\boldsymbol{x}_{ij}|) \frac{\boldsymbol{x}_{ij}}{|\boldsymbol{x}_{ij}|} + \sum_j h(|\boldsymbol{v}_{ij}|) \frac{\boldsymbol{v}_{ij}}{|\boldsymbol{v}_{ij}|} = A_i e^{\left(-\frac{d_{ij}}{B}\right)} \boldsymbol{n}_{ij}. \tag{25.5.5}$$

其中,$\boldsymbol{n}_{ij}$ 是单位方向矢量,方向与两个体连线方向相同,指向受力一方.假设沙丁鱼的感知半径为 d_f,沙丁鱼警告信号发送最大距离为 d_w.当海豚进入到沙丁鱼的感知范围 d_f 内时,沙丁鱼就立即发生逃逸运动.由于每条沙丁鱼距离海豚的距离不相同,因此沙丁鱼在逃逸过程中,速度矢量的变化量是不同的.

对于距离海豚最近的沙丁鱼,根据力矢量可以求出沙丁鱼的加速度矢量,进而得出沙丁鱼躲避逃逸运动速度矢量,解出运动轨迹.

下面分析海豚进入沙丁鱼鱼群的情况:

(1) 当海豚感知到沙丁鱼群时,会向鱼群冲去,进行捕食,而此时海豚会被沙丁鱼群所感知到.海豚刚刚开始被沙丁鱼鱼群所感知时,距离海豚近的沙丁鱼会感知到

危险开始逃逸远离并发出危险信号，周围的沙丁鱼收到信号后也开始逃逸.而距离较远的沙丁鱼运动状态并未发生变化，如图 25-4 所示.

（2）海豚进入到沙丁鱼鱼群中进行捕食后，大部分的沙丁鱼通过感知海豚或者收到危险信号，进而得知海豚的方位，并开始整体朝远离海豚的方向运动运动.由于原来前方的大部分撤离到安全区域，但并未与鱼群脱离.中间的鱼便成为前方的鱼，他们继续进行逃避运动，以此来减少甚至避免被海豚所捕食，加大了海豚的捕食难度和效率.具体如图 25-5 所示.

（3）海豚冲出鱼群后，鱼群会再次聚集，再次形成一个整体，并向远离海豚的方向运动，如图 25-6 所示.

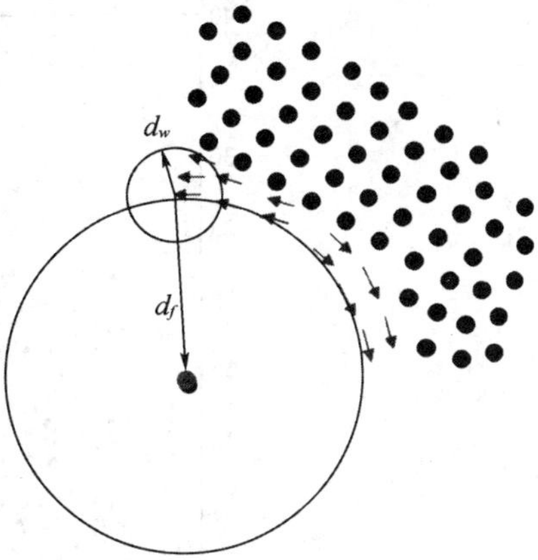

图 25-4　海豚开始进入沙丁鱼鱼群进行捕食

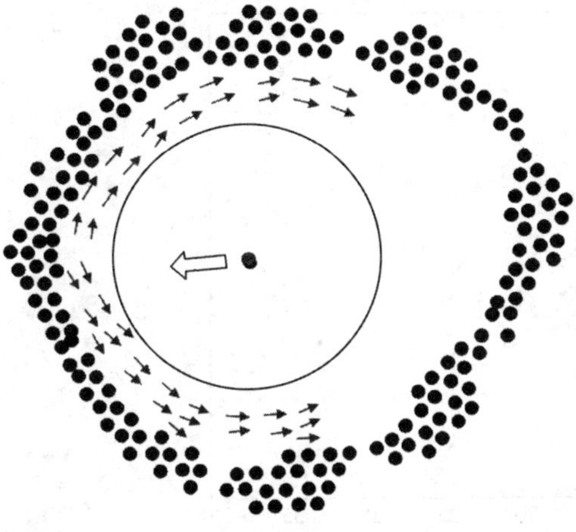

图 25-5　海豚在鱼群中的捕食运动

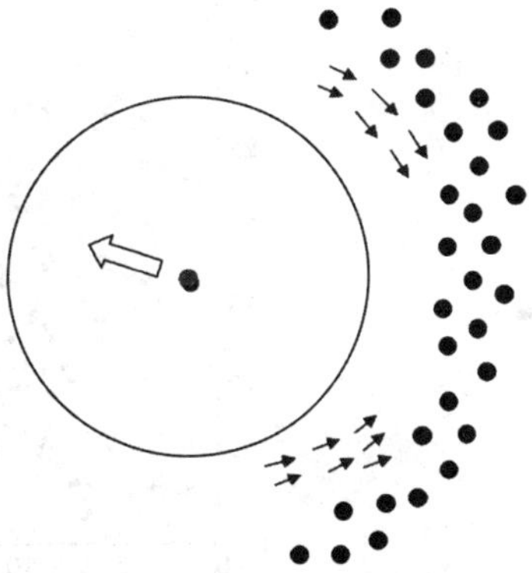

图 25-6　海豚离开后鱼群的运动

25.5.2　模型的求解

根据模型中给出的海豚与沙丁鱼的受力方程，结合海豚与沙丁鱼的运动分析，利用 MATLAB 编程进行动态二维仿真，如图 25-7 和图 25-8 所示.

从 MATLAB 模拟出二维的仿真海豚在遇到沙丁鱼群后进行捕食的动态图形后，可以更加容易观察到海豚刚刚开始被沙丁鱼鱼群所感知时，距离海豚近的沙丁鱼会感知到危险开始逃逸远离并发出危险信号，周围的沙丁鱼收到信号后也开始逃逸，并且海豚离开鱼群后，鱼群会聚集，再次形成一个整体，并以与海豚相对的方向运动，

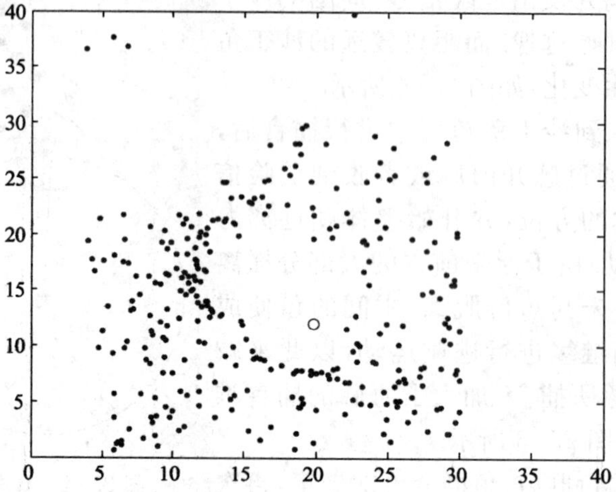

图 25-7　t_1 时刻海豚捕食沙丁鱼群的位置

说明　● 表示沙丁鱼，○ 表示海豚.

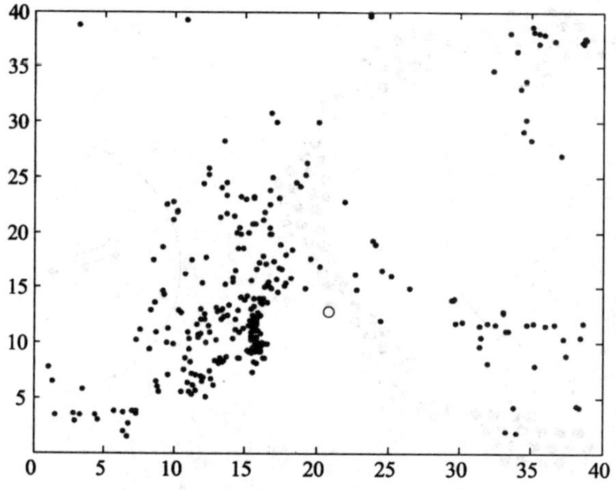

图 25-8　t_2 时刻海豚捕食沙丁鱼群的位置

说明　● 表示沙丁鱼，○ 表示海豚.

以此来减少甚至避免被海豚所捕食，加大了海豚的捕食难度和效率.

25.5.3　优点分析

由图 25-7 和图 25-8 可以看出，采用 MATLAB 构建的二维海豚捕食沙丁鱼群的仿真模型还是比较成功的，这些源于模型构建的优势：

(1) 在构建模型的时候，将海豚与沙丁鱼看成粒子进行受力分析，较为真实的还原单只海豚对沙丁鱼进行捕食的运动规律.

(2) 将沙丁鱼粒子聚集成群,同样引入贴切现实的 Boid 模型规则,能够真实还原沙丁鱼群的实际运动状况.

(3) 在分析海豚与沙丁鱼模型的时候,同样是通过力学角度分析其初始速度,加速度等物理条件,查询相关资料,引入合理的初始值.

(4) 对于追捕和逃逸的运动规律公式,通过对海豚追捕一条沙丁鱼的力学角度分析,并在其基础上添加第一阶段所构建的沙丁鱼鱼群的集群运动规律模型,进行相应的改善,从而能够更加符合理论实际情况.

25.6 模拟海豚集群在无沙丁鱼时的运动情况

25.6.1 模型的建立

根据上述分析的单个沙丁鱼的特征,可以看出在海豚相遇时,会同行向一个方向前进,对于海豚的集群运动规律可以简化成粒子聚集,在聚集过程中引入以下两条 Boid 模型规则:

(1) 避免碰撞:避免和邻近的个体相碰撞.

(2) 速度相近:和邻近的个体的平均速度保持相近.

在以上模型的规则基础上,进一步完善模型. 在三维坐标下,模拟出海豚在遇到海豚后的运动状态.

海豚在遇到海豚时,同行移动,避免碰撞.

设(x, y, z)为一只海豚的位置,(x_1, y_1, z_1)为另一只海豚的位置,则在三维状态下,海豚之间的向量 $\boldsymbol{\lambda}=(x_1-x,\ y_1-y,\ z_1-z)$. 求出 $\boldsymbol{\lambda}$ 与 x 轴,y 轴,z 轴的夹角(α_1, α_2, α_3).

$$\alpha_1=\arctan\frac{\sqrt{(y-y_1)^2+(z-z_1)^2}}{x-x_1}, \tag{25.6.1}$$

$$\alpha_2=\arctan\frac{\sqrt{(x-x_1)^2+(z-z_1)^2}}{y-y_1}, \tag{25.6.2}$$

$$\alpha_3=\arctan\frac{\sqrt{(x-x_1)^2+(y-y_1)^2}}{z-z_1}. \tag{25.6.3}$$

当两条海豚相遇的时候,它们之间与 x 轴,y 轴,z 轴的夹角相同,运动方向相同,就会向同一方向运动. 海豚集群时的真实情况,如图 25-9 所示.

25.6.2 模型的求解

利用 MATLAB 编程(代码 1)模拟出仿真三维状态下海豚集群时的运动情况,如图 25-10 和图 25-11 所示.

图 25-9　海豚集群时的真实情况

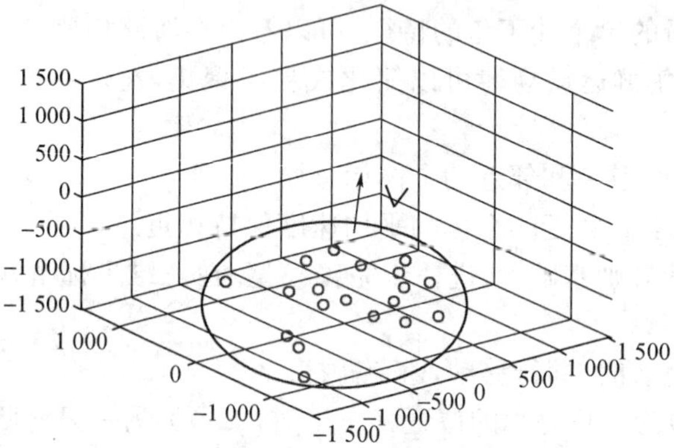

图 25-10　模拟仿真 t_1 时刻海豚集体向上运动

说明　o 表示海豚.

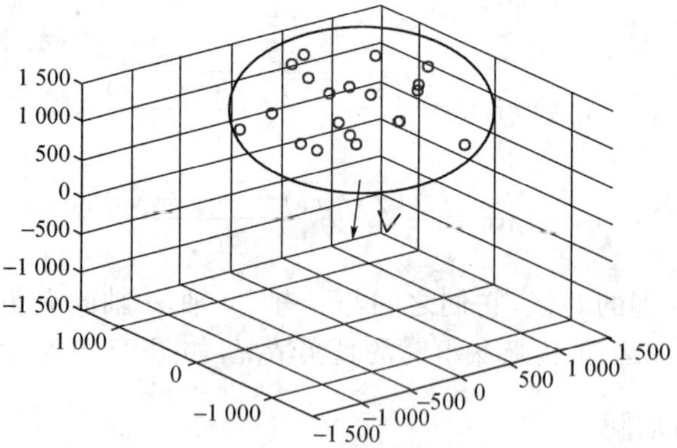

图 25-11　模拟仿真 t_2 时刻海豚集体向下运动

说明　o 表示海豚.

从 MATLAB 模拟出的海豚在集群时的动态图形，可以观察到在个体游动规则基础上加入了遇到同伴这项规则后，海豚与海豚之间相互协调，避免碰撞，迅速以相同于另一只海豚的运动方向一起运动.

25.6.3 模型的优点

(1) 模型将海豚当作粒子，简化了问题，减少了计算量.

(2) 模型从三维坐标下模拟出的集群运动现象，更加直观，更加形象.

(3) 该模型从物理学角度分析，取相对容易观察且合理的初值物理参数，如海豚的初始速度、海豚的加速度等.

25.7 模拟多只海豚合作捕食沙丁鱼群的运动规律

25.7.1 海豚集群捕食沙丁鱼模型的建立

根据之前一个模型的前提条件，加入多只海豚捕食沙丁鱼. 在模型 1 中提到，海豚的智商很高，会像人类一样制定策略，这说明海豚集团中存在一个信息丰富者，即领导者. 集团的领导者负责统筹海豚们的行动，根据不同的环境制定不同的捕食策略. 目前有以下已知的海豚常用的捕食策略：

策略一：多只海豚发现较为庞大的沙丁鱼群后，会冲入沙丁鱼群中，分割沙丁鱼的庞大集团，使其变为一个个相对容易控制的小集群. 随后海豚集团进行环绕包围控制一个沙丁鱼小集群，依次轮番进入鱼群中进行捕食. 海豚捕食沙丁鱼群的真实情况，如图 25-12 所示.

图 25-12 海豚捕食沙丁鱼群的真实情况

策略二：多只海豚发现沙丁鱼群后，由一只海豚对沙丁鱼群发起攻势，运用速度优势在水中环绕沙丁鱼群，留下一个面向其他海豚的缺口，逼迫沙丁鱼群向海豚集团游去，这样海豚集团可以守株待兔，轻松捕食向其游来的沙丁鱼.

在这样的两种捕食策略中，不仅仅要考虑单只海豚的运动特征，还要考虑海豚与海豚间的运动关系. 以下引入三条规则：

(1) 可碰撞：现实中的海豚因为存在触觉传递信息的能力，所以个体间是存在接触的. 在描述海豚的集团捕食运动时，考虑到现实中海豚的集团捕食行动在依靠声音或游动姿势进行交流协作时，也存在有肢体接触. 因此在构建相应模型时允许海豚之间发生接触碰撞等行为.

(2) 速度差值范围限制：海豚集团在平时运动时速度是相近的，在捕食时则是大部分速度相近，也有个别游速过快的情况，但一般情况下不会相差太大. 因此捕食时要限制每只海豚间的速度差距，不应过大.

(3) 运动惯性：个体下一周期的运动受该周期的运动惯性影响.

每个海豚作为一个独立的动作者，按照上述三个基本规则，通过对动态环境的局部感知，不断调整自身的运动来实现与其他海豚的协同捕食. 无论海豚运用何种策略进行捕食，环绕运动的行为都会存在. 本文将沙丁鱼群看成一个中心点，海豚集团环绕这个点进行运动，在二维空间进行分析.

海豚运动时，本文将其中的个体看成一个粒子，粒子的运动影响分为主动因素和被动因素，据此建立海豚集团运动的数学模型.

1. 个体运动

建立一个有 n 个粒子的群体，每个粒子编号为 $i=1, 2, \cdots, n$. 分别用 $\boldsymbol{x}_i$ 表示位置，用 $\boldsymbol{v}_i$ 表示速度. 每个粒子有一个前端和后端，并且让粒子 i 的身体走向与运动方向(即速度 $\boldsymbol{v}_i$ 的方向)相同. 粒子 i 的运动遵循牛顿定律，可得到模型.

$$\dot{\boldsymbol{x}}_i = \boldsymbol{v}_i, \tag{25.7.1}$$

$$m_i \dot{\boldsymbol{v}}_i = \boldsymbol{F}_i - \gamma \boldsymbol{v}_i + \boldsymbol{f}_i. \tag{25.7.2}$$

这里取粒子质量 $m_i = 1$, $\boldsymbol{F}_i$ 代表主动力，由粒子自身产生，取决于环境影响和粒子在群体中的位置. $\gamma \boldsymbol{v}(\gamma > 0)$ 是阻尼力，其中系数 γ 保证了速度有界. 式(25.7.2)表示如果一个粒子停止推进，那么它的速度会以比率 γ 减小到零. $\boldsymbol{f}_i$ 是指相邻的粒子对它的作用力. 对于 t 时刻有

$$N_i(t) = [a_i(t) - a_j(t)]^2 + [b_i(t) - b_j(t)]^2 + [c_i(t) - c_j(t)]^2 \leqslant d_3^2. \tag{25.7.3}$$

式中，a, b, c 代表三个坐标轴，将粒子 i 的相邻粒子 j 定义为此范围内的所有粒子.

$\boldsymbol{F}_i$ 通常是常向量，根据假设，相互作用力 $\boldsymbol{f}_i$ 由下式给出：

$$\boldsymbol{f}_i = \boldsymbol{f}_i^x + \boldsymbol{f}_i^v = \sum_j g_\pm(|\boldsymbol{x}_{ij}|)\frac{\boldsymbol{x}_{ij}}{|\boldsymbol{x}_{ij}|} + \sum_j h_\pm(|\boldsymbol{v}_{ij}|)\frac{\boldsymbol{v}_{ij}}{|\boldsymbol{v}_{ij}|}. \tag{25.7.4}$$

式中，$\boldsymbol{x}_{ij} = \boldsymbol{x}_j - \boldsymbol{x}_i$, $\boldsymbol{v}_{ij} = \boldsymbol{v}_j - \boldsymbol{v}_i$, $\boldsymbol{f}_i^x$ 和 $\boldsymbol{f}_i^v$ 分别是取决于位置和速度的力，j 代表所有影响粒子 i 运动的粒子，$\boldsymbol{f}_i^x$ 与粒子和相邻粒子位置的矢量差有关，$\boldsymbol{f}_i^v$ 与粒子和相

邻粒子速度的矢量差有关.

为产生一个非零的间隔距离，$g_{\pm}(x)$ 通常对于较大的 x 为正值，较小的 x 为负值，表示短程排斥和长程吸引. $g_{+}(x)>0(<0)$ 指粒子 j 对粒子 i 产生一个吸引力(排斥力)；而 $h_{+}(x)>0(<0)$ 指力 $\boldsymbol{f}_i^v$ 使粒子 i 的速度趋向(偏离) 于粒子 j 的速度. 需要注意的是，组成相互作用力的位置影响的力和速度影响力，会指向不同的方向，并且具有不同大小. 模型向量二维示意图如图 25-14 所示.

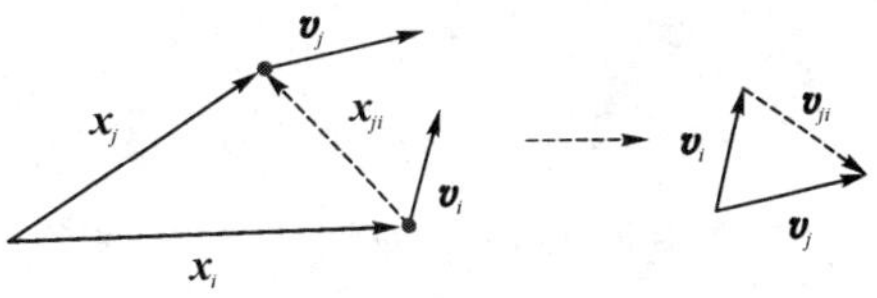

图 25-14　模型向量二维示意图

2. 环绕运动

设 k 只海豚以半径 r 绕圆心 O 持续匀速转动，角速度是 ω. 海豚间的间距为 dd，在运动过程中，海豚 k 跟随粒子 $k+1$，粒子 k 跟随 1. 环绕中，相邻粒子扇形角度为 $\theta=2\pi/k$，则有

$$\frac{\mathrm{d}\boldsymbol{x}_n}{\mathrm{d}t}=\boldsymbol{v}_n, \tag{25.7.5}$$

$$\frac{\mathrm{d}\boldsymbol{v}_n}{\mathrm{d}t}=\boldsymbol{f}_n(\boldsymbol{x}_1-\boldsymbol{x}_n)-\gamma\boldsymbol{v}_n. \tag{25.7.6}$$

海豚的环绕分析如图 25-15 所示.

式(25.7.5)和式(25.7.6)将第 k 只海豚与第一只海豚连成一个环，然后将相互作用力分解为与圆相切的力 $\boldsymbol{f}_t$ 和指向圆心的力 $\boldsymbol{f}_c$. 力的分解如图 25-16 所示.

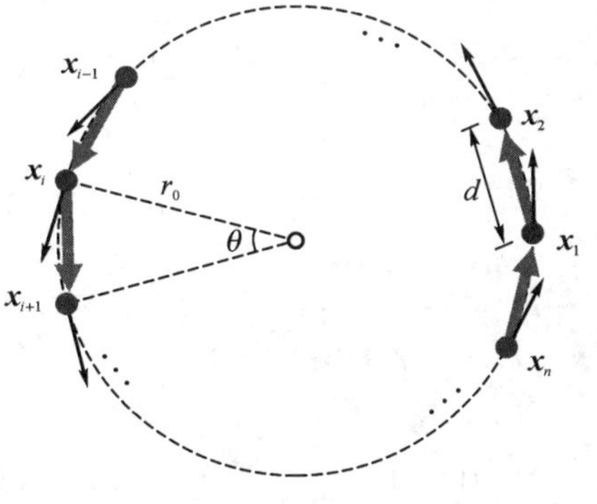

图 25-15　海豚的环绕分析图

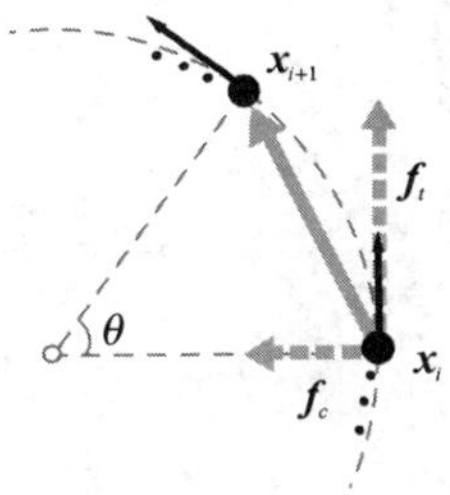

图 25-16　力的分解

在环绕模型中，没有线性加速度，所以与圆相切的力是平衡的，因此，对于每个粒子有

$$\boldsymbol{f}_t-\gamma\boldsymbol{v}=0. \tag{25.7.7}$$

质量为 1 的粒子绕圆运动的向心力为

$$\boldsymbol{f}_c=\boldsymbol{a}_c=\omega_0^2 r_0 \boldsymbol{u}_c, \tag{25.7.8}$$

其中 $\boldsymbol{u}_c$ 是单位径向矢量，$|\boldsymbol{v}|=\gamma_0\omega_0$，代入得到

$$\boldsymbol{f}_c=\frac{|\boldsymbol{v}|^2}{r_0}\boldsymbol{u}_c. \tag{25.7.9}$$

这里取两粒子连线方向与切线方向夹角为 ϕ 和粒子连线方向与圆中心连线夹角为 ψ. 环绕运动分析如图 25-17 所示.

$$\theta=\frac{2\pi}{n}, \quad \phi=\frac{\theta}{2}, \quad \psi=\frac{\pi}{2}-\frac{\pi}{n} \tag{25.7.10}$$

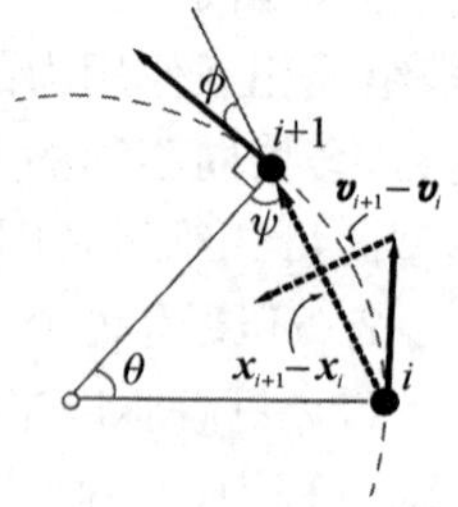

图 25-17　环绕运动分析

根据三角函数关系得到

$$d=2r_0\sin\left(\frac{\pi}{n}\right), \tag{25.7.11}$$

$$|f_t|=g(d)\cos\left(\frac{\pi}{n}\right), \tag{25.7.12}$$

$$|f_c|=g(d)\sin\left(\frac{\pi}{n}\right). \tag{25.7.13}$$

将切向力与径向力方程代入得到

$$g(d)\cos\left(\frac{\pi}{n}\right)=\gamma|\boldsymbol{v}|, \tag{25.7.14}$$

$$g(d)\sin\left(\frac{\pi}{n}\right)=\frac{|\boldsymbol{v}|^2}{r_0}. \tag{25.7.15}$$

解得

$$|\boldsymbol{v}|=\frac{g(d)\cos\left(\frac{\pi}{n}\right)}{\gamma}, \quad r_0=\frac{g(d)\cos^2\left(\frac{\pi}{n}\right)}{\gamma^2\sin\left(\frac{\pi}{n}\right)}, \tag{25.7.16}$$

$$\omega_0=\frac{|\boldsymbol{v}|}{r_0}=\gamma\tan\left(\frac{\pi}{n}\right). \tag{25.7.17}$$

由此得出海豚环绕的运动模型.

25.7.2　模型的求解

多只海豚合作捕食沙丁鱼群具体仿真结果如图 25-18—图 25-21 所示.

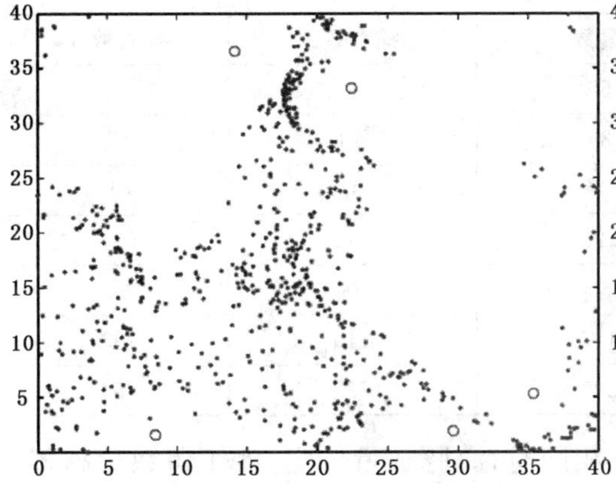

图 25-18　t_1 时刻海豚群捕食沙丁鱼群的位置

说明　● 表示沙丁鱼，○ 表示海豚.

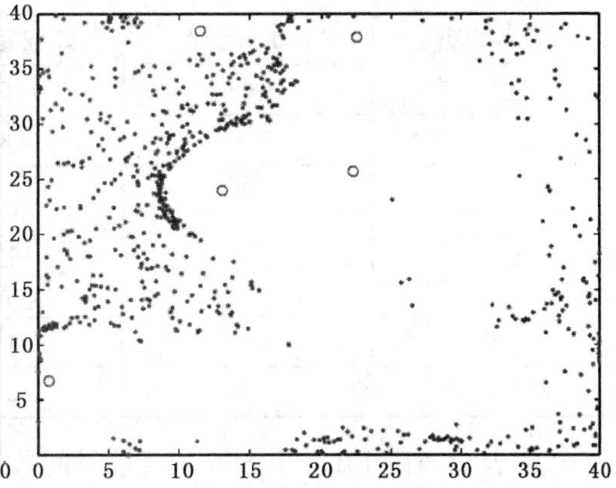

图 25-19　t_2 时刻海豚捕食沙丁鱼群的位置

说明　● 表示沙丁鱼，○ 表示海豚.

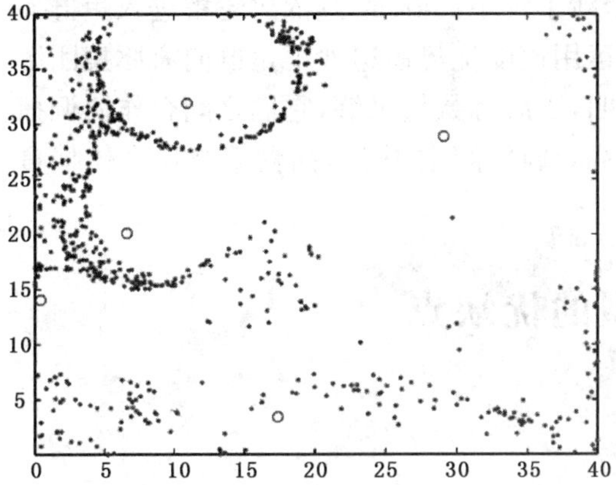

图 25-20　t_3 时刻海豚捕食沙丁鱼群的位置

说明　● 表示沙丁鱼，○ 表示海豚.

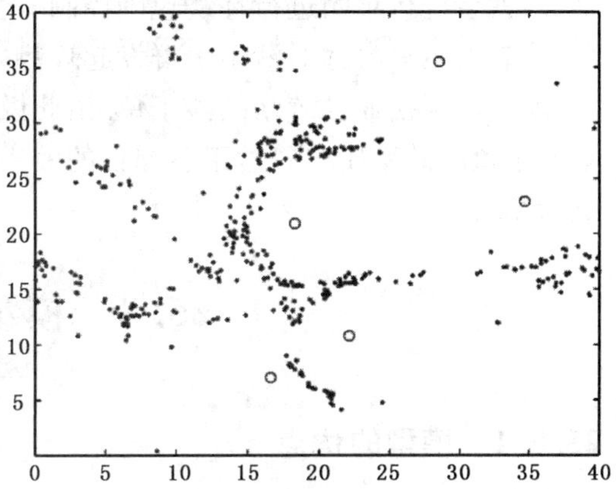

图 25-21　t_4 时刻的海豚捕食沙丁鱼群的位置

说明　● 表示沙丁鱼，○ 表示海豚.

在代码中写入了计数程序以记录沙丁鱼被成功捕食的数量，据此运用单一变量原则探究海豚集团捕食沙丁鱼群的成功率与沙丁鱼数量、海豚数量的关系.具体数据见表 25-1.

表 25-1　　　海豚集团捕食成功率与沙丁鱼数量、海豚数量的关系

海豚数量	沙丁鱼数量	捕食数 1	捕食数 2	捕食数 3
1	100	7	8	6
1	200	7	10	13
1	300	17	12	20
3	100	24	26	32
3	200	51	54	49

续 表

海豚数量	沙丁鱼数量	捕食数 1	捕食数 2	捕食数 3
3	300	66	70	74
5	100	34	49	65
5	200	99	87	81
5	300	129	141	134
7	100	55	84	64
7	200	117	119	133
7	300	207	233	259

由表 25-1 可知，当空间一定且时间段相同时，海豚数量一定，沙丁鱼数量越多，海豚捕食的沙丁鱼数目也就越多；沙丁鱼数量一定，海豚数量越多，捕食的沙丁鱼数目就会成倍的增加，与一条海豚捕食沙丁鱼的数目有鲜明的对比，说明当海豚的数量足够，就会进行集团进行环绕包围控制一个沙丁鱼小集群．通过依次轮番进入鱼群捕食，或者由一只海豚对沙丁鱼群发起攻势，运用速度优势逼迫沙丁鱼群向海豚集团游去，就可以轻松捕食游来的沙丁鱼．由此说明，当海豚数量足够，它们之间合作协调捕食沙丁鱼的效率比单只沙丁鱼捕食的效率高，海豚集团的团体捕食策略比个体捕食更为高效．

25.8 模型的优缺点

25.8.1 模型的优点

(1) 本章利用 MATLAB 的仿真模拟，提供了一个明确的视觉过程；

(2) 在解决问题的过程中使用了二维和三维的模拟仿真，并且得出了合理的结果；

(3) 将海豚当作粒子，简化了问题，减少了计算量；

(4) 引入了空间坐标，利用坐标进行运算，使运算更加便捷更加准确；

(5) 在海豚捕食沙丁鱼的建模中，使用了力学的知识，建立了矢量模型，定量的计算的海豚的运动状态，使得结果更加准确．

25.8.2 模型的缺点

(1) 每个海豚其实都存在不同的行为规则，本案例的模型能够实现是在基于假设的前提下完成的；

(2) 在实际生活中个体的行为是十分复杂的，就算是仿真模拟也难以复制；

(3) 所考虑的鱼类活动的原则较少，行为准则比较粗糙；

(4) 查找的数据有限，结果会存在一定的误差．

25.9 MATLAB 程序

代码 1:用 MATLAB 代码 3D 仿真海豚集群的运动状态.

```
clear
Sardine = 20;                    %海豚的数量
Rn = 10;                         %领域半径
VV = 20;                         %初始速度
a = 3;                           %加速度
Vsi = 20;                        %反弹速度
Vmax = VV + 60;
                                 %海豚的活动范围
XSardineRange = [ - 1500,1500];
YSardineRange = [ - 1500,1500];
ZSardineRange = [ - 1500,1500];
VRan = [ - 5 * pi/6,5 * pi/6];
                                 % (1)随机产生海豚的位置 PF(x,y)为位置集
for i = 1:Sardine
SardineZ(i,1) = XSardineRange(1) + (XSardineRange(2) - XSardineRange
(1)) * rand;                     %X 坐标
SardineZ(i,2) = YSardineRange(1) + (YSardineRange(2) - YSardineRange
(1)) * rand;                     %Y 坐标
SardineZ(i,3) = ZSardineRange(1) + (ZSardineRange(2) - ZSardineRange
(1)) * rand;                     %Z 坐标
SardineF(i,1) = SardineZ(i,1);SardineF(i,2) = SardineZ(i,2);SardineF
(i,3) = SardineZ(i,3);
VSardineZ(i,1) = pi;             %alpha X 速度方向
VSardineZ(i,2) = pi;             %beta Y 速度方向
VSardineZ(i,3) = pi;             %gama Z 速度方向
VSardineF(i,1) = VSardineZ(i,1);VSardineF(i,2) = VSardineZ(i,2);VSardi-
neF(i,3) = VSardineZ(i,3);
VSardineZ(i,4) = VV;             %gama Z 速度大小
VSardineF(i,4) = VSardineZ(i,4);
end
for time = 1:500                 %运行时间
for i = 1:Sardine
```

```
    for j = 1:Sardine
    ifsqrt((SardineZ(i,1) - SardineZ(j,1))^2 + (SardineZ(i,2) - SardineZ(j,
2))^2 + (SardineZ(i,3) - SardineZ(j,3))^2)< = Rn
                                   %(2)判断一条鱼和其他鱼之间的距离
    VSardineZ(i,1) = VSardineZ(j,1);
    end
    end
    SardineF(i,1) = SardineZ(i,1) + VSardineF(i,4) * cos(VSardineF(i,1));
    SardineF(i,2) = SardineZ(i,2) + VSardineF(i,4) * cos(VSardineF(i,2));
    SardineF(i,3) = SardineZ(i,3) + VSardineF(i,4) * cos(VSardineF(i,3));
                                   %是否越界
    if SardineF(i,1)<XSardineRange(1)||SardineF(i,1)>XSardineRange(2)
    VSardineF(i,1) = VSardineF(i,1) + pi;
    end
    if SardineF(i,2)<YSardineRange(1)||SardineF(i,2)>YSardineRange(2)
    VSardineF(i,2) = VSardineF(i,2) + pi;
    end
    if SardineF(i,3)<ZSardineRange(1)||SardineF(i,3)>ZSardineRange(2)
    VSardineF(i,3) = VSardineF(i,3) + pi;
    end
    SardineF(i,1) = SardineZ(i,1) + VSardineF(i,4) * cos(VSardineF(i,1));
    SardineF(i,2) = SardineZ(i,2) + VSardineF(i,4) * cos(VSardineF(i,2));
    SardineF(i,3) = SardineZ(i,3) + VSardineF(i,4) * cos(VSardineF(i,3));
    end
    plot3(SardineZ(:,1),SardineZ(:,2),SardineZ(:,3),'ro');
                                   %更新海豚的状态
    for i = 1:Sardine
    SardineZ(i,1) = SardineF(i,1);SardineZ(i,2) = SardineF(i,2);SardineZ
(i,3) = SardineF(i,3);
    VSardineZ(i,1) = VSardineF(i,1);
    VSardineZ(i,2) = VSardineF(i,2);
    VSardineZ(i,3) = VSardineF(i,3);
    VSardineZ(i,4) = VSardineF(i,4);
    end
    axis ([XSardineRange, YSardineRange, ZSardineRange]); grid on; pause
(0.02);
```

```
end
```

代码 2:用 MATLAB 代码 2D 仿真海豚捕食沙丁鱼群的运动状态.

```
clear;clc
                            %设定初始参数
c = 0;
distance = [];
ddistance = [];
Damping = 0.5;
                            %初始化沙丁鱼坐标
Sardine = 500;
xSardine = [];ySardine = [];
xSardine(1,:) = 35 * rand(1,Sardine);
ySardine(1,:) = 35 * rand(1,Sardine);
draction(1,:) = (rand(1,Sardine) - 0.5) * 2 * pi;
                            %初始化海豚坐标
Dolphin = 5;
xDolphin = [];yDolphin = [];
xDolphin(1,:) = 25 * rand(1,Dolphin);
yDolphin(1,:) = 25 * rand(1,Dolphin);
dractions(1,:) = (rand(1,Dolphin) - 0.5) * 2 * pi;
for time = 1:300
                            %构建距离参数矩阵
for i = 1:Sardine
    for k = 1:Dolphin
     dDolphin(i,k) = sqrt((xSardine(time,i) - xDolphin(time,k))^2 +
(ySardine(time,i) - yDolphin(time,k))^2);
    end
    for j = 1:Sardine
        distance(i,j) = sqrt((xSardine(time,i) - xSardine(time,j))^2 +
(ySardine(time,i) - ySardine(time,j))^2);
    end
end
for i = 1:Sardine
    distance(i,i) = inf;
```

```
    end
                                        %沙丁鱼的运动方向
    for i = 1:Sardine
        A = 0;B = 0.1;
        for j = 1:Sardine
            if distance(i,j)<0.2
                A = A - draction(time,j)/3;
                B = B - 1/distance(i,j);
                if A~ = 0
                    draction(time + 1,i) = (1 - Damping) * draction(time,i)
- Damping * A/B;
                    else draction(time + 1,i) = draction(time,i);
                end
            elseif distance(i,j)<5
                A = A - draction(time,j)/distance(i,j);
                B = B - 1/distance(i,j);
                if A~ = 0
                    draction(time + 1,i) = (1 - Damping) * draction(time,i) +
Damping * A/B;
                    else draction(time + 1,i) = draction(time,i);
                end
            end
        end
                                        %设定沙丁鱼警戒范围及逃逸方向
        for k = 1:Dolphin
        if dDolphin(i,k)<5
            if xSardine(time,i)>xDolphin(time,k);
draction(time + 1, i) = atan ((ySardine (time, i) - yDolphin (time, k))./
(xSardine(time,i) - xDolphin(time,k)));
            end
            if xSardine(time,i)<xDolphin(time,k);
draction(time + 1, i) = atan ((ySardine (time, i) - yDolphin (time, k))./
(xSardine(time,i) - xDolphin(time,k))) + pi;
            end
        end
         vSardine(time + 1,i) = 0.5;
```

```
        end
    end
                                %设立沙丁鱼被捕食后的牢笼空间
    for i = 1:Sardine
        for k = 1:Dolphin
            if dDolphin(i,k)<1
                xSardine(time,i) = 45;
                ySardine(time,i) = 45;
                c = c + 1;
            end
        end
    end
    for i = 1:Sardine
                                % 沙丁鱼坐标的更新
        if xSardine(time,i) = = 45||ySardine(time,i) = = 45
            xSardine(time + 1,i) = 45;
            ySardine(time + 1,i) = 45;
        else
            xSardine(time + 1,i) = xSardine(time,i) + vSardine(time + 1,i) *
cos(draction(time + 1,i)) * 1;
            ySardine(time + 1,i) = ySardine(time,i) + vSardine(time + 1,i) *
sin(draction(time + 1,i)) * 1;
            if xSardine(time + 1,i)>40
            xSardine(time + 1,i) = xSardine(time + 1,i) - 40;
            elseif xSardine(time + 1,i)<0
            xSardine(time + 1,i) = xSardine(time + 1,i) + 40;
            end
            if ySardine(time + 1,i)>40
            ySardine(time + 1,i) = ySardine(time + 1,i) - 40;
            elseif ySardine(time + 1,i)<0
            ySardine(time + 1,i) = ySardine(time + 1,i) + 40;
            end
        end
    end
                                %设定海豚的捕食的运动轨迹
    for i = 1:Dolphin
```

```
        dractions(time + 1,i) = dractions(time,i) + rand(1,1);
        vDolphin(time + 1,i) = 0.5;
        xDolphin(time + 1,i) = xDolphin(time,i) + vDolphin(time + 1,i) * cos
(dractions(time + 1,i)) * 1;
        yDolphin(time + 1,i) = yDolphin(time,i) + vDolphin(time + 1,i) * sin
(dractions(time + 1,i)) * 1;
        end
         for i = 1:Dolphin
         for j = 1:Dolphin
ddistance(i,j) = sqrt((xDolphin(time + 1,i) - xDolphin(time + 1,j))^2 + (yDol-
phin(time + 1,i) - yDolphin(time + 1,j))^2);
         end
         end
        for i = 1:Dolphin
        ddistance(i,i) = inf;
        end
        for i = 1:Dolphin
            A = 0;B = 0.1;
            for j = 1:Dolphin
                if ddistance(i,j)<0.2
                A = A - dractions(time,j)/3;
                B = B - 1/ddistance(i,j);
                if A~ = 0
                    dractions(time + 1,i) = (1 - Damping) * dractions(time,
i) - Damping * A/B;
                    else dractions(time + 1,i) = dractions(time,i);
                end
                elseif ddistance(i,j)<5
                A = A - dractions(time,j)/ddistance(i,j);
                B = B - 1/ddistance(i,j);
                    if A~ = 0
                  dractions(time + 1,i) = (1 - Damping) * dractions(time,i)
+ Damping * A/B;
                  else dractions(time + 1,i) = dractions(time,i);
                    end
                end
```

```
            dractions(time+1,i) = dractions(time,i) + (rand(1,1) - 0.5);
            vDolphin(time+1,i) = 0.7;
            for k = 1:Sardine
            if dDolphin(k,i)<3
                if xSardine(time,k)>xDolphin(time,i);
dractions(time+1,i) = atan((yDolphin(time,i) - ySardine(time,k))./(xDol-
phin(time,i) - xSardine(time,k)));
                end
                if xSardine(time,k)<xDolphin(time,i);
dractions(time+1,i) = atan((yDolphin(time,i) - ySardine(time,k))./(xDol-
phin(time,i) - xSardine(time,k))) + pi;
                end
                xDolphin(time+1,i) = xDolphin(time,i) + vDolphin(time
+1,i) * cos(dractions(time+1,i)) * 1;
                yDolphin(time+1,i) = yDolphin(time,i) + vDolphin(time
+1,i) * sin(dractions(time+1,i)) * 1;
            else
                xDolphin(time+1,i) = xDolphin(time,i) + vDolphin(time
+1,i) * cos(dractions(time+1,i)) * 1;
                yDolphin(time+1,i) = yDolphin(time,i) + vDolphin(time
+1,i) * sin(dractions(time+1,i)) * 1;
            end
            end
        end
                                    %海豚超出活动空间范围后更新坐标位置
        if xDolphin(time+1,i)>40
        xDolphin(time+1,i) = xDolphin(time+1,i) - 40;
        elseif xDolphin(time+1,i)<0
        xDolphin(time+1,i) = xDolphin(time+1,i) + 40;
        end
        if yDolphin(time+1,i)>40
        yDolphin(time+1,i) = yDolphin(time+1,i) - 40;
        elseif yDolphin(time+1,i)<0
        yDolphin(time+1,i) = yDolphin(time+1,i) + 40;
        end
        end
```

```
end
                          %播放模拟效果图
for i = 1:time
pause(0.02);
plot(xSardine(i,:),ySardine(i,:),'.',xDolphin(i,:),yDolphin(i,:),'ro')
axis([0 40 0 40])
getframe;
end
                          %被捕食的沙丁鱼数
c
```

附　　录

附录 A　MATLAB 的基本操作[①]

A1　MATLAB 的启动和关闭

A1.1　启动方式

(1) 如果已经在桌面设置了 MATLAB 快捷图标,则双击图标进入 MATLAB 环境,这是最快最常用的方式;

(2) 在开始菜单中选择程序→MATLAB→MATLAB,点击进入 MATLAB 环境;

(3) 在 MATLAB 安装目录中选择 MATLAB→MATLAB 快捷方式,双击图标进入 MATLAB 环境.

启动 MATLAB 后,进入 MATLAB 集成环境,包括 MATLAB 主窗口、命令窗口(Command Window)、工作空间窗口(Workspace)、命令历史窗口(Command History)、当前目录窗口(Current Directory)和启动平台窗口(Launch Pad).

A1.2　关闭方式

(1) 在 MATLAB 命令窗口,直接点击关闭图标,即可关闭 MATLAB 软件,这是最简单最常用的方式;

(2) 在 MATLAB 命令窗口键入"exit"或"quit",回车关闭 MATLAB 软件;

(3) 在 MATLAB 命令窗口,菜单条中选择、点击"EXIT MATLAB"(或按 Ctrl+Q)关闭 MATLAB 软件.

A2　窗口与菜单

A2.1　主窗口

MATLAB 主窗口是 MATLAB 的主要工作界面. 主窗口除了嵌入一些子窗口外,还包括菜单栏和工具栏.

---

① 这部分内容来源:韩明,王家宝,李林(2018).

(1) **菜单栏**

File 菜单项	File 菜单项实现有关文件的操作
Edit 菜单项	Edit 菜单项用于命令窗口的编辑操作
Debug 菜单项	Debug 菜单项用于调试 MATLAB 程序
Desktop 菜单项	Desktop 菜单项用于设置 MATLAB 的集成环境的显示方式
Window 菜单项	主窗口菜单栏上的 Window 菜单，只包含一个子菜单 Close all，用于关闭所有打开的编辑器窗口，包括 M-file，Figure，Model 和 GUI 窗口
Help 菜单项	Help 菜单项用于提供帮助信息

(2) **工具栏**

MATLAB 主窗口的工具栏共提供了 10 个命令按钮. 这些命令按钮均有对应的菜单命令，但使用起来比菜单命令更快捷、方便.

A2.2 命令窗口

命令窗口是 MATLAB 的主要交互窗口，用于输入命令并显示除图形以外的所有执行结果. MATLAB 命令窗口中的">>"为命令提示符，在提示符后键入命令并按下回车键后，MATLAB 就会解释执行所输入的命令，并在命令后面给出计算结果.

一般来说，一个命令行输入一条命令，命令行以回车结束. 但一个命令行也可以输入若干条命令，各命令之间以逗号分隔，若前一命令后带有分号，则逗号可以省略.

如果一个命令行很长，一行之内写不下，可以在该行之后加上 3 个小黑点，回车换行，继续写命令的其他部分.

A2.3 工作空间窗口

工作空间位于默认(Default)界面左上方窗口前台，是 MATLAB 用于存储变量和结果的内存空间. 该窗口显示工作空间中所有变量的名称、大小、字节数和变量类型说明，可对变量进行观察、编辑、保存和删除.

A2.4 当前目录窗口

(1) 当前目录窗口　位于默认(Default)界面左上方窗口后台，用鼠标点击可以切换到前台. 当前目录是指 MATLAB 运行文件时的工作目录，在当前目录或搜索路径下的文件、函数可以被运行或调用. 在当前目录窗口中可以显示或改变当前目录，还可以显示当前日录下的文件并提供搜索功能.

(2) MATLAB 的搜索路径　用户在 MATLAB 命令窗口输入一条命令后，MATLAB 按照一定次序寻找相关的文件. 基本的搜索过程是：检查该命令是不是一个变量→检查该命令是不是一个内部函数→检查该命令是否当前目录下的 M 文件→检查该命令是否 MATLAB 搜索路径中其他目录下的 M 文件.

用户可以将自己的工作目录列入 MATLAB 搜索路径，从而将用户目录纳入 MATLAB 系统统一管理. 设置搜索路径的方法有：

① 用 path 命令设置搜索路径. 例如，将用户目录 c:\mydir 加到搜索路径下，可

在命令窗口输入命令：path(path,'c:\mydir')

② 用对话框设置搜索路径在 MATLAB 的 File 菜单中选 Set Path 命令或在命令窗口执行 pathtool 命令，将出现搜索路径设置对话框. 通过 Add Folder 或 Add with Subfolder 命令按钮将指定路径添加到搜索路径列表中. 在修改完搜索路径后，需要保存搜索路径.

A2.5 命令历史记录窗口

在默认设置下，历史记录窗口中会自动保留自安装起所有用过的命令的历史记录，并且还标明了使用时间，从而方便用户查询. 通过双击命令可进行历史命令的再运行. 如果要清除这些历史记录，可以选择 Edit 菜单中的 Clear Command History 命令.

A2.6 Start 按钮

MATLAB 主窗口左下角还有一个 Start 按钮，单击该按钮会弹出一个菜单，选择其中的命令可以执行 MATLAB 产品的各种工具，还可以查阅 MATLAB 包含的各种资源.

A2.7 编辑窗口和图形窗口

在命令窗口的菜单条中直接点击文件图标或选择点击 File → New → M file 打开一个编辑窗口(Edit Window). 通常，MATLAB 的程序都是在这个窗口编写成 M 文件，存盘后在命令窗口输入文件名执行运算.

在命令窗口选择点击 File → New → Figure 可以打开一个图形窗口，但通常都是在执行作图命令时自动打开画有相关图形的图形窗口.

这些窗口的上方都有菜单和工具栏，其功能与 Word 相仿，这里不一一介绍.

A3 变量与符号

A3.1 特殊变量

变量名	说　明	变量名	说　明
i 或 j	虚数单位 $\sqrt{-1}$	Inf	无穷大
pi	圆周率 $\pi=3.14159265\cdots$	NaN	无意义的数，如 0/0 等
eps	浮点数识别精度 $2^{-52}=2.2204\times10^{-16}$	ans	表示结果的缺省变量名
realmin	最小正实数 $2^{-2^{10}}=2.2251\times10^{-308}$	nargin	所用函数的输入变量数目
realmax	最大正实数 $2^{2^{10}}=1.7977\times10^{308}$	nargout	所用函数的输出变量数目

特殊变量在工作空间观察不到，MATLAB 一启动，这些变量就已赋值，可以直接使用.

A3.2 用户变量

MATLAB 变量总是以字母开头，由字母、数字或下划线组成，中间不能有空格，字母区分大小写. 一般不能与特殊变量以及内部函数名同名(如果同名，则特殊变量以及内部函数将改变其值).

用户变量保存在工作空间，可以随时调用，用命令 who 或 whos 可以查到它们的信息.

A3.3 数学运算符

运算符	意 义
+	加法运算，数与数、数与矩阵、同型矩阵之间的相加
−	减法运算，数与数、数与矩阵、同型矩阵之间的相减
*	乘法运算，数与数、数与矩阵、矩阵与矩阵之间的普通乘法
/	除法运算，当 a, b 为数时，$a/b=\frac{a}{b}$；当 $\boldsymbol{a}$, $\boldsymbol{b}$ 为矩阵时，$\boldsymbol{a}/\boldsymbol{b}=\boldsymbol{a}\boldsymbol{b}^{-1}$
\	左除运算，当 a,b 为数时，$a\backslash b=\frac{b}{a}$；当 $\boldsymbol{a}$, $\boldsymbol{b}$ 为矩阵时，$\boldsymbol{a}\backslash\boldsymbol{b}=\boldsymbol{a}^{-1}\boldsymbol{b}$
^	乘幂运算，a^k(k 是数，a 可以是数或矩阵)，数、矩阵的普通乘幂运算
.*	点乘运算，一种数组运算，表示同型数组(矩阵)之间对应元素相乘
./	点除运算，一种数组运算，表示同型数组(矩阵)之间对应元素相除
.^	点幂运算，一种数组运算，当 a,k 为数时，$a.\hat{}k=a^k$，
	当 $\boldsymbol{a}$ 为数组(矩阵)，k 为数时，$a.\hat{}k$ 表示矩阵 $\boldsymbol{a}$ 的每个元素取 k 次幂.

点(数组)运算在 MATLAB 中有重要作用，必须真正理解和掌握.

A3.4 关系与逻辑运算符

关系运算符	意义	关系运算符	意义	逻辑运算符	意义
<	小于	>	大于	&	逻辑与
<=	小于等于	>=	大于等于	|	逻辑或
==	等于	~=	不等于	~	逻辑非

关系运算与逻辑运算都是元素之间的操作，结果是特殊的逻辑数组(矩阵). 值得注意的是"="表示赋值，"=="表示(是否)等于，不可混淆. 在 MATLAB 中，"真(Ture)"用 1 表示，"假(False)"用 0 表示.

A4 常用命令和技巧

A4.1 常用命令

运算符	意 义	运算符	意 义
cd	显示或改变当前目录	hold	图形保持开关
dir	显示目录下的文件	disp	显示变量或文字内容
type	显示文件内容	path	显示搜索目录
clear	清理内存变量	save	保存内存变量到指定文件
clf	清除图形窗口	load	加载指定文件中的变量
pack	收集内存碎片，扩大内存空间	diary	日志文件命令
clc	清除工作窗口	quit	退出 MATLAB 命令
echo	工作窗口信息显示开关	!	调用 DOS 命令

A4.2 常用操作技巧

按 键	说 明	按 键	说 明
↑	调用上一行	Home	置光标于当前行开头
↓	调用下一行	End	置关标于当前行末尾
←	光标左移一个字符	Esc	清除当前输入行
→	光标右移一个字符	Del	删除光标处的字符
Ctrl+←	光标左移一个单词	Backspace	删除光标前的字符
Ctrl+→	光标右移一个单词	Alt+backspace	恢复上次删除内容

A4.3 常用标点符号

标点	作 用
:	冒号，$a:b$ 生成公差为 1 的数组；$a:d:b$ 生成公差为 d 的数组
;	分号，数组的行分隔符；用于语句末尾表示不显示运算结果
,	逗号，变量、选项、语句之间的分割符，用于语句末时(与无标点符号一样)显示运算结果
( )	括号，数组援引；函数命令输入变量列表
[ ]	方括号，数组记号
{}	大括号，元胞数组记述符
.	小数点符号，数值表示中的小数点；域访问符等
...	续行符，用于行末(注意：... 前最好留一空格)，表示本行输入尚未结束，接下一行
%	注释符，%号后面的文字用作注释，不参与运算
=	等号，赋值记号

A5 函数

A5.1 常用数学函数

函数	意 义	函数	意 义
sin(x)	正弦	fix(x)	向 0 取整
cos(x)	余弦	floor(x)	向 $-\infty$ 取整
tan(x)	正切	ceil(x)	向 ∞ 取整
cot(x)	余切	round(x)	按四舍五入方式取整
asin(x)	反正弦	mod(m, n)	m 除以 n 得到的在 0 与 $n-1$ 之间的余数
acos(x)	反余弦	rem(m, n)	m 除以 n 得到的余数，余数符号同 m
atan(x)	反正切	real(z)	复数实部
sqrt(x)	开方	image(z)	复数虚部
exp(x)	指数函数	angle(z)	复数幅角

续 表

函数	意　义	函数	意　义
log(x)	自然对数	conj(z)	复数共轭
log10(x)	十进对数	min(x)	最小值
abs(x)	绝对值(模)	max(x)	最大值
sign(x)	符号函数	sum(x)	元素总和

A5.2　测试函数

函　数	意　　义
all(x)	向量 **x** 的所有分量都为非零,返回 1,否则返回 0
any(x)	向量 **x** 中存在一个分量为非零,返回 1,否则返回 0
isinteger(x)	x 为整型数时,返回 1,否则返回 0
isfinite(x)	x 为有限数时,返回 1,否则返回 0
isstring(x)	x 为字符串时,返回 1,否则返回 0
isempty(x)	x 为空时,则返回 1, 否则返回 0
isnan(x)	x 为不定值时,则返回 1, 否则返回 0
isinfinity(x)	若 x 为无穷大时,则返回 1, 否则返回 0

A5.3　自定义函数

函数	定义方式	说　明
内联函数	fun=inline('函数表达式','变量 1','变量 2',…)	使用方便
匿名函数	fun=@('变量 1','变量 2',…)函数表达式	可以接受工作空间中的变量值
M 函数	事先在编辑窗口编写 M 函数文件	用函数名或函数句柄方式调用

A6　M 文件

复杂的程序结构在命令窗口调试、保存很不方便,一般都使用程序文件,最常见的是 M 文件,它可以在编辑窗口中编写存盘,也可以在任何文本编辑器中编写,但必须以“m”作为扩展名存盘.

A6.1　M 文件概述

用 MATLAB 语言编写的程序,并以“m”作为扩展名存盘的文件称为 M 文件. 根据调用方式的不同 M 文件可以分为两类:脚本文件(Script File)和函数文件(Function File).

M 文件是一个文本文件,它可以用任何文本编辑程序来建立和编辑,最方便的是直接使用 MATLAB 提供的文本编辑器.

建立新的 M 文件

建立新的 M 文件,有三种方法启动 MATLAB 文本编辑器:

(1) 菜单操作. 从 MATLAB 主窗口的 File 菜单中选择 New 菜单项，再选择 M-file 命令，屏幕上会出现 MATLAB 文本编辑器窗口.

(2) 命令操作. 在 MATLAB 命令窗口输入命令 edit，启动 MATLAB 文本编辑器后，输入 M 文件的内容并存盘.

(3) 命令按钮操作. 单击 MATLAB 主窗口工具栏上的 New M-File 命令按钮，启动 MATLAB 文本编辑器后，输入 M 文件的内容并存盘.

打开已有的 M 文件

打开已有的 M 文件，也有三种方法：

(1) 菜单操作. 从 MATLAB 主窗口的 File 菜单中选择 Open 命令，在 Open 对话框中选中并打开所需的 M 文件. 在编辑窗口可以对打开的 M 文件进行修改，编辑完成后，将 M 文件存盘.

(2) 命令操作. 在 MATLAB 命令窗口输入命令：edit 文件名，则打开指定的 M 文件.

(3) 命令按钮操作. 单击 MATLAB 主窗口工具栏上的 Open File 命令按钮，再从弹出的对话框中选择所需打开的 M 文件.

A6.2 脚本文件

将多条 MATLAB 语句按要求写在一起，并以扩展名为“m”的文件存盘即构成一个 M 脚本文件. 如果利用 MATLAB 自带的编辑器编写存盘，MATLAB 会自动加上扩展名 m.

注意以下几点：

(1) M 脚本文件的命名与变量命名规则相仿，但在 MATLAB 中文件名不区分大小写；

(2) 要防止文件名与已有的变量名、函数名以及 MATLAB 系统保留名等相冲突；

(3) 最好将 M 文件(无论是脚本文件还是函数文件)保存在当前目录，以便调用.

(4) 执行 M 脚本文件可以在命令窗口直接输入文件名(不必带扩展名)，也可以在编辑窗口选择菜单 Deburg-run 执行.

A6.3 函数文件

M 脚本文件没有参数传递功能，当需要修改程序中某些变量的值时必须修改文件. 利用 M 函数文件可以进行参数传递.

(1) **M 函数文件的格式**

```
function          输出形参＝函数名(输入形参)
注释说明部分
函数体语句
```

其中以 function 开头的一行为引导行，表示该 M 文件是一个函数文件. 函数名的命名规则与变量名相同. 当输出形参多于一个时，应当用方括号括起来.

(2) **M 函数的调用**

调用的一般格式是：[输出实参表]＝函数名(输入实参表)

编写 M 函数文件要在编辑窗口，而调用 M 函数要在命令窗口. 函数调用时各实参出现的顺序、个数，应与函数定义时形参的顺序、个数一致，否则会出错. M 函数可以被脚本文件或其他 M 函数文件调用，也可以自身嵌套调用. 一个函数调用它自身称为函数的**递归调用**.

注意 在 MATLAB 中，使用 M 函数是以该函数的磁盘文件名调用，而不是以文件中的函数名调用. 为了增强程序的可读性，最好二者同名.

(3) 函数参数的可调性

在调用函数时，MATLAB 用两个永久变量 nargin 和 nargout 分别记录调用该函数时的输入实参和输出实参的个数. 变量 nargin 和 nargout 经常用于条件表达式中，决定对函数如何进行处理.

A7 程序控制结构

A7.1 顺序结构

(1) 数据的输入. 可以使用 input 函数从键盘输入数据，调用格式为：A＝input(提示信息，选项)其中提示信息为一个字符串，用于提示用户输入什么样的数据. 当调用 input 函数时采用“s”选项，则允许用户输入一个字符串.

(2) 数据的输出. 可以用 disp 函数输出数据，调用格式为：disp(输出项). 其中输出项既可以为字符串，也可以为矩阵.

(3) 程序的暂停. 暂停程序的执行可以使用 pause 函数，调用格式为：pause(延迟秒数). 如果省略延迟时间，则将暂停程序，直到用户按任一键后程序继续执行. 若要强行中止程序的运行可使用 Ctrl＋C 命令.

A7.2 选择结构

(1) **if 语句.** if 语句有三种格式.

- 单分支 if 语句：

```
if        条件
          语句组
end
```

当条件成立时，执行语句组，执行完之后继续执行 if 语句的后继语句；若条件不成立，则直接执行 if 语句的后继语句.

- 双分支 if 语句：

```
if          条件
            语句组 1
else
            语句组 2
end
```

当条件成立时,执行语句组 1,否则执行语句组 2,语句组 1 或语句组 2 执行后,执行 if 语句的后继语句.

• 多分支 if 语句

```
if          条件 1
            语句组 1
elseif      条件 2
            语句组 2
            …
elseif      条件 m
            语句组 m
else
            语句组 n
end
```

(2) **switch 语句.** switch 语句根据表达式的取值不同,分别执行不同的语句,其语句格式为

```
switch          表达式
case            表达式 1
                语句组 1
case            表达式 2
                语句组 2
                …
case            表达式 m
                语句组 m
otherwise
                语句组 n
end
```

当表达式的值等于表达式 1 的值时,执行语句组 1,当表达式的值等于表达式 2 的值时,执行语句组 2, …,当表达式的值等于表达式 m 的值时,执行语句组 m,当表达式的值不等于 case 所列的表达式的值时,执行语句组 n. 任意一个分支语句执行完后,

直接执行 switch 语句的下一句.

(3) **try 语句.**　语句格式为

```
try
            语句组 1
catch
            语句组 2
end
```

try 语句先试探性执行语句组 1,如果语句组 1 在执行过程中出现错误,则将错误信息赋给保留的 lasterr 变量,并转去执行语句组 2. try 语句经常用于程序调试.

A7.3　循环结构

(1) **for 语句.**　for 语句的格式为

```
for         循环变量＝表达式 1:表达式 2:表达式 3
            循环体语句
end
```

其中,表达式 1 为循环变量的初值,表达式 2 为步长,表达式 3 为循环变量的终值. 步长为 1 时,表达式 2 可以省略.

for 语句更一般的格式为

```
for         循环变量＝矩阵表达式
            循环体语句
end
```

执行过程是依次将矩阵的各列(视作元素)赋给循环变量,然后执行循环体语句.

(2) **while 语句.**　while 语句的一般格式为

```
while       (条件)
            循环体语句
end
```

若条件成立,则执行循环体语句,执行后再判断条件是否成立,若不成立则跳出循环.

(3) **break 语句和 continue 语句**

break　当在循环体内执行到该语句时,程序将跳出循环,执行循环语句的下一语句.

continue　当在循环体内执行到该语句时,程序将跳过循环体中剩下的语句,执行下一次循环.

break 语句和 continue 语句一般与 if 语句配合使用.

(4) **循环的嵌套**

如果一个循环结构的循环体又包含一个循环结构，就称为循环的嵌套，或称为多重循环结构. MATLAB 允许循环的嵌套.

A8 数据显示格式

格　式	中文解释	说　明	示例（显示 1 000π）
format (short)	短格式、默认格式	显示 5 位十进制数	3.141 6e+003
format long	长格式	显示 15 位浮点数	3.141 592 653 589 793e+003
format rat	有理格式	用近似分数显示	84 823/27
format short e	短格式 e 方式	工程计数法显示 5 位浮点数	3.141 6e+003
format long e	长格式 e 方式	工程计数法显示 15 位浮点数	3.141 592 653 589 793e+003
format short g	短格式 g 方式	合适方式显示 5 位十进制数	3 141.6
format long g	长格式 g 方式	合适方式显示 15 位十进制数	3 141.592 653 589 79
format hex	16 进制格式	显示十六进制数	40a88b2f704a9409
format bank	银行格式	只显示到小数 2 位	3 141.59

A9 MATLAB 的文件操作

A9.1 文件的打开与关闭

(1) 文件的打开　打开文件用 fopen 函数，调用格式为

fid= fopen(*文件名*,*打开方式*)

其中文件名用字符串形式，表示待打开的数据文件. 常见的打开方式有：'r' 表示对打开的文件读数据，'w' 表示对打开的文件写数据，'a' 表示在打开的文件末尾添加数据. fid 用于存储文件句柄值，句柄值用来标识该数据文件，其他函数可以利用它对该数据文件进行操作.

文件的数据格式有二进制文件和文本文件两种形式，在打开文件时需要指定文件格式类型.

(2) 文件的关闭　关闭文件用 fclose 函数，调用格式为

sta=fclose(fid)

该函数关闭 fid 所表示的文件. sta 表示关闭文件操作的返回代码，若关闭成功，返回 0，否则返回 −1. 文件在进行完读、写等操作后，应及时关闭.

A9.2 文件的读写操作

(1) 二进制文件的读写操作

① 读二进制文件　fread 函数可以读取二进制文件的数据，并将数据存入矩阵. 其调用格式为

[A, COUNT]=fread(fid, size, precision)

其中 A 用于存放读取的数据，COUNT 返回所读取的数据元素个数，fid 为文件句柄，size 为可选项，若不选用则读取整个文件内容，若选用则它的值可以是下列值：N 表示读取 N 个元素到一个列向量；Inf 表示读取整个文件；[M, N]表示读数据到M×N的矩阵中，数据按列存放. precision 代表读写数据的类型，如 'int' 或 'float'.

② 写二进制文件　fwrite 函数按照指定的数据类型将矩阵中的元素按列写入到文件中. 其调用格式为

COUNT=fwrite(fid, A, precision)

其中 COUNT 返回所写的数据元素个数，fid 为文件句柄，A 用来存放写入文件的数据，precision 用于控制所写数据的类型，其形式与 fread 函数相同.

(2) 文本文件的读写操作

① 读文本文件　fscanf 函数读取文本文件，调用格式为

[A, COUNT]= fscanf (fid, format, size)

其中 A 用以存放读取的数据，COUNT 返回所读取的数据元素个数. fid 为文件句柄，format 用以控制读取的数据格式，size 为可选项，决定矩阵 A 中数据的排列形式.

② 写文本文件　fprintf 函数写入文本文件，调用格式为

COUNT= fprintf(fid, format, A)

其中 A 存放要写入文件的数据. 先按 format 指定的格式将数据矩阵 A 格式化，然后写入到 fid 所指定的文件. 格式符与 fscanf 函数相同.

A10　MATLAB 的帮助系统

A10.1　帮助窗口

可以通过以下三种方法进入帮助窗口：

(1) 单击 MATLAB 主窗口工具栏中的 Help 按钮；

(2) 在命令窗口中输入 helpwin, helpdesk 或 doc;

(3) 选择 Help 菜单中的"MATLAB Help"选项.

A10.2　帮助命令

MATLAB 帮助命令包括 help, lookfor 以及模糊查询.

(1) help 命令　在 MATLAB 命令窗口中直接输入 help 命令将会显示当前帮助系统中所包含的所有项目，即搜索路径中所有的目录名称. 同样，可以通过 help 加函数名来显示该函数的帮助说明.

(2) lookfor 命令　help 命令只搜索出那些关键字完全匹配的结果，lookfor 命令对搜索范围内的 M 文件进行关键字搜索，条件比较宽松. lookfor 命令只对 M 文件的第一行进行关键字搜索. 若在 lookfor 命令加上 all 选项，则可对 M 文件进行全文搜索.

(3) 模糊查询　MATLAB 6.0 以上的版本提供了一种类似模糊查询的命令查询方法,用户只需要输入命令的前几个字母,然后按 Tab 键,系统就会列出所有以这几个字母开头的命令.

A10.3　演示系统

在帮助窗口中选择演示系统(Demos)选项卡,然后在其中选择相应的演示模块,或者在命令窗口输入 Demos,或者选择主窗口 Help 菜单中的 Demos 子菜单,打开演示系统.

A11　给初学者的 10 条提醒

初学 MATLAB 者常犯的错误,绝大部分(80%以上)仅仅是一些低级错误,注意避免这些错误可以使运行 MATLAB 的命令或程序大为顺利.

(1) 所有输入(除了注释符%后的)内容,必须是英文状态下的字母、符号、数字;

(2) 所有命令必须符合它的格式要求;

(3) 进行新的运算或运行新的程序前应当用 clear 清除以前留存在工作空间的变量;

(4) 需要用数组运算的场合(如用 plot 作图时的函数表达式)必须用点运算;

(5) 在 while 循环中条件判断表达式的值要及时更新;

(6) 各种括号必须正确配对;

(7) 逻辑表达式相等应当用"= =",而不是"=";

(8) 矩阵加减,或向矩阵添加行、列时,行、列必须匹配;

(9) 文件名不能是数字,也不能与内部文件名和其他文件名冲突;

(10) 变量赋值后原值不再存在,必要时应另设变量保留原值.

附录 B　全国大学生数学建模竞赛章程(2019 年修订稿)①

第一条　总则

全国大学生数学建模竞赛(以下简称竞赛)是中国工业与应用数学学会主办的面向全国大学生的群众性科技活动,旨在激励学生学习数学的积极性,提高学生建立数学模型和运用计算机技术解决实际问题的综合能力,鼓励广大学生踊跃参加课外科技活动,开拓知识面,培养创造精神及合作意识,推动大学数学教学体系、教学内容和方法的改革.

第二条　竞赛内容

竞赛题目一般来源于科学与工程技术、人文与社会科学(含经济管理)等领域经过适当简化加工的实际问题,不要求参赛者预先掌握深入的专门知识,只需要学过高

① 资料来源:http://www.mcm.edu.cn/.

等学校的数学基础课程.题目有较大的灵活性供参赛者发挥其创造能力.参赛者应根据题目要求,完成一篇包括模型的假设、建立和求解、计算方法的设计和计算机实现、结果的分析和检验、模型的改进等方面的论文(即答卷).竞赛评奖以假设的合理性、建模的创造性、结果的正确性和文字表述的清晰程度为主要标准.

第三条　竞赛形式、规则和纪律

1. 竞赛每年举办一次,全国统一竞赛题目,采取通讯竞赛方式.

2. 大学生以队为单位参赛,每队不超过3人(须属于同一所学校),专业不限.竞赛分本科、专科两组进行,本科生参加本科组竞赛,专科生参加专科组竞赛(也可参加本科组竞赛),研究生不得参加.每队最多可设一名指导教师或教师组,从事赛前辅导和参赛的组织工作,但在竞赛期间不得进行指导或参与讨论.

3. 竞赛期间参赛队员可以使用各种图书资料(包括互联网上的公开资料)、计算机和软件,但每个参赛队必须独立完成赛题解答.

4. 竞赛开始后,赛题将公布在指定的网址供参赛队下载,参赛队在规定时间内完成答卷,并按要求准时交卷.

5. 参赛院校应责成有关职能部门负责竞赛的组织和纪律监督工作,保证本校竞赛的规范性和公正性.

第四条　组织形式

1. 竞赛主办方设立全国大学生数学建模竞赛组织委员会(以下简称全国组委会),负责制定竞赛参赛规则、启动报名、拟定赛题、组织全国优秀答卷的复审和评奖、印制获奖证书、举办全国颁奖仪式等.

2. 竞赛分赛区组织进行.原则上一个省(自治区、直辖市、特别行政区)为一个赛区.每个赛区建立组织委员会(以下简称赛区组委会),负责本赛区的宣传及报名、监督竞赛纪律和组织评阅答卷等工作.未成立赛区的各省院校的参赛队可直接向全国组委会报名参赛.

3. 设立优秀组织工作奖,表彰在竞赛组织工作中成绩优异或进步突出的赛区组委会.优秀组织工作奖以参赛的校数和队数、征题的数量和质量、赛风和竞赛纪律的把关、评阅工作的质量、结合本赛区具体情况创造性地开展工作以及与全国组委会的配合等为主要标准.

第五条　评奖办法

1. 各赛区组委会聘请专家组成赛区评阅专家组,评选本赛区的一等奖、二等奖(也可增设三等奖).

2. 各赛区组委会按全国组委会规定的数额将本赛区的优秀答卷送全国组委会.全国组委会聘请专家组成全国评阅专家组,按统一标准从各赛区送交的优秀答卷中评选出全国一等奖、二等奖.

3. 对违反竞赛规则的参赛队,一经查实,即取消评奖资格,并由全国组委会(或赛区组委会)根据具体情况作出相应处理.

第六条　公示和异议制度

1. 竞赛设立公示制度，全国和各赛区获奖名单公示期为7天.

2. 竞赛设立异议制度.竞赛开始至竞赛结束后6个月内，任何个人和单位都可以提出异议，由全国组委会（或各赛区组委会）负责受理.

3. 异议包括举报和申诉，均须以书面形式提出.受理举报的重点是违反竞赛纪律的行为；受理申诉的重点是对竞赛违纪处罚的申辩.对于要求将答卷复评或者提高获奖等级的申诉，原则上不予受理，特殊情况可先经各赛区组委会审核后，由各赛区组委会报全国组委会核查.

4. 举报应提供具体明确的证据或线索.对于提供本人真实姓名和联系方式的举报人，全国组委会或各赛区组委会应在收到举报后两个月内向举报人答复处理结果.全国组委会及各赛区组委会对举报人的个人信息予以保密.

5. 与被举报的参赛队有关的学校管理部门，有责任协助全国组委会及各赛区组委会对举报进行调查，并提出处理意见.

6. 申诉必须由当事人提出.个人提出的申诉，须写明本人的真实姓名、所在单位、联系方式（包括联系电话和电子邮件地址等），并有本人的亲笔签名；单位提出的申诉，须写明联系人的姓名、联系方式（包括联系电话或电子邮件地址等），并加盖单位公章.全国组委会或各赛区组委会应在收到申诉后两个月内向申诉人答复处理结果.

第七条　竞赛经费来源与使用

1. 经费来源主要包括：

(1) 各级教育行政管理部门的资助；

(2) 社会各界的资助；

(3) 参赛费.

2. 经费使用按国家有关规定执行，用于支持与竞赛相关的活动.

第八条　解释与修改

本章程从2019年3月1日开始试行，其解释和修改权属于中国工业与应用数学学会.本章程未详述的内容详见本项竞赛全国组委会制定的《全国大学生数学建模竞赛参赛规则》.凡参与本项竞赛的相关主体均视为无条件接受本章程.

附录C　赛区评阅工作规范(2019年修订稿)[①]

为了适应新的形势，更好地促进全国大学生数学建模竞赛活动的健康发展，进一步提高赛区评阅工作的质量和公正、公平性，根据《全国大学生数学建模竞赛章程》和竞赛活动的现状，针对赛区的评阅工作实际制订本规范.

---

① 资料来源：http://www.mcm.edu.cn/.

一、评阅组的组成

第一条，赛区评阅组（以下简称评阅组）的评委由赛区组委会聘请，所有评委都是受聘于赛区组委会，不代表所属学校参加评阅工作.

第二条，评委应该是数学建模方面业务水平高、作风正派的专家，必须具有数学建模教学或相关研究方面的经历. 条件允许时应鼓励有经验的竞赛指导教师参加评阅工作. 评委可以来自本赛区，也可以来自本赛区以外.

第三条，评阅组的总人数应根据评阅论文的总份数由赛区组委会确定.

第四条，根据需要，评阅组可以按竞赛题目分为若干个评阅小组. 除全国组委会、赛区组委会及其专家组成员和当年的赛题命题人外，每个评阅小组中来自同一学校的评委数量原则上不得超过 1 人.

第五条，评阅组（或小组）设组长 1 名，可根据需要设副组长 1～2 名. 组长、副组长一般应由不直接参与竞赛指导工作的评委担任.

第六条，两个和两个以上的赛区可联合组织评阅. 联合评阅工作的具体流程由参加联合评阅的赛区组委会参照本规范的各条款经过充分协商后确定.

二、评阅前的准备

第七条，赛区评阅工作由评阅组（或小组）在赛区组委会的领导下进行，由组长和副组长负责组织实施.

第八条，在竞赛结束以后，赛区组委会应组织人员对所有的参赛论文进行随机编号处理，并由专人负责保管. 编号后的论文不能有显示参赛学校和参赛者身份的任何信息.

第九条，评阅严格实行回避制度，按照一定程序将论文随机分配给评委评阅，使每位评委不能评阅所属学校的参赛论文.

第十条，评阅组（或小组）在正式评阅前，组长负责组织所有评委对赛题、评阅要点和可能的解题思路进行充分的讨论，在达成共识的基础上确定可操作的评阅细则. 为了保证评阅质量，可以先组织评委试评阅若干篇论文，对评阅细则进行必要的修改，然后再开始正式评阅. 所有评委应按统一的评阅细则进行评阅.

三、评阅的过程

第十一条，评阅过程应保证有充分的实际评阅时间. 实际评阅时间原则上不能少于 2 天.

第十二条，在保证公平、公正和评阅质量的前提下，评阅形式可以采用纸质版论文评阅或采用电子版论文评阅，也可以采用二者结合的方式评阅.

第十三条，每篇论文应由至少 3 位评委独立评阅. 评委不得随意翻阅不属于自己评阅的论文，不得干扰其他评委的评阅工作.

第十四条，当评委对同一篇论文的评阅结果分歧较大时，评阅组（或小组）应以适当的形式组织复议，尽量消除误判以及因个人评分习惯不同所引起的误差.

第十五条，评阅组（或小组）应注意发现有突出创新点、但从全面衡量达不到申报全国奖水平的论文，提交由评阅组长签名的报告，交赛区组委会处理(参见附件 1).

第十六条，评阅组(或小组)在评阅过程中，应采取措施对有抄袭或剽窃及雷同嫌疑的论文进行查证和认定，并做好记录上报赛区组委会.

四、评阅结果的确定

第十七条，评阅组(或小组)将评阅的初步结果提交给赛区组委会，由赛区组委会最终确定本赛区的获奖结果(包括送全国评阅的论文).

第十八条，赛区组委会在确定最终获奖结果前，应组织本赛区的面试(答辩)工作，其范围和方式由赛区组委会决定.

第十九条，赛区报送全国评阅的论文数量不能超过全国组委会分配给所属赛区的数量(参见附件 2).

第二十条，赛区组委会在确定报送全国评阅论文时，同一所学校报送全国评阅论文的数量不能超过全国组委会的有关规定(参见附件 2).

第二十一条，对于报送全国评阅的论文，赛区组委会要按照全国组委会的统一要求进行编号并将编号信息表完整准确地录入网上系统，同时打印盖章后连同纸质版论文一起报送全国组委会.

五、论文相似度的查证

第二十二条，赛区组委会应认真组织对本赛区参赛论文的相似度查证工作.

第二十三条，经相关系统查验相似度超过一定标准的论文，原则上不能报送全国评阅(参见附件 3).

六、本规范的实施与解释

第二十四条，本规范由赛区组委会负责组织实施，全国组委会监督指导.

第二十五条，不能全面执行本规范的赛区组委会，须在评阅开始两周前书面向全国组委会说明原因，并得到全国组委会的认可. 否则，该赛区组委会将不能参加当年优秀组织工作奖的评选，并且下一年报送全国评阅论文的数量将减少 10%～20%.

第二十六条，本规范自公布之日起执行，解释权属于全国大学生数学建模竞赛组委会.

附件 1　关于突出创新点论文的发现和认定

为了激励学生的创新精神，全国组委会允许赛区组委会在按照比例(参见附件 2)报送全国评阅的论文之外，对确有突出创新点的论文，由评阅组长签署意见，说明该论文的突出创新点所在，及从全面衡量达不到申报全国奖水平的原因，由赛区组委会与按照比例申报的论文一起送交全国评阅，每个赛区每年每题最多报送一篇.(相应的论文上请注明参赛队的全国统一报名号，但不需要给出全国评阅编号，也不需要录入全国评阅信息.)

附件 2　赛区报送全国评阅论文的数量确定方式

(1) 首先计算每个赛区送全国评阅论文的数量基数，该基数与该赛区报名参赛队数(简称报名队数)的关系如下：

报名队数不超过 200 个队的部分，送全国评阅论文的数量基数占报名队数的 12%；

报名队数超过 200 但不超过 500 个队的部分，送全国评阅论文的数量基数占报名队数的 10%；

报名队数超过 500 但不超过 800 个队的部分，送全国评阅论文的数量基数占报名队数的 8%；

报名队数超过 800 个队的部分，送全国评阅论文的数量基数占报名队数的 5%.

(2) 每个赛区送全国评阅论文的数量＝该赛区送全国评阅论文的数量基数×2 300÷所有赛区送全国评阅论文的数量基数之和(如果据此计算的该赛区送全国评阅论文的数量小于 6，则该赛区送全国评阅论文的数量按 6 处理).

(3) 每篇送全国评阅论文应明确是申报一等奖或是二等奖；每个赛区送全国评阅论文中，申报一等奖的数量不超过 40%.

(4) 每个赛区每道赛题送全国评阅的论文总数不得超过 99 篇；每个赛区同一所学校每道赛题报送全国评阅论文的数量不能超过 4 篇，其中申报一等奖的数量不能超过 2 篇.

说明：

(1) 上述每个赛区的报名参赛队数和送全国评阅论文的数量是指本科组和专科组的总数.

(2) 在全国评阅论文时，赛区申报全国二等奖的论文原则上不推荐获全国一等奖(特殊情况由全国评阅专家组讨论决定).

附件 3　关于参赛论文相似度查证的原则

针对目前使用的同方知网查重系统的文献库相似度，以及全国大学生数学建模竞赛论文自建库相似度的查验情况，对相似度较高的参赛论文的处理原则如下：

(1) 两个相似度中任何一个大于等于 25%的参赛论文，原则上不能报送全国评阅；如果要报送全国评阅，赛区组委会应该在报送时给出说明意见；不给出说明意见的，全国评阅时不予受理.

(2) 赛区组委会可以根据本赛区论文相似度查验的结果，确定不报送全国评阅、不进行赛区评阅和需要进行违纪处理的参赛论文的具体标准.

附录D 全国大学生数学建模竞赛参赛规则(2019年修订稿)[①]

根据《全国大学生数学建模竞赛章程》(以下简称《章程》)和竞赛活动的实践,为了促进全国大学生数学建模竞赛活动的健康发展,保障竞赛的公正公平,特制订本规则.

1. 指导教师和参赛学生必须严格遵守《章程》和《全国大学生数学建模竞赛论文格式规范》(以下简称《规范》)中的各项规定,认真履行所签署的《全国大学生数学建模竞赛承诺书》中的各项承诺.对违反承诺及不符合《章程》和《规范》要求的论文,将无条件取消评奖资格.

2. 参赛学校有责任结合本校的学风建设,指导和监督参赛学生与指导教师严格遵守竞赛纪律,支持和配合全国大学生数学建模竞赛组织委员会(以下简称全国组委会)及各赛区组织委员会(以下简称赛区组委会)对违规违纪行为的调查与处理.

3. 指导教师主要从事赛前辅导和参赛的组织工作,并有责任教育和监督参赛学生严格遵守竞赛纪律.指导教师在竞赛期间不得通过任何方式对参赛学生进行任何形式的指导(包括向学生解释赛题或提供选题、解题建议,提供参考资料,修改论文或提供修改建议等),否则一律按违纪处理.对出现违纪行为的参赛队的指导教师,全国组委会两年内将不受理该指导教师指导学生参加本竞赛的报名申请.

4. 抄袭是严重违反竞赛纪律的行为;参赛论文引用他人的研究成果或其他任何公开的资料(包括网上查到的资料),必须按照规定的参考文献的表述方式在正文中加以引用,并在参考文献中明确列出,且不得大篇幅照抄,否则视为学术不端行为和违反竞赛纪律,相应的参赛队将被无条件取消评奖资格.

5. 竞赛期间各参赛队必须独立完成赛题解答,禁止参赛队员以任何方式与队外的任何人(包括指导教师)交流及讨论与赛题有关的问题,参赛队员无论主动参与讨论还是被动接收讨论信息均视为严重违反竞赛纪律.竞赛期间参赛队员不得加入或留在涉及赛题讨论的互联网交流平台(含"贴吧"、QQ群和微信群等),否则一律视为严重违反竞赛纪律.严重违纪的参赛队将被无条件取消评奖资格,并视情节给予相应的通报.(参见附注1)

6. 各赛区评阅专家组和全国评阅专家组要严格按照《章程》和《规范》要求对违纪行为把关,并将发现的违纪行为分别书面报告各赛区组委会和全国组委会,由各赛区组委会和全国组委会对专家组的报告和其他渠道反映的违纪情况作出最终决定.对于查处违纪行为高度负责的赛区,全国组委会将予以表彰,在评选优秀组织工作奖时优先考虑;对于查处违纪行为严重不负责任的赛区,将按一定比例缩减该赛区下一

---

① 资料来源:http://www.mcm.edu.cn/.

年度送全国评阅的论文数量.

7. 对严重的、典型的违纪行为,全国组委会(或赛区组委会)将以适当的方式给予公开通报批评.所属学校须对当事人进行批评教育并作出相应处理,并提出整改方案.

8. 凡参与全国大学生数学建模竞赛的相关主体均视为无条件接受本规则.本规则未详述的内容详见《全国大学生数学建模竞赛章程》《全国大学生数学建模竞赛论文格式规范》《全国大学生数学建模竞赛承诺书》、全国大学生数学建模竞赛网站发布的通知等有关竞赛文件.

9. 本规则自 2019 年 3 月 1 日起试行,最终解释权属于全国大学生数学建模竞赛组织委员会.

附注 1:参赛学校可以建立本校的竞赛交流平台(含“贴吧”、QQ 群和微信群等),但这些交流平台在竞赛期间仅可用于竞赛的组织和管理工作(如发布赛题和竞赛通知等),不得交流及讨论与赛题有关的问题,且应该接受所在赛区组委会的监督(具体实施办法由所在赛区组委会决定).

参考文献

[1] Berry J S. Teaching and Applying Mathematical Modelling[M]. John Wiley & Sons，1984.

[2] Burghes D N，Huntley I，McDonald J. Applying Mathematics：A Course in Mathematical Modelling [M]. John Wiley & Sons，1982.

[3] Cross M，Moscardini A O. Learning the Art of Mathematical Modelling[M]. John Wiley & Sons，1985.

[4] Devore J L. Probability and Statistics for Engineering and the Science [M]. 6th ed. Brooks/Cole，2004.

[5] Giordano F R，Weir M D，Fox W P. A First Course in Mathematical Modelling[M]. 3th ed. Brooks/Cole，2003(中译本，数学建模[M]. 叶其孝，姜启源，等译. 北京：机械工业出版社，2005).

[6] Edward D，Hamson M. Guide to Mathematical Modelling[M]. CRC Press，1990.

[7] Freedman D A. Statistical Models：Theory and Practice[M]. 2th ed. Cambridge University Press. 2009(中译本，统计模型——理论和实践[M]. 吴喜之，译. 北京：机械工业出版社，2010).

[8] Huntley I D，James D J G. Mathematical Modelling：A Source Book Studies[M]. Oxford University Press，1990.

[9] Lawless J F. Statistical Models and Method for Lifetime Data[M]. John Wiley & Sons，1982 (中译本，寿命数据中的统计模型与方法[M]. 茆诗松，濮晓龙，刘忠，译，葛广平，校. 北京：中国统计出版社，1998).

[10] Lee E T. Statistical Models for Survival Data Analysis[M]. 2th ed. John Wiley & Sons，1992(中译本，生存数据分析的统计方法[M]. 陈家鼎，戴中维，译. 北京：中国统计出版社，1998).

[11] Lucas W F. 微分方程模型[M]. 朱煜民，等，译. 长沙：国防科技大学出版社，1988.

[12] Lucas W F. 离散与系统模型[M]. 长沙：国防科技大学出版社，1996.

[13] Lucas W F. 政治及有关模型[M]. 长沙：国防科技大学出版社，1996.

[14] Lucas W F. 生命科学模型[M]. 长沙：国防科技大学出版社，1996.

[15] Meerschaert M M. Mathematical Modelling[M]. 2th ed. Academic Press，1999(中译本，数学建模方法与分析[M]. 刘来福，杨淳，黄海洋，译. 北京：机械工业出版社，2005).

[16] Kapur J N. Mathematical Modelling[M]. John Wiley & Sons，1988.

[17] Kelly D，Smith C. Bayesian inference for probabilistic risk assessment[M]. London，Springer Science+Business Media. 2011(中译本，郝志鹏译，贝叶斯概率风险评估. 北京：国防工业出版社，2014).

[18] 白其峥. 数学建模案例分析[M]. 北京：海洋出版社，2000.

[19] 边馥萍，侯文华，梁冯珍．数学建模方法与算法[M]．北京：高等教育出版社，2005.
[20] 陈叔平，谭永基．一类投资组合问题的建模与分析[J]．数学的实践与认识，1999，29(1)：47-51.
[21] 陈理荣．数学建模导论[M]．北京：北京邮电大学出版社，1999.
[22] 陈光亭，裘哲勇．数学建模[M]．北京：高等教育出版社，2010.
[23] 邓聚龙．灰色理论[M]．武汉：华中科技大学出版社，2002.
[24] 戴朝寿，孙世良．数学建模简明教程[M]．北京：高等教育出版社，2007.
[25] 杜建卫，王若鹏．数学建模基础案例[M]．北京：化学工业出版社，2009.
[26] 方道元，韦明俊．数学建模——方法导引与案例分析[M]．杭州：浙江大学出版社，2011.
[27] 冯杰，黄力伟，王勤，等．数学建模原理与案例[M]．北京：科学出版社，2007.
[28] 傅立．灰色系统理论及其运用[M]．北京：科学技术文献出版社，1992.
[29] 韩中庚．数学建模方法及其应用[M]．3 版．北京：高等教育出版社，2017.
[30] 韩中庚．数学建模竞赛：获奖论文精选与点评[M]．北京：科学出版社，2007.
[31] 韩明．从诺贝尔经济学奖看数学建模的价值[J]．大学数学，2007，23(1)：181-186.
[32] 韩明．概率论与数理统计[M]．5 版．上海：同济大学出版社，2019.
[33] 韩明．应用多元统计分析[M]．2 版．上海：同济大学出版社，2017.
[34] 韩明．贝叶斯分析——基于 R 和 BUGS 的应用[M]．上海：同济大学出版社，2017.
[35] 韩明，王家宝，李林．数学实验(MATLAB 版)[M]．4 版．上海：同济大学出版社，2018.
[36] 姜启源，谢金星．数学建模案例选集[M]．北京：高等教育出版社，2006.
[37] 姜启源，谢金星．一项成功的高等教育改革实践——数学建模教学与竞赛活动的探索与实践[J]．中国高教研究．2011，12：79-83.
[38] 姜启源，谢金星，叶俊．数学模型[M]．5 版．北京：高等教育出版社，2018.
[39] 姜启源，谢金星，邢文训．大学数学实验[M]．2 版．北京：清华大学出版社，2011.
[40] 姜启源．UMAP 数学模型案例精选(1)[M]．北京：高等教育出版社，2015.
[41] 李大潜．中国大学生数学建模竞赛[M]．4 版．北京：高等教育出版社，2011.
[42] 李尚志．培养学生创新素质的探索——从数学建模到数学实验[J]．大学数学，2003，19(1)：46-50.
[43] 李水根．分形[M]．北京：高等教育出版社，2004.
[44] 黎志涛，沙志仁，伍洪俊．警车配置及巡逻方案研究[EB/OL]．[2011-09-10]．http://wenku.baidu.com/view/4e8e3204e87101f69e3195ca.html，2011 年 9 月 10 日.
[45] 林道荣，秦志林，周伟光．数学实验与数学建模[M]．北京：科学出版社，2011.
[46] 刘仁云．数学建模方法与数学实验[M]．北京：中国水利水电出版社，2011.
[47] 刘思峰，郭天榜，党耀国，等．灰色系统理论及其应用[M]．北京：科学出版社，2000.
[48] 刘来福，曾文艺．问题解决的数学模型方法[M]．北京：北京师范大学版社，1999.
[49] 刘国山．数据建模与决策[M]．北京：中国人民大学出版社，2004.
[50] 陆璇．数理统计基础[M]．北京：清华大学出版社，1998.
[51] 母丽华，周永芳．数学建模[M]．北京：科学出版社，2011.
[52] 钱学森．发展我国的数学学科——在中国数学会教育与科研座谈会上的讲话[J]．中国数学会通讯．1989，4：1-6(或：数学进展．1990，19(2)：129-135).

[53] 司守奎,孙玺菁.数学建模算法与应用[M].2版.北京:国防工业出版社,2015.
[54] 唐守正,李勇.生物数学模型的统计学基础[M].北京:科学出版社,2002.
[55] 王学萌.灰数等维递补动态预测[J].华中理工大学学报,1989, 40:9-16.
[56] 王金山等.系统工程基础及应用[M].北京:地质出版社,1996.
[57] 王吉利,何书元,吴喜之.统计学教学案例[M].北京:中国统计出版社,2004.
[58] 汪国强.数学建模优秀案例选编[M].广州:华南理工大学出版社,2001.
[59] 吴亚敏."血管的三维重建"模型的优化算法分析[J].重庆文理学院学报,2008, 27(2):71-74.
[60] 吴喜之,田茂再.现代回归模型诊断[M].北京:中国统计出版社,2003.
[61] 谢德仁,常玉青,姜子文.血管中轴线与半径的数值模型[J].山东师范大学学报(自然科学版),2002,17(3):73-75.
[62] 谢金星,薛毅.优化建模与LINDO/LINGO软件[M].北京:清华大学出版社,2005.
[63] 薛毅.数学建模基础[M].2版.北京:科学出版社,2011.
[64] 熊辉.数学建模[M].北京:中国人民大学出版社,2011.
[65] 宣明.数学建模与数学实验[M].杭州:浙江大学出版社,2010.
[66] 颜文勇.数学建模[M].北京:高等教育出版社,2011.
[67] 杨健,赵国庆,严守权.经济数学模型化过程分析[M].北京:中国人民大学出版社,2001.
[68] 杨桂元,李天胜,徐军.数学建模应用实例[M].合肥:合肥工业大学出版社,2007.
[69] 杨启帆,谈之奕,何勇.数学建模[M].北京:高等教育出版社,2005.
[70] 杨启帆,李浙宁,王聚丰,等.数学建模案例集[M].北京:高等教育出版社,2006.
[71] 杨春德,郑继明,张清华,等.数学建模的实践与认识[M].重庆:重庆大学出版社,2009.
[72] 叶其孝.大学生数学建模竞赛辅导教材(一)[M].长沙:湖南教育出版社,1993.
[73] 叶其孝.美国大学生数学建模竞赛及一些想法[J].高校应用数学学报.1989, 4(1):137-145.
[74] 叶其孝.我国大学生参加美国MCM-91获得好成绩[J].中国数学会通讯.1991, 2:17-20.
[75] 殷剑宏,吴开亚.图论及其算法[M].合肥:中国科学技术大学出版社,2003.
[76] 周远清,姜启源.数学建模竞赛实现了什么[N].光明日报,2006-01-11.
[77] 周凯,宋军全,邬学军.数学建模竞赛入门与提高[M].杭州:浙江大学出版社,2012.
[78] 周爱国.隧道工程现场施工技术[M].北京:人民交通出版社,2004.
[79] 周义仓,赫孝良.数学建模实验[M].2版.西安:西安交通大学出版社,2007.
[80] 周永正,詹棠森,方成鸿,等.数学建模[M].上海:同济大学出版社,2010.
[81] 赵静,但琦.数学建模与数学实验[M].4版.北京:高等教育出版社,2014.
[82] 赵国庆,杨健.经济数学模型的理论与方法[M].北京:中国金融出版社,2003.
[83] 朱道元.数学建模案例精选[M].北京:科学出版社,2003.
[84] 章绍辉.数学建模[M].北京:科学出版社,2010.